中国高等教育应用型本科信息技术专业通用教材

DATABASE
principle and Application

数据库原理及应用

主　编　谢霞冰
副主编　陈晓峰　赵　雷　葛　艳
参　编　李　净　王令群　贺　琪
郭洪禹　王文娟　杨蒙召
王德兴

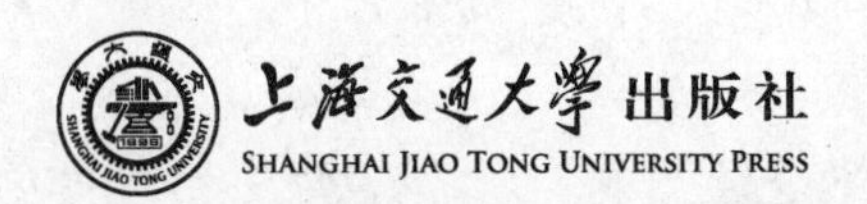
上海交通大学出版社
SHANGHAI JIAO TONG UNIVERSITY PRESS

内容提要

本书结合 SQL Server 2008 和 Northwind 示例数据库简明扼要地介绍了关系数据库的基本原理。包括：关系模型及关系运算理论、SQL 语言、关系模式的设计与规范化、数据库的设计、事务管理与数据库安全保护等；并以数字海洋与数字渔业课题中的一个子项目《基于 WebGIS 的物流协同溯源系统——虾苗苗种投放管理系统》为案例介绍了数据库应用程序开发的基本流程与技术；案例基于微软.NET 技术和 C# 语言开发，使用 ADO.NET 作为数据访问组件，分别实现了 C/S 和 B/S 架构下的应用程序，并附光盘提供全部源代码。

本书可作为高等院校数据库原理与应用类课程教材，也可作为相关技术人员学习参考。

图书在版编目(CIP)数据

数据库原理及应用 / 谢霞冰主编. —上海：上海交通大学出版社，2016
ISBN 978-7-313-14213-9

Ⅰ. ①数… Ⅱ. ①谢… Ⅲ. ①数据库系统-高等学校-教材 Ⅳ. ①TP311.13

中国版本图书馆 CIP 数据核字(2015)第 313954 号

数据库原理及应用

主　　编：谢霞冰
出版发行：上海交通大学出版社　　地　　址：上海市番禺路 951 号
邮政编码：200030　　电　　话：021-64071208
出 版 人：韩建民
印　　制：上海宝山译文印刷厂　　经　　销：全国新华书店
开　　本：710 mm×1000 mm　1/16　　印　　张：17.75
字　　数：287 千字
版　　次：2016 年 1 月第 1 版　　印　　次：2016 年 1 月第 1 次印刷
书　　号：ISBN 978-7-313-14213-9/TP
定　　价：48.00 元

前言

数据库技术是信息系统的核心技术之一，主要研究数据的组织、存储、检索和处理。自上世纪60年代产生以来，随着信息化的发展，其应用领域逐渐扩展到各行各业的各个层次，尤其在管理信息系统、电子商务、情报检索、人工智能与专家系统、计算机辅助设计等领域，数据库技术是最基本最重要的技术。因此，高校的计算机类、管理类相关专业普遍开设了数据库技术的课程，同时数据库技术的相关课程作为自然类的选修课程也十分受学生欢迎。

编者从事数据库课程教学多年，针对不同的学生群体讲授了各个层次的数据库课程，这些课程中既有针对计算机专业的数据库原理课程，也有针对其他专业的数据库应用课程。多年教学和实践积累奠定了编写本书的基础。

全书着眼于将数据库的原理与应用有机融合，以认识和掌握数据库应用全貌为目标，按数据的组织、访问、数据存储框架的规划、数据库设计的全过程、数据库的安全保障、数据库应用程序的实现为主线，分7章介绍数据库原理与应用技术。

第1章从身边的数据库应用实例出发，探讨了在应用需求推动下的数据管理的发展历程，由此引出数据库系统的概念；接着以数据为主体，介绍数据抽象过程和描述方法以及数据抽象的模型；然后介绍了数据库的概念、体系结构以及数据库系统和数据库管理系统，在体系结构中详细介绍了数据库的三层模式体系与两级映像结构；最后，对本书的贯穿示例数据库Northwind进行了介绍。

第2章从关系模型的概念、关系代数、关系演算以及查询优化等方面详细介绍了关系数据库的原理，为深入理解关系数据库打下了基础。

第3章分两部分介绍了T-SQL语言。第一部分介绍了数据定义语言、数据查询语言、数据操纵语言和数据控制语言；第二部分介绍了游标、存储过程和触发器等概念。

第4章讨论关系模式的设计中存在的问题和模式设计的规范化理论,概述了关系数据库设计的指导原则。

第5章结合实例介绍了横跨数据库设计的五个阶段:需求分析、概念结构设计、逻辑结构设计、物理设计、数据库实施和运行维护。

第6章介绍了数据库事务和事务的并发控制、数据库安全保护以及数据库的备份与恢复。

第7章首先介绍数据应用程序开发的一般流程和技术;接着介绍常用的数据库访问技术,对ADO.NET技术做了重点介绍;然后结合案例介绍在.NET应用程序中访问数据库的一般方法。

本书是上海海洋大学信息学院十多位教师结合多年的授课经验编写的。从策划到最终定稿历时整整1年时间。第1章由葛艳老师编写;第2章由李净老师编写,第3章由贺琪老师和郭洪禹老师合作完成,第4章由王令群老师完成,第5章由王文娟老师和杨蒙召老师合作编写,第6章由陈晓峰老师和王德兴老师合作编写,第7章由谢霞冰老师编写,葛艳和赵雷老师负责全书最初思路的梳理以及各章完稿后的协调。全书的完成离不开各位老师的通力合作以及研究生黄幸幸、裴丽娜,本科生陈润发、全芸芸同学在文字排版以及项目梳理方面的参与。

编者致力于编写一本用实例贯穿、语言简练、知识点简明扼要的数据库教材。然而,由于时间仓促,经验不足以及编者的水平有限,书中存在的错误和疏漏之处,恳请广大读者和各位同行能够提出宝贵意见。

本书在编写过程中得到了上海海洋大学信息学院副院长袁红春教授的大力支持,另外,所用实例取材于信息学院副院长陈明教授的科研项目,书中仅剥离了项目中很小的一个足以阐明数据库的原理和应用场景的子集,没有他们的支持,也没有今天这本教材的面世,在此对他们的支持表示衷心的感谢。同时还要感谢参与本书编写的所有老师和学生们的辛勤劳动;感谢上海海洋大学教务处、信息学院对编者工作的支持。最后,感谢为本书的最终出版而辛劳审稿的上海交通大学出版社的编辑们。

编 者

2015年12月

目　录

第1章 绪论

本章的核心目的:

1. 认识数据库

从三个维度上来认识数据库:

第一个维度是发展的维度。即从时间轴上看,数据库是如何从无到有发展起来的?其发展历程和发展变化如何?

第二个维度是认知的维度。认识一个事物,不外乎从内外两个角度来认知。对于数据库而言,从外在的功能上看,包括什么是数据库,数据库解决了什么问题,数据库可以用在哪些领域,我们身边有哪些数据库应用的示例等等。从数据库的内部构成角度看,需要认识数据库的构成部件、简单的工作原理。在此基础上,继续深入认识其中的核心:数据。对于数据的认识我们重点关注数据从哪来,如何表示,即数据的抽象过程以及数据的描述形式。

第三个维度是问题的维度。即数据库解决了哪些问题,如何用数据库解决具体问题。具体来说,包括:数据的存储问题、数据的访问及控制问题、数据的安全问题、数据的备份、恢复及传输问题。除此之外,还有数据库的设计以及数据库如何使用等问题。

2. 了解书中将要贯穿的实例

1.1 从身边的数据库应用说起

在日常生活中,我们曾有过买火车票、飞机票,超市购物、网上购物,银行存钱、取钱的经历。在校园生活中,我们都有过选课、查学分、查成绩,到图书馆借书、还书,为校园卡充值、消费等体验。所有这些经历、体验或操作背后对应的大量票务信息、消费信息、账户信息、课程信息等等都存在哪？如何管理？又是如何为我们提供服务的？

我们把以上各类信息统称为数据。对这些数据实现管理的应用软件称为数据库应用。其实类似的应用在各行各业都很常见：

如银行通过存储储户的个人信息、账户状态交易明细以及贷款、还款或者存款类别等信息，方便用户通过柜面、ATM、网络或者手机读取这些信息；

航空、铁路部门通过存储票务信息、订票信息等，方便旅客查询和购买需要班次或车次的机票或车票，还要保证多点同时售票时不要出现一票多卖情况的发生；

销售业行业中存储销售商品清单、数量、到货期、价格、类别以及销售流水账等信息，通过网络和各种移动设备，方便消费者随时随地完成交易。

除此之外，电信、农业、物流、工业、旅游、服务等等行业也都有着类似的应用。

对以上各种应用进一步分析，不难发现，其共同特点是以数据为中心。这些数据具有以下一些特点：

(1) 数据量庞大。以火车票购票应用为例，为了能通过一个信息化系统实现火车票的销售，粗略估计一下，至少需要把所有车次、所有时间的票务数据存储起来，还要存储所有的起止站点数据、各类不同车型、不同类别座位的价格数据、销售的状态数据以及购票人的个人数据、购票的历史数据等等；数据种类繁多，单类信息数据量也是很庞大的。

(2) 数据不会随着程序的结束而消失。如读者到图书馆去借书，图书馆下班，机器都关机后，供读者使用的借书应用程序也退出了。可是图书馆的借书系统中仍然记录着读者什么时候借了什么书，应该什么时候归还的数据，这些数据没有因为程序的结束或退出而消失。

(3) 数据可以被多个应用或在多个位置被共享。以火车票售票为例，一个时间点发车的一辆火车的票务数据可以在多个地点、多个城市同时开始销售，也就是说一辆车次的票务数据可以被多个不同销售点的应用程序所共享。

那么这样的数据是怎样被有序地规划、组织和管理，从而为各类应用程序所用的呢？该如何去规划和实现这些数据的管理呢？

本书将系统地介绍规划、组织和管理数据的基本原理，以及利用成熟的数据库技术实现数据管理的方法。

1.2 数据管理的发展过程

在数据管理领域,数据与信息是密不可分的。一般把信息理解为原始事实,即关于现实世界事物存在的方式或运动的状态。而数据则是用符号记录下来的、可以识别的信息。因此,可以形象地理解为信息是数据的内涵,是对数据语义的解释,而数据是信息的载体,是信息的表示形式。在后续内容中,我们不再严格区分这两个概念,可互换使用。

数据管理是指对数据进行分类、组织、编码、存储、检索、维护和传输的操作。这些操作是数据处理的基本环节,是对数据进行进一步分析、归纳,并提取出有效信息资源的基础。

自计算机问世以来,在应用的推动下,对数据实现管理的技术主要经历了以下几个发展阶段。

1.2.1 人工管理阶段

20 世纪 50 年代中期以前,计算机主要用于科学计算,这个时期数据的管理是由应用程序自己完成的,没有相应的软件系统负责。当对数据有处理需求时,人工将数据输入,处理完成后可以看到处理结果,但无论是原始数据还是结果都不保存。所有的管理都是人工完成。

这个阶段其实还谈不上用计算机实现数据管理,当时的硬件条件还不具备,还没有直接存取存储设备,也没有操作系统。数据都是在程序需要时,人工批量输入的(见图 1-1)。

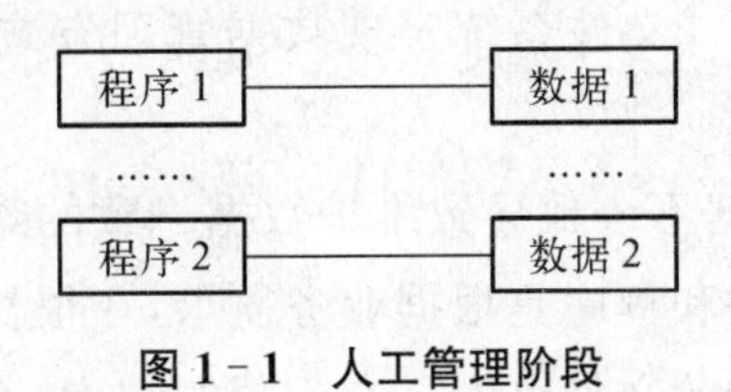

图 1-1 人工管理阶段

1.2.2 文件系统管理阶段

20 世纪 50 年代后期到 60 年代中期,硬件方面已经有了磁盘、磁鼓等直接存取存储设备;软件方面,操作系统中已经有了专门的数据管理软件,一般称为文件系统；处理方式上不仅有了批处理，而且能够联机实时处理。于是，出现了使用文件系统实现数据管理的方式(见图 1-2)。

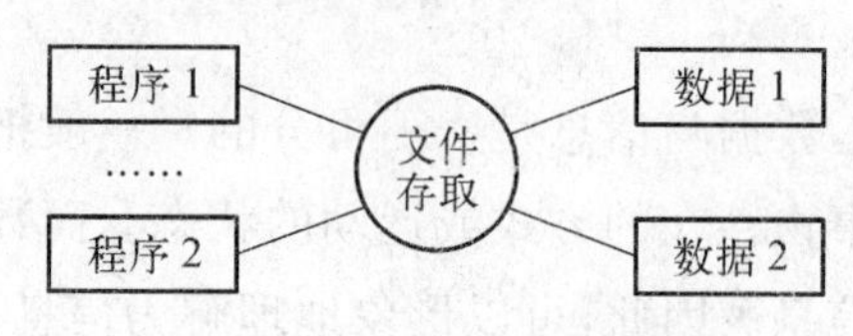

图 1-2　文件系统管理阶段

与人工管理阶段相比，这个阶段数据管理在以下方面已经有了明显的进步：

(1) 数据可以长期保存。数据以文件的方式借助磁盘、磁鼓等设备长期保存，从而便于反复地进行查询、修改、插入和删除等操作。

(2) 由文件系统管理数据。文件系统把数据组织成相互独立的数据文件，利用"按文件名访问，按记录存取"的管理技术，实现对文件的操作。在这个前提下，对数据的处理不再仅停留在批处理方式上，还增加了联机实时处理能力。

(3) 数据与程序脱离。借助文件，数据可以独立于程序保存在文件中，并且文件系统实现了记录内的结构化，程序和数据之间的对话以文件系统实现中转，因此数据已经有了一定程度的独立性和结构性。这样，程序员可以不必过多地考虑物理细节，而将精力集中于算法，而且数据在存储上的改变不一定反映在程序上，节省了维护程序的工作量。

从人工管理发展到文件系统数据管理是数据管理的一大进步，但这个时期人们对使用计算机实现数据管理已经寄予了更高的期望，因此，随着文件管理方式使用范围的推广，文件系统实现数据管理方式的弊病或不足也暴露无遗：

(1) 数据冗余、数据不一致导致维护数据一致的难度很大。文件仍然是面向具体应用的。文件和程序是根据业务需求，在很长的一段时间里由不同的程序员实现的。不同的文件可能具有不同的结构，不同的程序也可能是采用不同的编程语言实现的。即一个文件基本上对应一个应用程序，因此，数据的独立性、共享性和结构性程度还很低，当不同的应用程序具有部分相同的数据访问需求时，仍然需要各自建立独立的数据文件，而不能共享相同的数据，因此数据冗余度大，浪费存储空间。同时，由于相同数据的重复存储、各自独立管理，还容易造成数据的不一致性，比如在学生基本信息管理中存储的学生姓名和学生学号，在学生成绩管理中存放学生姓名和学生学号。当修改学生基本信息管理中对应一个学号的姓名时，如果其他位置的对应姓名不修改，则数据不一致，如果要去修改，因为不知道其他还有多少位置存有姓名，其他用以访问姓名的应用程序又是如何编写的，要一一去修改从而保持一致，工作量很大，而且很不方便。

(2) 数据对应用的适应性差。每当用户有新的数据访问需求时，即使这个需求涉及的数据在原有的数据文件中已经存在，但由于文件访问方式下，数据的最小存取单位是记录，因此，即使是仅访问原来数据文件中的部分数据项，也还是需要重新开发新的应用程序来实现访问。

(3) 并发访问异常。文件系统管理数据阶段，数据的并发能力完全体现在文件的并发操作上，如果有多个应用需要并发访问同一个文件，常常发生不能并发，或需要程序做复杂的协调控制策略，抑或发生数据异常等情况(后续章节将有详细地分析)。

(4) 原子性问题。有时对数据的操作会涉及几个相关的动作，比如，银行里要实现A账户向B账户转账X元，为了描述的简化，假设A账户有足够的金额完成转账。这项操作本质上至少要关联几个相关的文件操作，首先从存储A账户金额的文件中将原有金额减去X，将新的金额写入文件，然后再打开存储B账户信息的文件，向B账户中将原有金额加上X，再写入文件，从而完成转账操作。如果在A账户金额减少后，计算机系统出现故障，那么，由于两个动作的独立性，可能导致A账户的金额减少了，但B账户的金额却没有相应增加。我们把不能被分割的几个动作称为一项操作的原子性。而对应操作的异常称为原子性问题。

(5) 安全性问题。当数据被大量保存在文件中后，用户对于数据的安全又提出了各种各样的需求，有些数据文件只能对指定的用户可读，有些数据文件分记录决定哪些用户可见哪些内容，还有些时候规定一些用户只能看一条记录的部分属性，其他属性不可见等等。种类繁多的数据访问权限需求在文件管理阶段都是很难控制的。

随着计算机管理的对象规模越来越大、应用范围越来越广泛、数据量的急剧增长，同时多种应用、多种语言互相覆盖地共享数据集合的要求越来越强烈。以上问题的存在使得文件系统管理方式已经无法胜任实际的数据管理需求。

1.2.3 数据库系统管理阶段

20 世纪 60 年代后期，大容量磁盘的出现、硬件价格下降在硬件上满足了大数据量存储的需求；在处理方式上，为解决上述文件系统存在的各种问题，数据库技术应运而生，出现了统一管理数据的专门软件系统——数据库管理系统（见图 1-3）。

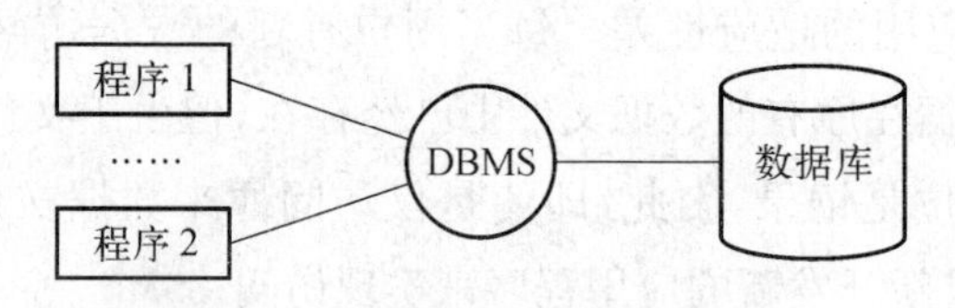

图 1-3 数据库管理系统阶段

这个阶段的数据管理方式在以下方面实现了革新：

1. 数据结构化

文件管理中，相互独立文件的记录内部是有结构的，但数据整体是无结构而言的。但在数据库管理中，数据不是面向一个应用，而是面向一个组织的多个应用，甚至跨组织的多个应用，综合考虑整个组织或跨组织应用的需求的、纷繁复杂的数据按一定的数据模型进行组织。在数据库系统阶段，数据模型的发展经历了从层次模型、网状模型到关系模型、对象模型以及 XML 模型的变化过程。其中，关系模型仍是最成熟、最常用的数据组织模型，我们现在最常用的数据库大多还都是基于关系模型实现数据组织的。

按照数学模型组织的、通盘考虑多个应用需求的结构化数据组织方式大幅度地减少了数据冗余，并且对数据的访问单元也从记录缩小到了数据项（描述一个学生的多个属性集合为记录，每一个属性则为一个数据项，后续会有详细介绍）。数据的并发、共享以及对多应用的适用性以及保障数据的一致性从理论上都成为可能。

2. 对数据的操作由独立的软件完成

在数据库管理方式中，数据按照一定的结构组织并存储在数据库中。应用程序不能直接访问存储在数据库中的数据，而是通过专门的软件——数据库管理系统（Database Management System）来实现对数据的所有操作。这个软件实现了大量的功能，满足了在文件系统管理中未能实现的各种用户需求，也解决了在文件系统管理中暴露出的各种问题。

对于不同的数学模型，都有不同类型的数据库管理软件来实现对它的访问。随着数据量的增加，数据应用范围的扩大，出现了将数据分散管理的方法，即把一个数据库分成多个，建立在多台计算机上，每台机器上都有对应的管理软件分开管理，互相之间不存在数据通信联系，这时称为分散式数据管理。而后，随着网络通信的发展，分散在各处的数据库系统又实现了网络连接，由此形成了分布式数据库管理，对应的数据库管理软件则为分布式数据库管理系统。

由此可见，从文件系统到数据库系统是数据管理技术的一次飞跃。当然，随着应用的不断推广，硬件设备的进一步发展，新的业务需求的驱动以及管理理论新成果涌现，数据管理理论、技术和方法还将向新的目标继续蓬勃发展。

1.3 数据的抽象与描述

计算机能处理的问题只局限在机器世界，因此，当我们要解决现实世界的问题时，首先要做的事情就是把现实世界的问题先映射到信息世界可以表达的问题，然后再考虑对应信息世界的问题如何转换为机器世界可以理解的问题，这样计算机才有可能在机器世界去解决这个问题。

而当我们要借助计算机处理各行各业涉及大量数据的管理类问题时，首先要解决的就是这些问题中核心数据的抽象和描述。数据的抽象和描述就是从用户需求中提取需要借助于计算机处理的数据，并将这些数据借助数学模型描述、表示出来，便于计算机实现处理。选做数据描述的模型应满足三方面的要求：一是能比较真实地反映现实世界；二是容易被人所理解；三是便于在计算机上实现。

而要同时找到满足这三个要求的模型还是比较困难的，因此，在数据库的应用中，经常采用以下的数据抽象过程，通过三层模型的组合效应来完成需求数据的抽象和描述。

1.3.1 数据抽象的过程

在用数据库解决数据的管理与应用时，首先从用户需求的角度，抽象并综合有关一个问题的各个不同用户需求，并用概念模型将该综合需求涉及数据的全局逻辑结构表达出来（见图 1-4）。

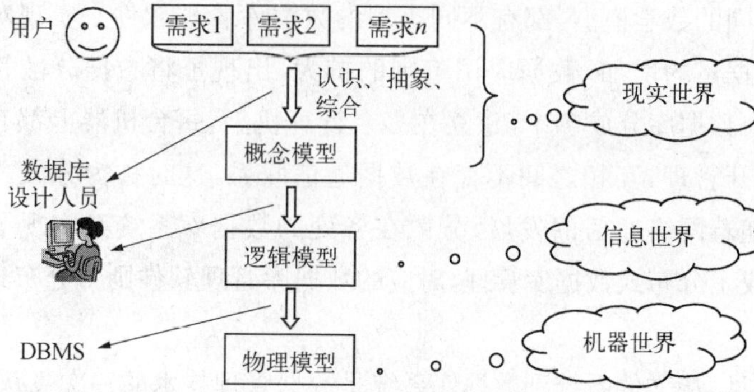

图 1-4　数据的抽象过程

概念模型是站在用户的观点上来描述和表达数据的，这个模型是沟通现实世界和计算机世界的桥梁，是数据库设计人员实现数据库设计的有力工具，也是数据库设计人员与用户之间交流的语言。因此，一方面这种模型的表达形式要简单、清晰、易懂，便于与用户沟通；另一方面，这种模型要有较强的语义表达能力，能准确、直接地表达用户的各种不同语义知识，后续理解的过程中不易产生二义性，并且表达的结果要便于数据库的设计人员进一步无损地转化为对应的 DBMS 支持的数学模型，便于用 DBMS 提供的语言去实现该模型。

接下来，根据概念模型的描述结果，这一阶段要完成从信息世界到机器世界的过渡。在机器世界中，各种数据库管理系统都是基于一定的数据模型来组织数据的，因此，要完成用户需求的计算机实现，这个阶段就需要将上一阶段概念模型的数据描述转换为对应的数据库管理系统能支持的逻辑模型，因此，这个阶段可以说是站在计算机的视角上对数据的建模，重点提供 DBMS 支持的数据表示和组织方法。

最后，将 DBMS 可以支持的逻辑模型实现为系统内部具体的数据表示方式和存取方法，如数据在磁盘上的存储方式和存取方法。这个过程是面向计算机系统的，其具体实现是 DBMS 的任务，一般用户不必考虑物理级的实现细节，因此，本书中略去这一部分，感兴趣的读者可参考施伯乐老师的《数据库系统教程》。

1.3.2　数据抽象的模型

贯穿数据抽象与描述全过程的是一个个数据模型，它们承载了上一阶段的全部用户语义信息，并无损地传递到下一阶段（见图 1-4），最终由计算机实现。本节将对与数据库设计人员有关的模型作一定程度的了解。具体内容将在后续章节进行详细说明。

1. 概念模型

概念模型是要精确地描述现实世界中对于一个目标应用系统来说最有用的事物、事物特征以及事物之间联系的数学模型。有用的衡量标准是用户的应用需求。每个事物都有自己的特征。比如，每个学生都有学号、姓名、籍贯、出生年月、入学时间、性别、选修课程、各科成绩、兴趣爱好等特征。但不同点的应用所关心的学生特征是不同的，在学籍管理的应用中关心的是学生的入学时间、学籍状态等信息，而教务系统应用中关心的是学生的选修课程、各科成绩等信息，宿舍管理应用则关心的是学生的性别、年级、所在院系等信息，学生社团信息管理中关心的则是学生的兴趣爱好等信息。同样，事物与事物之间的联系也是多样的，比如，学籍管理的应用中关心的是学生和学院之间的隶属关系，而教务系统应用中关心的是学生和课程之间的选择关系，宿舍管理应用则关心学生和宿舍之间的居住关系，学生社团信息管理中关心的则是学生和社团之间的参与关系。因此，根据不同的用户需求，使用概念模型要描述不同的事物特征以及事物之间不同的联系。

概念模型的表示方法有很多，其中最为著名的是 ER 模型(entity relationship model)，简称为关系模型。这种模型是用 ER 图来描述现实世界的一种模型。在 ER 模型中，涉及以下一些基本概念：

(1) 实体(entity)。现实世界中客观存在、可以相互区分的事物称为实体。它可以是具体的对象，如一名学生、一个教室、一位教师等。也可以是抽象的对象，如一场比赛、一次选课等。

(2) 属性(attribute)。属性是事物的特征表现。每个属性都通过属性名来表示。一个实体可以由若干个属性来刻画。尽管一个事物有很多的特征，但在具体应用中，只会选择用户关注的这一部分特征用属性描述出来。

每个属性都有值，如学生的“姓名”可以取值“张三”、“李四”等。每个属性值都有一定的取值范围，此范围称为域。比如学生的性别属性取值范围就是“男”或“女”。

(3) 实体集(entity set)。性质相同的同类实体的集合，称为实体集。如所有的学生组成的学生集合、所有的教室组成的教室集合，多位教师组成的教师集合，多场比赛组成的比赛集合，多个选课组成的选课集合等等。后续章节在不至于引起误解时，通常用实体直接表示实体集。

(4) 实体标识符(identifier)。能唯一标识实体的属性或属性集,称为实体标识符。有时也称为关键码(key),或简称为键。比如,对于学生实体而言,当采用学生的学号、姓名、性别、出生年月等属性来描述这个实体时,能唯一标识一名学生的属性就是这个学生的学号,因此,学号就是学生实体的实体标识符。

(5) 联系。用来反映实体内部或实体与实体之间关系。由于在现实世界中,事物是存在联系的,这个联系在概念模型中也仍然用联系来表达。

一个联系关联的实体个数(更精确来说,是实体集个数),称为联系的元数。如一元、二元和三元联系。我们最常讨论的是二元联系,即两个实体之间的联系。

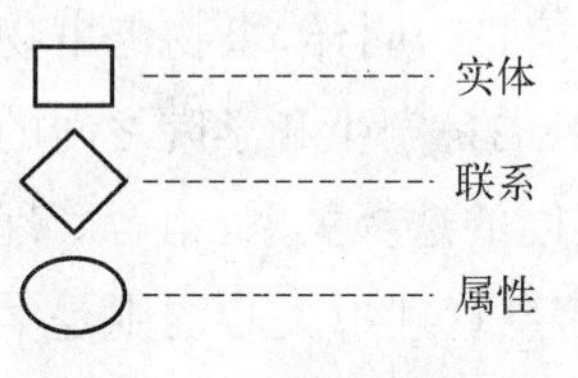

图 1-5 ER 模型的基本构成

ER 模型通常借助 ER 图来描绘。ER 图有 3 个基本构成成分(见图 1-5):

(1) 矩形框。用于表示实体,矩形框内写上实体名;

(2) 菱形框。用于表示实体间的联系,以能表达联系含义的名称来命名,并写在菱形框中,然后,用无向边将参加联系的各个实体矩形框逐一与菱形框相连,并在连线上标明联系的类型:如 1∶1、1∶n 或 m∶n,分别代表 1 对 1、1 对多或多对多的联系;

(3) 椭圆形框。用于表示实体的属性,框内写上属性名,并用无向边与其实体对应的矩形框相连。

如要表达一个学院与教师、学生之间的关系,可以用 ER 模型来描述(见图 1-6)。有关 ER 模型的具体细节内容在第五章中将予以详细介绍。

2. 逻辑模型

逻辑模型反映的是系统分析与设计人员描述数据的观点,它是根据系统对数据的支持对概念模型进一步的分解和细化。以最常用的关系模型为例,在逻辑模型中涉及的基本概念有:

(1) 字段(field)。标记实体属性的命名单位称为字段或数据项。它是可以命名的最小信息单位,所以又称为数据元素或初等项。字段的命名往往和属性名相同。例如,学生有学号、姓名、年龄、性别等字段。

(2) 记录(record)。字段的有序集合称为记录。一般地,用一条记录描述一个实体,所以记录又可以定义为能完整地描述一个实体的字段集。例如,一

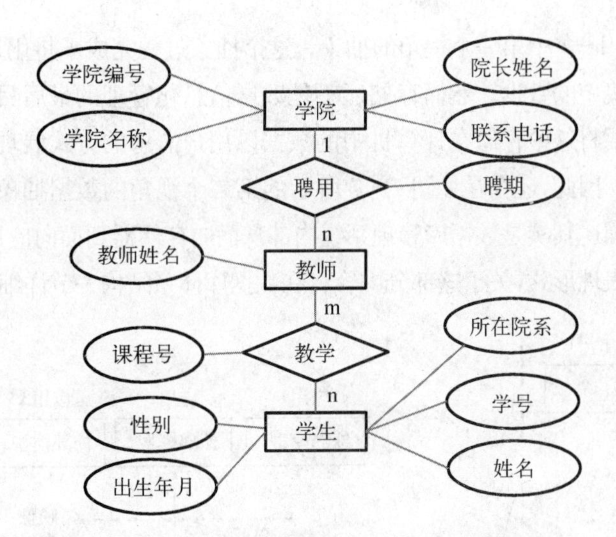

图1-6 学院、教师与学生的ER模型

个学生记录由有序的字段集组成(学号,姓名,年龄,性别)。

(3) 文件(file)。同一记录的集合称为文件。文件是用来描述实体集的。例如所有的学生记录组成了一个学生文件。

(4) 关键码(key)。能唯一标识文件中每条记录的字段或字段集,称为记录的关键码(简称为键)。

概念设计和逻辑设计中所采用术语的对应关系如表1-1所示:

表1-1 术语的对应关系

概 念 设 计	逻 辑 设 计
实体	记录
属性	字段(或数据项)
实体集	文件
实体标识符	关键码

细心的读者会发现,在概念模型中有5个术语,而在逻辑模型中只有4个术语与之对应,那么概念模型的联系映射到逻辑模型去哪了呢?留作读者自行思考。

1.3.3 完整的模型映射

以上探讨的数据抽象和综合是从用户需求到计算机内部实现的视角来看数据

描述,对应图 1-7 中第一个视角的抽象。这个抽象过程完成了将用户需求转化为存储在计算机中的数据。然而存储还不是数据信息化管理的最后目标,数据信息化管理还需要将这些存储在计算机中的数据以用户需求的方式展现出来,并方便用户的使用。因此,还存在如图 1-7 所示的第二个视角的数据抽象与描述,这个视角的数据描述其实是数据库管理系统内部从面向存储器到面向应用程序数据的不同组织和表现形式,关于这部分内容将在数据库体系结构一节详细展开。

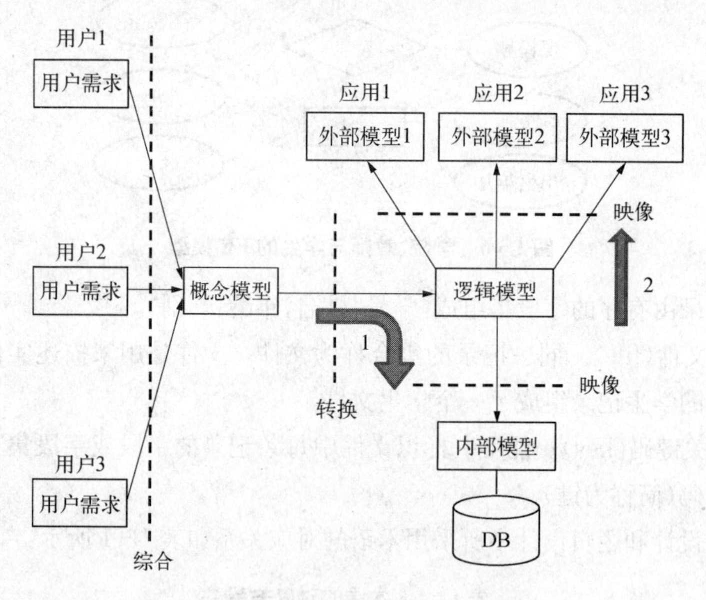

图 1-7 4 种模型之间的相互关系

1.4 数据库系统概述

目前,数据库管理技术仍然是实现数据管理最普遍、最成熟的方式。而在数据库管理技术中,最常用的数据组织模型还是关系模型。本书也将以关系数据库作为核心内容展开介绍。

并且在后续内容中,无特殊说明的情况下,数据库系统均指关系数据库系统。尽管数据库系统中的大部分概念与具体的数据模型无关。

1.4.1 数据库的基本概念

数据库系统,顾名思义,即引入了数据库后的计算机系统。在使用数据库实现数据管理的计算机系统中，频繁用到以下一些术语。

1. 数据库(dababase，DB)

在了解这个概念之前，还以前面提到的校园生活中常用的选课问题为例。为了能够方便学生在线选课，学校的教务系统中一定需要将所开设的课程信息、允许的最多选课人数信息、课程的任课教师信息以及可以选课的学生信息等存储起来，这些数据的集合就是数据库。

严格来说，数据库是长期存储在计算机内、有组织的、统一管理的相关数据的集合，这些数据按照一定的数据模型组织、描述和存储，以文件的形式存储在存储介质上，具有能为各种用户共享、数据间联系紧密而又有较高的数据独立性等特点。

2. 数据库管理系统(database management system，DBMS)

数据库管理系统是一个位于用户和操作系统之间(或者说用户和数据库之间)、用来对数据库进行统一管理和控制的数据管理软件。可以把 DBMS 理解为使用数据库的一个工具箱。常用的 DBMS 有：Oracle、Sybase、MS Sql Server、DB2、Informix、MS Access、MySQL、Foxpro 等。它的主要功能包括以下几个方面：

(1) 数据定义功能。DBMS 提供数据定义语言(data definition language，DDL)，用户通过它可以对数据库中的数据对象实现定义。包括：表、索引、约束、用户等定义和创建。

(2) 数据操纵功能。DBMS 提供数据操纵语言(data manipulation language，DML)，用户可以使用它完成对数据库中数据的添加、删除、修改、查询等操作。数据操纵功能可以理解为数据操作功能。

(3) 数据库的保护功能。当用户通过 DDL 完成结构定义、借助于 DML 将数据存入后，就完成了数据的基本管理。接下来，对这些数据以及结构的保护是至关重要的。

DBMS 主要从以下四个方面保障数据库的安全：

① 数据库的恢复。在数据库中发生了数据不正确或数据库被破坏的时候，DBMS 让数据库尽可能恢复到出错前最近的一个正确状态。

② 数据库的并发控制。在多个用户同时对一个数据进行操作时，DBMS 通过控制策略，尽可能防止 DB 中的数据出现混乱。

③ 数据完整性控制。保证数据库中数据及语义的正确性和有效性，防止任何对数据造成错误的操作。

④ 数据安全性控制。杜绝未经授权的用户非法存储数据库中的数据，严格控制用户在规定的权限范围内操作或访问规定范围的数据。

(4) 数据库的建立和维护功能。这一部分包括初始数据的转换和装入、数据备份、数据库的重组织、性能监控和分析等。这些功能通常由一些实用程序完成。

3. 数据库系统

数据库系统是指在计算机系统中引入数据库后的系统，一般由数据库、数据库管理系统、数据库应用系统、应用程序开发工具、数据库用户构成(见图1-8)。

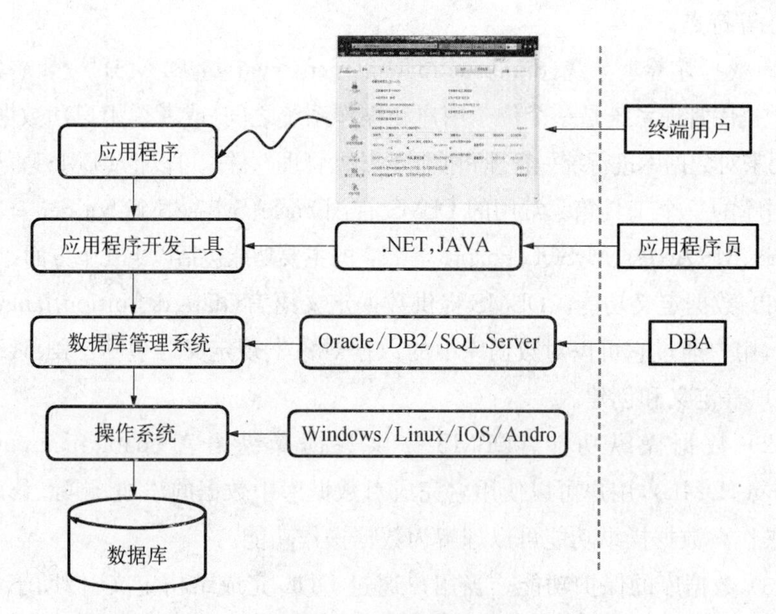

图1-8 数据库系统

除了支持数据库运行的基本计算机系统外，数据库系统涉及的相关软件包括：

(1) 应用程序。又称数据库应用程序，指使用数据库技术管理数据的应用程序。站在终端用户的角度看，就是一个个界面。这些界面可以用于实现事务管理、辅助设计、智能决策、数据分析、模拟等等功能，它们构成了特定应用环境的数据库应用系统，如图书借阅系统、火车票订票系统、学籍管理系统、网上订餐系统等等。

(2) 应用程序开发工具。用来实现数据库应用系统(又称数据库应用程序)的开发语言或集成开发环境称为应用程序开发工具。

(3) 数据库管理系统。不同的厂商开发了不同的数据库管理系统,俗称为数据库软件。现在常用的数据库管理系统有 Oracle、SQL server、MySQL、SQLite 等。不同类型的数据库管理软件随着时间的推移,不断有新的版本推出。以本书后续示例中所涉及的数据库管理软件 SQL Server 为例,从早期 SQL Server 7.0 开始,经历了 SQL Server 2000、SQL Server 2005、SQL Server 2008、SQL Server 2012 等,在各个时期的版本中,针对不同的用户群体还可以细分,如企业版、标准版、开发版、精简版、开发组版等等。本书主要以 Microsoft SQL Server 2008 版本为例来阐述相关数据库原理。

SQLite 是一款轻型的数据库,是遵守 ACID(事务的四个属性)的关系型数据库管理系统。它的设计目标是嵌入式的,而且目前已经在很多嵌入式产品中被使用,其占用资源非常少,在嵌入式设备中,可能只需要几百 K 的内存就够了。目前 Android 和 IOS 的设备内置的都是 SQLite 数据库。SQLite 虽然娇小,但和其他大型数据库一样,支持事务和多数 SQL92 标准。

(4) 数据库。数据库是数据库系统的核心工作对象。它是集中并按照一定的结构形式存储的一批数据的集合。这些数据是围绕用户需求,从各个业务规则中提炼出来的。这些数据是集成并且共享的。

涉及的主要人员有:

① 终端用户。终端用户是数据库系统需求提出者,更是数据库的使用者,他们熟悉自己领域的业务知识,即有待借助数据库系统实现的业务逻辑。他们将这些业务逻辑描述给应用程序员,然后由程序员去实现这些需求。终端用户并不需要有数据库的专业知识,他们只需要掌握最终数据库应用程序如何使用,就可以操作应用程序完成其业务管理或处理需求。

② 应用程序员。应用程序员负责根据终端用户和系统分析员给出的需求,分析、设计、开发、维护数据库系统中应用程序,实现对数据库中数据的存取,同时以用户容易理解和操作的方式展现给用户。应用程序员需要熟练至少一种集成开发环境,掌握至少一门应用程序编写语言,如 JAVA、Visual C++、C#、VB.net 等。

③ DBA。DBA 全称数据库管理员(database administrator),此处 DBA 是泛指,广义地泛指所有分析、创建、管理和维护数据库的人员。因此,这个概念包含了系统分析员、数据库设计人员以及日后的数据库管理和维护人员(这

才是传统意义上 DBA 的角色)。

a. 系统分析员。通过与终端用户以及数据库管理员的交流,完成应用系统的需求分析和规格说明,确定系统的软、硬件配置,并参与数据库系统的概要设计,设计数据库的结构,规划数据库的内容,确定数据库的经济、高效存储和存取策略等。

b. 数据库设计人员。参与用户需求调查和系统分析,并负责数据库中数据的确定、数据库各级模式的设计,定义数据的安全性和完整性等。

c. 数据库管理员。全面地负责数据库管理、监督和维护。包括:和用户、系统分析员一起,确定数据库中的信息内容和结构,做好数据库的设计;和数据库设计人员共同确定数据的存储结构和存取策略;定义数据的安全性规则和完整性约束条件;监控数据库的使用和运行;根据实际需要,对数据库进行改进、重组或重构等。由此可以看到,数据库管理员的工作有部分与数据库设计人员、系统分析员的职责有交叠,现实情况中,数据库管理员有时的确也担任数据库设计及分析工作。

1.4.2 数据库的体系结构

当用户的需求已经用逻辑模型表达之后,接下来,在数据库管理系统内部,针对数据的存储以及应用程序的访问需求,数据还将以不同的方式展现出来,由数据的多种不同形式构成的数据库体系结构如下。

1. 三层模式体系结构

从图 1-6 可看出,在用户(或应用程序)到数据库之间,DB 的数据结构有 3 个层次:外部模型、逻辑模型和内部模型。这 3 个层次要用 DB 的数据定义语言(data definition language, DDL)定义,定义后的内容,称为“模式”(schema),即外模式、逻辑模式和内模式。

① 外模式是用户与数据库系统的接口,是用户用到的那部分数据的描述。外模式由若干个外部记录类型组成。

② 逻辑模式是数据库中全部数据的整体逻辑结构的描述。它由若干个逻辑记录类型组成,还包含记录间联系、数据的完整性和安全性等要求。

③ 内模式是数据库在物理存储方面的描述,定义所有内部记录类型、索引和文件的组织方式以及数据控制方面的细节。

三层模式体系结构具有以下特点:

(1) 用户使用DB的数据操纵语言(data manipulation language,DML)语句对数据库进行操作,实际上是对外模式的外部记录进行操作。例如,读一个记录值,实际上用户读到的是一个外部记录值(即逻辑值),而不是数据库的内部记录值。

有了外模式后,程序员不必关心逻辑模式,只与外模式发生联系,按照外模式的结构存储和操纵数据。实际上,外模式是逻辑模式的逻辑子集。

(2) 逻辑模式必须不涉及存储结构、访问技术等细节。数据按外模式的描述提供给用户,按内模式的描述存储在磁盘中,而逻辑模式提供了连接这两级的相对稳定的中间观点,并使得两级中任何一级的改变都不受另一级的牵制。

(3) 内模式并不涉及物理设备的约束。比内模式更接近物理存储和访问的那些软件机制是操作系统的一部分(即文件系统),例如从磁盘读数据或写数据到磁盘上的操作等。

2. 两级映像

由于三层模式的数据结构可能不一致,即记录类型、字段类型的命名和组成可能不一样,因此需要三层模式之间的映像来说明外部记录、逻辑记录和内部记录之间的对应性。

三层模式之间存在着两级映像:

(1) 外模式/逻辑模式映像存在于外模式和逻辑模式之间,用于定义外模式和逻辑模式之间的对应性。这个映像一般是放在外模式中描述的。

(2) 逻辑模式/内模式映像存在于逻辑模式和内模式之间,用于定义逻辑模式和内模式之间的对应性。这个映像一般是放在内模式中描述的。

数据库的三层模式和两级映像结构称为"数据库的体系结构",有时亦称为"三层模式结构",或"数据抽象的三个级别"。这个结构是在1971年通过的DBTG报告中提出的,后来收录在1975年的ANSI/X3/SPARC(美国国家标准化组织/授权的标准委员会/系统规划与需求委员会)报告中。虽然现在DBMS的产品多种多样,在不同的操作系统(OS)支持下工作,但是大多数系统在总的体系结构上都具有这种特征。

3. 高度的数据独立性

数据独立性(data independence)是指应用程序和数据库的数据结构之间相互独立,不受影响。在修改数据结构时,尽可能不修改应用程序,则称系统达到了数据独立性目标。

数据独立性分成物理数据独立性和逻辑数据独立性两个级别。

(1) 物理数据独立性。如果数据库的内模式要修改，即数据库的物理结构有所变化，那么只要对逻辑模式/内模式映像(即“对应性”)作相应的修改，可以使逻辑模式尽可能保持不变。也就是对内模式的修改尽量不影响逻辑模式，当然对于外模式和应用程序的影响更小，这时，称数据库达到了物理数据独立性(简称物理独立性)。

(2) 逻辑数据独立性。如果数据库的逻辑模式要修改，例如，增加记录类型或增加数据项，那么只要对外模式/逻辑模式映像作相应的修改，可以使外模式和应用程序尽可能保持不变。这时，称数据库达到了逻辑数据独立性(简称逻辑独立性)。

数据库的三层模式结构是一个理想的结构，使数据库系统达到了高度的数据独立性。但是它给系统增加了额外的开销。首先，要在系统中保存三层系统模式结构、两级映像的内容，并进行管理；其次，用户与数据库之间的数据传输要在三层结构中来回转换，增加了时间开销。然而，随着计算机硬件性能的迅速提高和操作系统的不断完善，数据库系统的性能越来越好。在目前现有的 DBMS 商品软件中，不同系统的数据独立性程度是不同的。一般说来，关系数据库系统在支持数据独立性方面优于层次、网状系统。

在数据库技术中，用户是指使用数据库的应用程序或联机终端用户。编写应用程序的语言可以是 COBOL、PL/I、C、C++、Java 一类高级程序设计语言，这些语言称为主语言或宿主语言(host language)。

与三层结构吻合，可以用如图 1-9 所示的数据抽象各个层次中记录的联系。

这里应注意，应用程序在系统缓冲区中的用户记录应与外模式中的外部记录在结构上是一致的。磁盘上物理文件的记录应与内模式中的内部记录在结构上也是一致的。

1.4.3 数据库管理系统的分类

关于数据库管理系统(DBMS)以及数据库系统，在日常使用中会听到很多相关的名词或术语，本节将分门别类地对各个概念以及所属范畴进行一个概述。

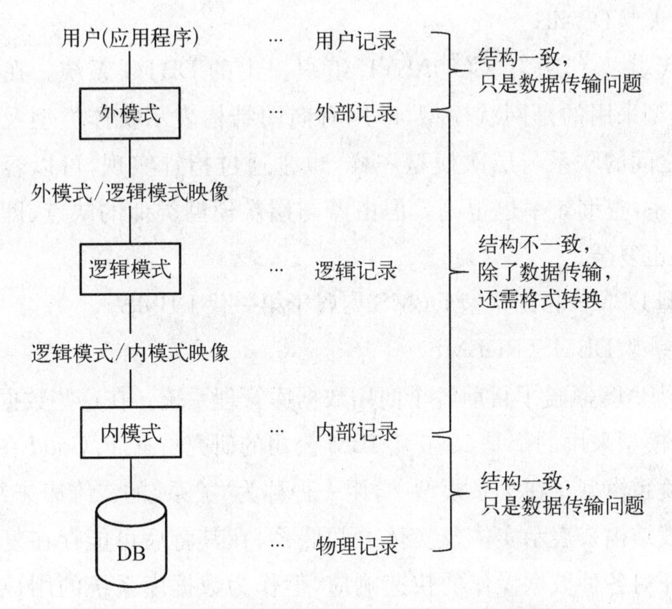

图1-9 数据库中数据抽象各个层次中记录的联系

在数据库中，由于数据都是按照一定的数学模型来组织的。因此，站在数据模型的角度上看，根据计算机系统所支持的数据模型不同，DBMS可以分为以下几类：

1. 层次型DBMS

典型代表是1969年美国IBM公司研制的曾经广泛使用的、第一个大型商用数据库管理系统IMS。在这个系统中，数据的管理模型采用的是层次数据模型，即用树形结构来表示实体及其之间的关系。

在层次模型中，文件或记录之间的联系形成层次。换句话说，层次数据库把记录集合表示成倒立的树结构。树的结点表示实体集，树可以被定义成一组结点，即有一个特别指定的结点称为根(结点)，其他结点有且仅有一个父结点。结点之间的连线表示相连两实体集之间的关系，这种关系只能是"1∶m"的。通常把表示1的实体集放在上方，称为父结点，表示M的实体集放在下方，称为子结点。记录之间的联系通过指针来实现，查询效率较高。

但层次模型也存在突出的缺点：一是只能表示1∶m的联系，对于m∶n的联系只能借助其他辅助手段来实现，但由于较复杂，不易掌握。二是层次顺序的严格和复杂，导致数据查询和更新操作也很复杂，因此应用程序的编写比较复杂。

2. 网状型 DBMS

典型代表是 1970 年 CODASYL 组织提出的 DBTG 系统。在这个系统中，数据模型采用的是网状模型，即用有向图结构表示实体类型及实体间联系。记录之间的联系与层次模型一样，也是通过指针实现，可以容易地实现 m∶n的联系，查询效率也很高。但由着与层次模型类似的缺点，即数据结构复杂，编程也复杂。

层次型 DBMS 和网状型 DBMS 均属于第一代 DBMS。

3. 关系型 DBMS(RDBMS)

这类 DBMS 涵盖了目前各个商用数据库管理系统。在这些数据库管理系统中，数据模型采用的都是 1970 年 IBM 公司的研究员 E. F. Codd 在他的论文中提出的关系模型。在关系模型中，用一种称为“关系”的二维表来组织数据，即用二维表结构来表示实体及实体之间联系，在其背后可能存在复杂的数据结构来保证对各种数据操作的快速响应，但作为数据库系统的用户可以不必关系，从而提高了数据库开发人员的效率。

关系模型与层次模型、网状模型的最大差别就是用关键码而不是用指针来导航数据，而且这种模型有坚实的理论基础，采用自然的表格联系，结构简单、易用。数据独立性及安全保密性都较好。

但是，也正是因为在模型中对数据的存储结构的隐藏导致关系模型在实现查询操作时，需要执行一系列的检索表、拆分表、连接或合并表等操作，从而执行时间较长，查询效率较低。

4. 面向对象 DB(OODB)

在面向对象程序设计语言中引入数据库技术从而形成了 OODBMS(面向对象的数据库管理系统)。它是从面向对象的编程语言出发，引入持久数据的概念，能操作并管理数据库，能支持导航式和非过程性查询，处于系统中心位置的是对象。

5. 对象关系 DBMS

除了以上类型的 DBMS 之外，还有基于面向对象思想与关系数据库结合的对象关系数据库管理系统(ORDBMS)。在这种管理系统中，处于系统中心位置的仍然是关系。但是该管理系统能够表示对象，既有主键概念，也有对象表示概念，支持结构化和非结构化查询。

关于面向对象 DBMS 和 ORDBMS 这两部分内容详见参考文献中施伯乐

老师的《数据库系统教程》。

现在最广泛使用的是关系数据库管理系统(RDBMS)。因此,若没有特殊说明,本书中说的数据库管理系统都是关系数据库管理系统。

从数据库的用途角度上看,又可以把数据库管理系统分为:

(1) 通用DBMS,如Oracle、SQL Server、Informix、DB2等。无论哪种类型、哪个版本的数据库系统,作为通用DBMS,它的基本功能一般都包括:

① 数据定义功能:通过系统提供的数据定义语言(data definition language,DDL)方便用户定义数据库中的数据对象。

② 数据操纵功能:通过系统提供的数据操纵语言(data manipulation language,DML)方便用户操纵数据库中的数据,实现如插入、删除和修改等数据库的基本操作。

③ 数据库的建立和维护功能:包括数据库初始数据的输入、转换,数据库的转储、恢复,数据库的重组织,性能监视、分析等功能。这些功能是DBMS的可选项,在有些DBMS中可能是由一些外部应用程序完成的。

④ 数据库的事务管理和控制功能:即防止数据的泄露、更改或未经授权的非法访问,保障数据安全性;确保数据及语义的正确和有效,保障数据的完整性;防止多用户同时操作时的异常或错误,支持并发操作等功能。

(2) 专用DBMS,如时态数据库、空间数据库、统计数据库、移动数据库等。这些数据库有些是数据库技术与其他技术结合的产物,有些是数据库具体应用到特定领域的成果,并因此明显地带有了某一领域应用需求的特征。如空间数据库是将数据库技术应用于空间领域,即用数据库技术存储包括基础地形要素矢量、数字高程模型、数字正射影像、数字栅格地图等在内的基础地理空间数据和包括土地利用、地籍、规划管理、农业、水利、道路等数据在内的专题数据形成的专业数据库。

1.4.4　数据库系统分类

接下来,对于数据库系统,根据计算机的系统结构,又可以分为:

1. 集中式DBS

这是早期大型机时代采用的数据库管理模式,即大型机处理了包括用户应用程序、用户界面以及所有DBMS的功能,用户则是通过没有处理能力,只有输入和显示功能的终端来访问系统的。随着硬件设备价格的下降,用户终端逐步进化为个人计算机，数据库的应用模式也随之发生了改变。

2. 客户/服务器(简称 C/S)DBS

随着个人计算机处理能力的提升，DBS 中的功能有条件分布在不同的机器上实现处理，于是出现了客户/服务器 DBS。

在客户/服务器 DBS 中，大量有特定功能的专用服务器设备可以通过网络连接起来，为多个客户端所访问。客户端是用户界面，具备了一定的本地处理能力来运行本地应用程序，可以负责处理商业应用逻辑、向用户提供数据、获取用户的数据请求，将用户对数据的请求描述为 SQL 语句提交给服务器端，并接收来自服务器的数据响应等。而作为 DBS 核心的 DBMS，它和客户端分置在不同的机器上，它集中实现数据的各种操纵和处理，还负责接收来自客户端的 SQL 语句，执行来自客户端的 SQL 请求，并将结果返回给客户端应用程序，服务器的软件系统实质就是一个 DBMS。

在客户/服务器结构中，作为核心服务器端的 DBMS 开发商大多都为系统提供了一个称为开放数据库互联(open database connectivity，ODBC)标准的驱动程序，其中提供了一个应用编程接口(application programming interface，API)，借助此 API，一个客户端应用程序可以连接到多个 DBMS，并使用 ODBC API 来发送查询和事务请求，这些请求在服务器端由 DBMS 处理。处理结果返回给客户端，客户端程序在根据需要处理或显示该结果。同时，一个 DBMS 也可以被多个客户端所连接，只是每个客户端都要安装对应的客户端应用程序。

客户/服务器 DBS 体系结构因涉及客户、服务器两个抽象层次，因此又被称为两层体系结构。随着万维网的出现，这样的两层结构的 DBS 又随之得以进化。

3. 面向 web 应用的三层客户/服务器体系结构(简称 B/S)DBS

随着万维网的应用与普及，数据库应用程序也由客户端应用程序演变为了 web 应用程序，而 web 应用程序与客户应用程序相比，可以理解为将原本集中在客户端的一些商业应用逻辑等内容从客户端独立出来，同时集成了数据访问的业务规则，于是客户端相当于表示层，只负责接收用户的请求以及获取返回的数据并显示给用户，于是客户端无须针对某个应用单独开发或安装软件，维护和升级更方便，数据库因为独立于应用，实现数据库的移植也相对便利。

4. 并行式 DBS

并行式 DBS 是为满足数据超大容量存储("太"级)以及对应的极快事务处理速度要求而产生的。并行系统使用多个 CPU 和多个磁盘进行并行操作,提高数据处理和 I/O 速度。通过并行操作,有效提高系统的吞吐量和响应时间。

并行 DBS 根据各个 CPU 所访问的磁盘、内存的不同又可分为不同的结构,如共享内存型、共享磁盘型、非共享型以及层次型等。

5. 分布式 DBS

分布式 DBS 是多个分布在不同场地的集中式 DBS 集合。这个集合中的各个集中 DBS 都管理了一部分的数据,而分布在各个 DBS 中的数据在逻辑上又是一个整体。因此,对于数据的处理会涉及局部事务和全局事务。访问本地数据的局部事务可以由本地的集中 DBS 完成,而访问来自多个集中式 DBS 的全局事务则要涉及多个场地,由多个 DBS 共同完成。因此,分布式 DBS 兼具了集中式 DBS 的集中管理和并行式 DBS 的并行分布处理特性。

1.5 本书应用实例介绍

为了阐明相关的数据库理论知识,在本书中贯穿了一个叫做 Northwind 的数据库,这是 SQL Server 自带的一个示例数据库,我们的示例都是基于数据库管理系统 SQL Server 2008 调试的。

Northwind 数据库是一个包含如下 13 张表的订单管理数据库,该数据库以订单为核心,清晰地记录了订单所涉及的商品、客户、销售员、供应商、运货商等相关的完整信息。数据库中各表详细信息如下:

1. 两张订单表

(1) Orders 订单信息表。

序号	列 名	数据类型	长度	小数位	标识	主键	允许空	默认值	字段说明
1	OrderID	int	4	0	√	√			订单号
2	CustomerID	nchar	10	0		√	√		消费者编号
3	EmployeeID	int	4	0			√		销售员编号
4	OrderDate	datetime	8	3			√		订单日期

（续 表）

序号	列 名	数据类型	长度	小数位	标识	主键	允许空	默认值	字段说明
5	RequiredDate	datetime	8	3			√		约定送货时间
6	ShippedDate	datetime	8	3			√		发货时间
7	ShipVia	int	4	0			√		运货商编号
8	Freight	money	8	4			√	(0)	运费
9	ShipName	nvarchar	80	0			√		收货商名称
10	ShipAddress	nvarchar	120	0			√		收货商地址
11	ShipCity	nvarchar	30	0			√		收货商城市
12	ShipRegion	nvarchar	30	0			√		收货商区域
13	ShipPostalCode	nvarchar	20	0			√		收货商邮编
14	ShipCountry	nvarchar	30	0			√		收货商国籍

（2）Order Details 订单商品明细表。

序号	列 名	数据类型	长度	小数位	标识	主键	允许空	默认值	字段说明
1	OrderID	int	4	0		√			订单编号
2	ProductID	int	4	0		√			商品编号
3	UnitPrice	money	8	4				(0)	商品单价
4	Quantity	smallint	2	0				(1)	购买数量
5	Discount	real	4	0				(0)	折扣度

2. 与订购商品相关的商品信息表

（3）Products 商品详细信息表。

序号	列 名	数据类型	长度	小数位	标识	主键	允许空	默认值	字段说明
1	ProductID	int	4	0	√	√			商品编号
2	ProductName	nvarchar	80	0					商品名称
3	SupplierID	int	4	0			√		供货商编号
4	CategoryID	int	4	0		√	√		商品类别编号
5	QuantityPerUnit	nvarchar	40	0			√		单位数量

(续 表)

序号	列 名	数据类型	长度	小数位	标识	主键	允许空	默认值	字段说明
6	UnitPrice	money	8	4			√	(0)	单位价格
7	UnitsInStock	smallint	2	0			√	(0)	实际库存量
8	UnitsOnOrder	smallint	2	0			√	(0)	订购量
9	ReorderLevel	smallint	2	0			√	(0)	警戒库存量
10	Discontinued	bit	1	0				(0)	是否断货

(4) Categories 商品类别详细信息表。

序号	列 名	数据类型	长度	小数位	标识	主键	允许空	默认值	字段说明
1	CategoryID	int	4	0	√	√			商品类别编号
2	CategoryName	nvarchar	30	0		√			类别名称
3	Description	ntext	16	0			√		类别描述
4	Picture	image	16	0			√		类别照片

(5) Suppliers 商品供应商信息表。

序号	列 名	数据类型	长度	小数位	标识	主键	允许空	默认值	字段说明
1	SupplierID	int	4	0	√	√			供应商编号
2	CompanyName	nvarchar	80	0		√			供应商名称
3	ContactName	nvarchar	60	0			√		联系人姓名
4	ContactTitle	nvarchar	60	0			√		联系人职务
5	Address	nvarchar	120	0			√		供应商地址
6	City	nvarchar	30	0			√		所在城市
7	Region	nvarchar	30	0			√		所在地区
8	PostalCode	nvarchar	20	0			√		邮政编码
9	Country	nvarchar	30	0			√		国家
10	Phone	nvarchar	48	0			√		供应商电话
11	Fax	nvarchar	48	0			√		供应商传真
12	HomePage	ntext	16	0			√		供应商主页

3. 与订单销售员相关的表

(6) Employees 销售员信息表。

序号	列　名	数据类型	长度	小数位	标识	主键	允许空	默认值	字段说明
1	EmployeeID	int	4	0	√	√			销售员编号
2	LastName	nvarchar	40	0		√			销售员姓
3	FirstName	nvarchar	20	0					销售员名
4	Title	nvarchar	60	0			√		销售员头衔
5	TitleOfCourtesy	nvarchar	50	0			√		尊称
6	BirthDate	datetime	8	3			√		出生日期
7	HireDate	datetime	8	3			√		雇佣日期
8	Address	nvarchar	120	0			√		地址
9	City	nvarchar	30	0			√		城市
10	Region	nvarchar	30	0			√		区域
11	PostalCode	nvarchar	20	0			√		邮政编码
12	Country	nvarchar	30	0			√		国家
13	HomePhone	nvarchar	48	0			√		住宅电话
14	Extension	nvarchar	8	0			√		分机号码
15	Photo	image	16	0			√		照片
16	Notes	ntext	16	0			√		备注
17	ReportsTo	int	4	0			√		上级主管编号
18	PhotoPath	nvarchar	510	0			√		照片路径

(7) EmployeeTerritories 销售员隶属销售区域表。

序号	列　名	数据类型	长度	小数位	标识	主键	允许空	默认值	字段说明
1	EmployeeID	int	4	0		√			销售员编号
2	TerritoryID	nvarchar	40	0		√			销售区域编号

(8) Territories 销售区域信息表。

序号	列　名	数据类型	长度	小数位	标识	主键	允许空	默认值	字段说明
1	TerritoryID	nvarchar	40	0		√			销售区编号
2	TerritoryDescription	nchar	100	0					销售区描述
3	RegionID	int	4	0					地区编号

(9) Region 销售区隶属地区详细信息表。

序号	列 名	数据类型	长度	小数位	标识	主键	允许空	默认值	字段说明
1	RegionID	int	4	0		√			地区编号
2	RegionDescription	nchar	100	0					地区名称

4. 与订单客户相关的表

(10) Customers 客户信息表。

序号	列 名	数据类型	长度	小数位	标识	主键	允许空	默认值	字段说明
1	CustomerID	nchar	10	0		√			客户编号
2	CompanyName	nvarchar	80	0					客户名称
3	ContactName	nvarchar	60	0			√		联系人姓名
4	ContactTitle	nvarchar	60	0			√		联系人头衔
5	Address	nvarchar	120	0			√		地址
6	City	nvarchar	30	0		√	√		城市
7	Region	nvarchar	30	0			√		区域
8	PostalCode	nvarchar	20	0			√		邮政编码
9	Country	nvarchar	30	0			√		国家
10	Phone	nvarchar	48	0			√		电话
11	Fax	nvarchar	48	0			√		传真

(11) CustomerCustomerDemo 客户类别对应关系表。

序号	列 名	数据类型	长度	小数位	标识	主键	允许空	默认值	字段说明
1	CustomerID	nchar	10	0		√			客户编号
2	CustomerTypeID	nchar	20	0		√			客户类别编号

(12) CustomerDemographics 客户类别说明表。

序号	列 名	数据类型	长度	小数位	标识	主键	允许空	默认值	字段说明
1	CustomerTypeID	nchar	20	0		√			类别编号
2	CustomerDesc	ntext	16	0			√		类别描述

5. 与订单相关的运货商表

(13) Shippers 运货商信息表。

序号	列　名	数据类型	长度	小数位	标识	主键	允许空	默认值	字段说明
1	ShipperID	int	4	0	√	√			运货商编号
2	CompanyName	nvarchar	80	0					运货商名称
3	Phone	nvarchar	48	0			√		电话

本 章 小 结

本章从日常生活中的实例入手,探讨了在应用需求推动下的数据管理发展历程,并重点勾勒出目前应用最广泛的数据库系统——关系数据库系统的大致轮廓。接下来,以数据库系统中核心管理对象——数据为主体,介绍数据的抽象过程和描述方法。然后,从宏观上呈现由数据的不同抽象层次形成的数据库体系结构。最后,概述了本书后续要使用的实例。

本章的主要目的是从多个维度给出数据库系统的宏观轮廓和主体架构,关于细节知识和具体的应用在后续章节中都会再深入。

本 章 习 题

一、选择题

1. 在数据库系统中,DBMS 和操作系统之间关系是(　　)。
   A. 无关　　B. 相互调用
   C. 操作系统调用 DBMS　　D. DBMS 调用操作系统
2. 在数据库系统中,占据中心位置的是(　　)。
   A. DBMS　　B. 程序　　C. 数据　　D. 内存
3. DB 的三级体系结构是对(　　)抽象的三个级别。
   A. 存储器　　B. 数据　　C. 程序　　D. 外存
4. DB 的三级模式结构中最接近外部存储器的是(　　)。
   A. 子模式　　B. 外模式　　C. 概念模式　　D. 内模式

5. DBS 具有“数据独立性”特点的原因是因为在 DBS 中( )。
   A. 采用磁盘作为外存　　B. 采用三级模式结构
   C. 使用 OS 来访问数据　　D. 用宿主语言编写应用程序
6. 在 DBS 中,“数据独立性”和“数据联系”这两个概念之间联系是( )。
   A. 没有必然的联系　　B. 同时成立或不成立
   C. 前者蕴涵后者　　D. 后者蕴涵前者
7. 数据独立性是指( )。
   A. 数据之间相互独立
   B. 应用程序与 DB 的结构之间相互独立
   C. 数据的逻辑结构与物理结构相互独立
   D. 数据与磁盘之间相互独立

二、填空题

1. 数据库管理技术的发展是与计算机技术及其应用的发展联系在一起的,它经历了三个阶段:________阶段,________阶段和________阶段。
2. 三级模式之间的两层映射保证了数据库系统中的数据能够具有较高的________性和________性。
3. ________是目前最常用也是最重要的一种数据模型。采用该模型作为数据的组织方式的数据库系统称为________。

三、名词解释

ER 模型、关系模型、逻辑模型、概念模型、DBMS、DBS、DB

四、思考题

1. 利用计算机实现数据管理是如何发展起来的?经历了哪些阶段?你认为目前还有哪些问题有待解决?
2. 数据库管理员的职责范围包括哪些?
3. 阐述数据库管理系统实现数据管理的优势和不足。
4. 数据抽象经历了哪几个过程?每个过程要完成的任务是什么?
5. 什么是概念模型?什么是逻辑模型?请给出至少三个生活中的实例,描述出它们的概念模型和逻辑模型。
6. 什么是数据的独立性?数据独立分为那两个层次?独立的意义何在?
7. 数据库的三层模式是哪三层模式?两级映射的内容又是什么?

第 2 章　关系模型及关系运算理论

1970 年，IBM 的研究员 E. F. Codd 博士在美国计算机学会会刊"Communication of the ACM"上发表了题为"A Relational Model of Data for Shared Data Banks"的论文，开创了关系数据库的新纪元。四十多年来，关系数据库已经取得的辉煌的成就，使得关系数据库成为当前最流行的数据库管理系统。

通过第 1 章的学习，可以知道数据模型是数据库管理系统的核心。在常用的四种模型中，层次和网状模型理论不够完备、效率低；对象模型虽然能完整描述现实世界的数据结构，但模型相对比较复杂；而以严格的关系理论为基础的关系模型是当今主流的数据模型。本章将介绍关系模型的相关概念及关系运算理论。

2.1　关系模型

2.1.1　关系模型概述

关系模型由一组相互联系的关系组成，是用二维表结构来表示实体与实体间联系的模型。关系模型由关系数据结构、关系操作以及关系完整性约束三部分组成。

1. 关系数据结构

关系模型的数据结构为关系，其结构非常简单。在关系模型中，现实世界的实体以及实体间的各种联系均用关系来表示。在用户看来，一个关系就是一张二维表（见表 2-1），这种简单的数据结构能够表达丰富的语义。关系的数学定义将在 2.1.2 节中介绍。

表 2-1　员工表

员工工号	员工姓名	身　份
GL334401	张　强	池塘管理员
GL334402	王　斌	池塘管理员
GL334403	赵文达	检查人员

2. 关系操作

基于关系数据结构之上的操作也称为关系操作,关系操作包括更新操作和查询操作。关系操作是集合操作方式,即操作的对象和结果都是集合,而非关系数据模型的数据操作对象和结果都是记录。关系模型中常用的关系操作包括选择(select)、投影(project)、连接(join)、除(division)、并(union)、交(intersection)、差(difference)等查询(query)操作和增加(insert)、删除(delete)、修改(update)等更新操作两大部分。查询操作是关系操作集合中最主要的部分,它具有很强的表达能力。

早期的关系操作能力通常用代数方式或逻辑方式来表示,分别称为关系代数和关系演算。关系代数是用关系的运算来表达查询要求的。关系演算是用谓词来表达查询要求的。关系演算又可按照谓词变元的基本对象是元组变量还是域变量而分为元组关系演算和域关系演算。关系代数、元组关系演算和域关系演算三种语言在表达能力上是完全等价的。

关系代数、元组关系演算和域关系演算均是抽象的关系查询语言。这些抽象的语言与具体的 DBMS 中实现的实际语言并不完全一样。但它们能够用作为评价实际系统中查询语言能力的标准或基础。实际的数据语言除了提供关系代数或关系演算的功能外,还提供了许多附加功能,如聚集函数、关系赋值、算术运算等等。

关系数据语言是一种高度非过程化的语言,用户不必请求 DBA 为其建立特殊的存取路径,因为存取路径的选择由 DBMS 的优化机制来完成。此外,用户不必求助于循环和递归结构即可完成数据操作。

除了基于关系代数和关系演算的关系数据语言外,还有一种介于关系代数和关系演算之间的关系数据语言 SQL(structure query language)。SQL 不仅具有丰富的查询功能,而且具有数据定义和数据控制功能,是集数据查询、数据定义、数据操纵语言和数据控制语言于一体的关系数据语言,它充分体现了关系数据语言的特点和优点，是关系数据库的国际标准语言，现在已经成为数据库领域中的一个主流语言。

由以上介绍可知，关系数据语言可以分为3类(见图2-1)。这些关系数据语言的共同特点是，语言其有完备的表达能力，是非过程化的集合操作语言，功能强大且能够嵌入高级语言中使用。

关系数据语言
- 关系代数语言　如 ISBL
- 关系演算语言
  - 元组关系演算语言　如 ALPHA，QUEL
  - 域关系演算语言　如 QBE
- 具有关系代数和关系演算双重特点的语言　如 SQL

图2-1　关系数据语言分类

3. 完整性约束

关系模型提供了丰富的完整性控制机制，允许定义实体完整性、参照完整性和用户定义的完整性三类完整性约束。其中实体完整性和参照完整性是关系模型必须满足的完整性约束条件，应该由关系数据库管理系统(DBMS)自动支持。用户定义的完整性是应用领域需要遵循的约束条件，体现了具体应用中的语义约束。

2.1.2　关系数据结构

1. 关系的定义

关系是关系模型的数据结构，也是集合论中的概念，下面从集合论的角度给出其形式化定义。

(1) 域。域是一组具有相同数据类型的值的集合，又称为值域(用D表示)。域中所包含值的个数称为域的基数(用m表示)。在关系中用域表示属性的取值范围。

例如：表2-1中“员工工号”的取值范围为：D_1={GL334401，GL334402，GL334403}；“员工姓名”的取值范围为：D_2={张强，王斌，找文达}；“身份”的取值范围为D_3={池塘管理员，检验人员}；其中，D_1的基数$m_1=3$、D_2的基数$m_2=3$、D_3的基数$m_3=2$。

(2) 笛卡儿积。

定义2.1 给定一组集合D_1，D_2，…，D_n，且这些集合可以是相同的。定义D_1，D_2，…，D_n的笛卡儿积(Cartesian product)为：

$$D_1 \times D_2 \times \cdots \times D_n = \{(d_1, d_2, \cdots, d_n) \mid d_i \in D_i, i=1, 2, \cdots, n\}$$

其中的每一个元素$(d_1, d_2, \cdots, d_n)$称为一个 n 元组，元组中第 i 个值 d_i称为第 i 个分量。

［例 2.1］ 已知 D_1 =｛GL334401，GL334402，GL334403｝，D_2 =｛张强，王斌，赵文达｝，D_3 =｛池塘管理员，检验人员｝三个域，则 D_1、D_2、D_3 的笛卡儿积可以表示成一张二维表，如表 2 - 2 所示。

表 2 - 2　D_1、D_2、D_3的笛卡儿积

D_1	D_2	D_3
GL334401	张　强	池塘管理员
GL334401	张　强	检验人员
GL334401	王　斌	池塘管理员
GL334401	王　斌	检验人员
GL334401	赵文达	池塘管理员
GL334401	赵文达	检验人员
GL334402	张　强	池塘管理员
GL334402	张　强	检验人员
GL334402	王　斌	池塘管理员
GL334402	王　斌	检验人员
GL334402	赵文达	池塘管理员
GL334402	赵文达	检验人员
GL334403	张　强	池塘管理员
GL334403	张　强	检验人员
GL334403	王　斌	池塘管理员
GL334403	王　斌	检验人员
GL334403	赵文达	池塘管理员
GL334403	赵文达	检验人员

该笛卡儿积的基数为 3×3×2＝18，表中的一行为一个元组，共有 18 个元组。

定义 2.2 笛卡儿积 D_1，D_2，…，D_n的任何一个子集称为 D_1，D_2，…，D_n

上的一个关系。集合 D_1，D_2，…，D_n是关系中元组的取值范围，称为关系的域(domain)，n 称为关系的度(degree)。度为 n 的关系称为 n 元关系。如n=1的关系称为一元关系，n=2 的关系称为二元关系。

[例 2.2] 表 2-1 是员工信息表(关系)，这是一个三元关系，关系中的属性包括员工工号、员工姓名和身份。如果令：

D_1={GL334401，GL334402，GL334403}

D_2={张强，王斌，赵文达}

D_3={池塘管理员，检验人员}

则员工信息关系是笛卡儿积 $D_1 \times D_2 \times D_3$ 的一个子集，通常只有笛卡儿积的子集才能反映现实世界，才有实际意义。

在关系数据库中，关系有如下的性质：

- 同一属性的数据具有同质性，即每一列中的值是同类型的数据，都来自同一个域。
- 同一关系的属性名具有不能重复性，即不同的列可以有相同的域，每一列称为一个属性，用属性名标识。
- 元组中的每个分量必须取原子值，即每个分量是不可分的数据项。
- 关系具有元组无冗余性，即关系中的各个元组是不同的，即不允许有重复的元组。
- 关系中的元组位置具有顺序无关性，即元组的次序是无关紧要的。

2. 候选键、主键与外键

(1) 超键。关系数据库要求关系中的每一个元组具有唯一性，即关系中没有相同的元组。因此，对于关系中的某一个属性或属性集，若它的值能唯一地标识出一个元组，则称这个属性或属性组为超键。

(2) 候选键与主键。不含多余属性的超键称为候选键。在一个关系中可能有多个候选键，可以从中选择其中的一个作为查询、插入或删除元组的操作变量，被选用的后选键称为主键、主关键字。主键是关系模型中的重要概念，每个关系必须选择一个主键，选定后最好不要随意更改。由于关系的两个元组都不能重复，则每个关系必定只能有一个主键。

[例 2.3] 在表 2-1 中的员工信息关系中，(员工工号，员工姓名)、(员工工号，员工姓名，职位)都分别是关系的超键，但不是候选键。假设员工信息关系中没有同姓名的员工，则员工工号和员工姓名都分别是关系的候选键，如果

选定“员工工号”作为数据操作的依据则选取“员工工号”作为主键。由两个或两个以上属性组成的候选键称为联合键。在某些关系中，关系的全部属性构成该关系的唯一候选键，这样的关系称为全键关系。

(3) 外键。在某个关系 R 中可能有这样一组属性 A，它不是关系 R 的主键，但它是另一个关系 S 的主键，则属性组 A 称为关系 R 的外键。注意，外键不一定要与相应的主键同名，不过，在实际应用中，为了便于识别，当外键与相应的主键属于不同关系时，一般给它们取相同的名字。特别地外键与相应的主键必须定义在同一个(或一组)域上。

[例 2.4]　在 sql server 自带的 northwind 数据库中的“Products”、“Categories”和“Suppliers”三个关系，其中关系模式为：

① Products 商品详细信息表。

序号	域　名	域名说明
1	ProductID	商品编号
2	ProductName	商品名称
3	SupplierID	供货商编号
4	CategoryID	商品类别编号
5	QuantityPerUnit	单位数量
6	UnitPrice	单位价格
7	UnitsInStock	实际库存量
8	UnitsOnOrder	订购量
9	ReorderLevel	警戒库存量
10	Discontinued	是否断货

② Categories 商品类别详细信息表。

序号	域　名	域名说明
1	CategoryID	商品类别编号
2	CategoryName	类别名称
3	Description	类别描述
4	Picture	类别照片

③ Suppliers 商品供应商信息表。

序号	域　名	域名说明
1	SupplierID	供应商编号
2	CompanyName	供应商名称
3	ContactName	联系人姓名
4	ContactTitle	联系人职务
5	Address	供应商地址
6	City	所在城市
7	Region	所在地区
8	PostalCode	邮政编码
9	Country	国家
10	Phone	供应商电话
11	Fax	供应商传真
12	HomePage	供应商主页

主键用下划线标识，外键用波浪线标识，在商品类别详细信息关系中，由于“商品类别编号”是主键，因此在商品详细信息关系中，“商品类别编号”就是外键，同理，在商品详细信息关系中“供应商编号”也是外键。可见，外键给出了在不同关系间建立联系的一种方法。

3. 关系模式

关系模式是对一类实体特征的结构性描述，也是对关系的结构性描述，该描述一般包括关系名、属性名、属性域的类型和长度，属性之间固有的依赖联系等。但关系模式一般简记为 R(U)或 R(A_1, A_2, …, A_n)其中 R 是关系名，A_1, A_2, …, A_n是属性名，U={A_1, A_2, …, A_n}为关系 R 的属性集。关系模式可以形式化地表示为 R(U,D,dom,F)，其中 R 为关系名，U 为组成关系的属性名的集合，D 为属性组 U 中属性所来自的域，dom 为属性和域之间的映像集合，F 为关系中属性间的依赖关系集合。

[例 2.5] 关系模式 Categories (<u>CategoryID</u>, CategoryName, Description, Picture)中

R: Categories 关系

U: {CategoryID,CategoryName,Description,Picture }

D: CategoryID 来自于整型值，CategoryName、Description 来自字符集合，Picture 来自于照片数据

Dom: { CategoryID: **int**, CategoryName: **nvarchar(30)**, Description: **ntext(16)**, Picture: image}

F: {CategoryID 决定其他属性，如 CategoryID→CategoryName }

关系模式和关系是密切相关但又有所区别的两个概念，关系模式描述的是关系的静态结构信息，是对一个关系的“型”的描述，关系模式一经定义后是相对固定的，除非需要对它重新定义。关系是现实世界中客观事物集合在某一时刻的状态，是随时间而变化的，但这种变化必定在关系模式的约束范围内。因此，人们把关系称为关系模式的外延，它是任一时刻出现在关系中的元组集合，从本质上讲，增加了一个元组的关系已经不是原先的关系了。

在实际应用中，人们常常将关系模式和关系都称为关系，一般可根据上下文联系区分文中所述究竟是关系或是关系模式。

2.1.3　完整性规则

在数据库系统中，为了维护数据库中数据的一致性使其准确地描述现实世界，数据之间必须遵循一定的约束规则、关系模型允许定义三类完整性约束规则：实体完整性、参照完整性和用户定义的完整性。

1. 实体完整性

实体完整性是指对关系中的每一个元组，其主键属性对应的各个分量不能为空值。空值是不知道或无意义的值，它既不是 0 也不是空字符，通常用 NULL 表示。

在关系数据库中，元组是对实体特性的描述，它表示了现实世界中的某个实体，而现实世界中的各个实体之间是可以相互区别的，它们具有某种唯一性标志。主键能够唯一标识一个元组，从而也标识了它所描述的实体。如果一个元组的主键值为空，或主键的部分属性值为空，该元组将不可标识，也就不能表示任何实体因而是无意义的，这在关系数据库中是不允许的。

2. 参照完整性

参照完整性规则给出了关系之间建立联系的约束规则，设属性组 A 是关系 R 的外键且 A 与关系 S 的主键对应，则对于 R 中的每一个元组在属性 A 上

的值必须为：空值(对应于A中每个属性值都为空值)或者等于S中某一元组的主键值。

例2.4中的CategoryID是Products的外键，参照了Categories的主键，则Products关系中每个元组的CategoryID属性只能取下面两类值：

(1) 空值：表示该商品所属的类别未知或未确定。

(2) 非空值：其值必须为Categories关系中确实存在的编号。

实体完整性和参照完整性是关系模型必须满足的完整性约束条件，它由关系数据库管理系统(DBMS)自动支持。

3. 用户定义的完整性

任何关系数据库都应该具备实体完整性和参照完整性。除此之外，不同数据库根据其应用环境的不同，往往还需用一些特殊的约束条件。用户定义的完整性就是针对某一具体关系数据库的约束条件，它反应了所涉及数据必须满足的语义要求。现在的商品化DBMS都提供了定义和检查这类完整性约束的机制，不再由应用程序承担这项工作。例如，可以在标准SQL的CREATE命令中增加一条规则“CHECK{[UnitsOnOrder] >= 0}”，把Products关系中UnitsOnOrder(订购量)的值限定大于等于0。

2.2 关系代数

关系代数是一种抽象的查询语言。作为研究关系数据语言的数学工具，是关系数据库操纵语言的一种传统表达方式，它是用关系的运算来表达查询要求的。关系代数的运算对象是关系，运算结果也为关系。

关系代数的运算可分为两类：

(1) 传统的集合运算：并、交、差、笛卡儿积。

(2) 专门的关系运算：投影、选择、连接、除法。

2.2.1 传统的集合运算

传统集合运算是二目运算，包括并、交、差、笛卡儿积四种运算。除了笛卡儿积外，其他的运算要求参加运算的两个关系R和S必须是相容的。所谓相容，是指关系R和S满足以下两点：

(1) R和S具有相同的度。

(2) R中的第i个属性和S中的第i个属性定义在同一个域上(i=1,2,…,n)。

下面分别介绍关系涉及的传统集合运算：

1. 并运算

设关系R和S是相容的，都是n元关系，则它们的并仍是一个n元关系，它由属于R或属于S的所有元组构成。记为$R \cup S = \{t \mid t \in R \vee t \in S\}$。

2. 差运算

设关系R和S是相容的，都是n元关系，则R与S的差仍是一个n元关系，它由属于R但不属于S的元组构成。记为$R - S = \{t \mid t \in R \wedge t \notin S\}$。

3. 交运算

设关系R和S是相容的，都是n元关系，则它们的交仍是一个n元关系，它由属于同时也属于S的元组构成。记为$R \cap S = \{t \mid t \in R \wedge t \in S\}$，它可以用差运算表示为$R \cap S = R - (R - S)$或者$R \cap S = S - (S - R)$。

[例2.6] 如图2-2所示，先给出关系R和S，其并、差、交运算的结果如下：

R

A	B	C
a	3	4
b	4	9
b	6	1

S

A	B	C
a	4	1
c	3	7
b	6	1

R∪S

A	B	C
a	3	4
b	4	9
b	6	1
a	4	1
c	3	7

R−S

A	B	C
a	3	4
b	4	9

R∩S

A	B	C
b	6	1

图2-2 并、交、差运算实例

4. 笛卡儿积运算

两个分别为m元和n元的关系R和S的笛卡儿积是一个m+n列的元组

集合。元组的前 m 列是 R 的一个元组,后 n 列是 S 的一个元组。若 R 有 B1 个元组,S 有 B2 个元组,则关系 R 和 S 的笛卡儿积有 B1×B2 个元组,记为 $R\times S=\{t|t=(t^r, t^s)\wedge t^r\in R\wedge t^s\in S\}$

[例 2.7] 给出关系 R,S,其笛卡儿积运算的结果如下。

R

A	B	C
a	1	b
b	1	a
c	2	d

S

D	E
a	2
b	3

R×S

A	B	C	D	E
a	1	b	a	2
a	1	b	b	3
b	1	a	a	2
b	1	a	b	3
c	2	d	a	2
c	2	d	b	3

图 2-3 笛卡儿积运算实例

2.2.2 专门的关系运算

专门的关系运算有投影、选择、连接和除法。

1. 选择运算

选择运算是一个单目运算,它是从一个关系 R 中选取满足给定条件的元组构成一个新的关系。选择运算记为 $\sigma_F(R)=\{t|t\in R\wedge F(t)=\text{'真'}\}$,其中,σ 是选择运算符,F 表示选择条件,是由逻辑运算符 ∨、∧、¬ 等连接算术表达式组成的条件表达式。F(t)是一个逻辑表达式,结果取逻辑值'真'或'假'。

算术表达式的基本形式为 XθY,其中 X、Y 是属性名、常量或简单函数,属性名也可以用它的序号来代替。θ 是比较运算符,$\theta\in\{>, \geqslant, <, \leqslant, =, \neq\}$。

选择运算实际上是从关系 R 中选取使逻辑表达式 F 为真的元组。这是从行的角度进行的运算。

2. 投影运算

投影运算也是一个单目运算,它是从一个关系 R 中选取所需要的列组成一个新关系,投影运算记为

$\pi_A(R)=\pi_{i1,\ i2,\ \dots,\ ik}(R)=\{t[A]\mid t\in R\}$，其中，$\pi$ 是投影运算符，A 为关系 R 属性的子集，t[A]为 R 中元组相应于属性集 A 的分量，$i_1,\ i_2,\ \dots,\ i_k$，i_k 表示 A 中属性在关系 R 中的顺序号。

投影运算是从列的角度进行的运算，投影之后取消了原关系中的某些列后，可能出现重复行，投影后也会取消这些完全相同的重复行。

［**例 2.8**］ 给出关系 R，其选择和投影运算的结果如图 2-4 所示。

R

A	B	C
a	1	b
b	1	a
c	2	d

$\sigma_{A<C}(R)$

A	B	C
a	1	b
c	2	d

$\pi_B(R)$

B
1
2

图 2-4 选择、投影运算实例

3. 连接运算

连接运算也称 θ 连接。它也是一个二目运算，是从二个关系的笛卡儿积中选取满足一定连接条件的元组，记为

$$R\underset{R.A\theta R.B}{\bowtie}S=\sigma_{R.A=S.B}(R\times S)$$

其中 $\bowtie$ 是连接运算符；A、B 分别为 R、上度数相等且可比较的属性集；θ 是算术比较符；R. AθS. B 是连接条件。

连接运算的结果是 $R\times S$ 的一个子集，子集中每个元组满足 R. AθR. B 的连接条件。当 θ 分别是$>$，$\geqslant$，$<$，$\leqslant$，$=$，$\neq$时，相应地可称为大于连接、小于连接、等值连接、大于等于连接等，且最常用的是等值连接，即 θ 为“$=$”时的情况，而其余的连接统称为非等值连接。

4. 自然连接

自然连接是一种特殊的等值连接，它要求两个关系中进行比较的属性列必须是相同的属性组，并且在结果关系中把重复的属性列去掉，即若 R 和 S 的属性集合分别是 A_R 和 A_s，它们具有相同的属性组 A。令 $B=A_R\cup A_s$，则自然连接可记为

$$R\bowtie S=\pi_B(\sigma_{R.A=S.A}(R\times S))$$

其中，$\bowtie$ 是自然连接运算符。

［例 2.9］

R

A	B	C
1	2	3
4	5	7
7	2	9
3	8	6

S

B	C	D
5	7	2
2	3	1
1	8	3

$R \underset{R.B>S.C}{\bowtie} S$

A	R.B	R.C	S.B	S.C	D
4	5	7	2	3	1
3	8	6	5	7	2
3	8	6	2	3	1

$R \underset{R.B=S.B}{\bowtie} S$

A	R.B	R.C	S.B	S.C	D
1	2	3	2	3	1
4	5	7	5	7	2
7	2	9	2	3	1

$R \bowtie S$

A	B	C	D
1	2	3	1
4	5	7	2

图 2-5　连接、自然连接运算实例

5. 除法运算

除法运算也是一个复合的二目运算。设关系 R 和 S 的度数分别为 m 和 n,(设 m>n>0),那么 R÷S 是一个度数为(m−n)的关系,其中 R÷S 是满足下列条件的最大关系：R÷S 中的每个元组 t 与 s 中每个元组 u 所组成的元组(t,u)必在关系 R 中。为叙述方便起见,假设 S 的属性为 R 中的后 n 个属性,则 R÷S 的具体计算过程如下：

(1) $T=\pi_{1,2,\cdots,m-n}(R)$(计算 R 在第 1, 2, …, m−n 属性列上的投影)。

(2) $W=(T\times S)-R$(计算 T×S 中但不在 R 中的元组)。

(3) $V=\pi_{1,2,\cdots,m-n}(W)$(计算 R 在第 1, 2, …, m−n 属性列上的投影)。

(4) $R\div S=T-V$(在 T 中但不在 V 中的元组即是关系 R÷S 的全部元组)。

值得注意的是,在前面介绍的各种关系代数运算中,并、差、广义笛卡儿积、投影和选择等五种运算被称为关系代数的基本运算,其余的运算,如自然连接、除法等都可以用这五种基本运算的复合运算来表达。

［例 2.10］ R÷S 的计算过程。

R

A	B	C
a_1	b_1	c_2
a_2	b_3	c_7
a_3	b_4	c_6
a_1	b_2	c_3
a_4	b_6	c_6
a_2	b_2	c_3
a_1	b_2	c_1

S

B	C
b_2	c_1
b_1	c_2
b_2	c_3

R÷S

A
a_1

图 2-6　除运算实例

2.2.3　关系运算举例

前面几节已经介绍了关系代数的 9 种运算，可以将这些运算混合起来使用，从而表达对关系数据的复杂操作要求。在关系代数中，代数运算经过有限次复合而成的式子称关系代数表达式。下面以 sql server 自带的数据库 northwind 数据库为例，介绍用关系代数运算表达关系的一些复杂操作。本实例 northwind 数据库所涉及的关系有：

1. Orders 订单信息表

序号	列　名	数据类型	长度	字段说明
1	OrderID	int	4	订单号
2	CustomerID	nchar	10	消费者编号
3	EmployeeID	int	4	销售员编号
4	OrderDate	datetime	8	订单日期
5	RequiredDate	datetime	8	约定送货时间
6	ShippedDate	datetime	8	发货时间
7	ShipVia	int	4	运货商编号
8	Freight	money	8	运费
9	ShipName	nvarchar	80	收货商名称
10	ShipAddress	nvarchar	120	收货商地址

（续　表）

序号	列　　名	数据类型	长度	字段说明
11	ShipCity	nvarchar	30	收货商城市
12	ShipRegion	nvarchar	30	收货商区域
13	ShipPostalCode	nvarchar	20	收货商邮编
14	ShipCountry	nvarchar	30	收货商国籍

2. Order Details 订单商品明细表

序号	列　　名	数据类型	长度	字段说明
1	OrderID	int	4	订单编号
2	ProductID	int	4	商品编号
3	UnitPrice	money	8	商品单价
4	Quantity	smallint	2	购买数量
5	Discount	real	4	折扣度

3. Products 商品详细信息表

序号	列　　名	数据类型	长度	字段说明
1	ProductID	int	4	商品编号
2	ProductName	nvarchar	80	商品名称
3	SupplierID	int	4	供货商编号
4	CategoryID	int	4	商品类别编号
5	QuantityPerUnit	nvarchar	40	单位数量
6	UnitPrice	money	8	单位价格
7	UnitsInStock	smallint	2	实际库存量
8	UnitsOnOrder	smallint	2	订购量
9	ReorderLevel	smallint	2	警戒库存量
10	Discontinued	bit	1	是否断货

4. Customers 客户信息表

序号	列　　名	数据类型	长度	字段说明
1	CustomerID	nchar	10	客户编号
2	CompanyName	nvarchar	80	客户名称
3	ContactName	nvarchar	60	联系人姓名
4	ContactTitle	nvarchar	60	联系人头衔
5	Address	nvarchar	120	地址
6	City	nvarchar	30	城市
7	Region	nvarchar	30	区域
8	PostalCode	nvarchar	20	邮政编码
9	Country	nvarchar	30	国家
10	Phone	nvarchar	48	电话
11	Fax	nvarchar	48	传真

[例 2.11]　检索折扣度在 0.1～0.25 之间的商品编号。

$\pi_{ProductID}(\sigma_{Discount>0.1 \wedge Discount<0.25}([order\quad details]))$

[例 2.12]　检索折扣度大于 0.20 的商品的商品名和实际库存量。此查询的代数表达式为：

$\pi_{ProductName, UnitsInstock}(\sigma_{Discount>0.2}([order\quad details] \bowtie [Products]))$

[例 2.13]　检索从未购买过 1 号商品的客户 ID。

这个查询比较复杂，可以按以下步骤进行：

(1) 查询购买过 1 号商品的客户 ID，其表达式为

$\pi_{CustomID}(\sigma_{ProductID=1}([order\quad details] \bowtie [orders]))$

(2) 查询所有的客户 ID，其表达式为 $\pi_{CustomID}([Customers])$

(3) 本题的表达式为

$\pi_{CustomID}([Customers]) - \pi_{CustomID}(\sigma_{ProductID=1}([order\quad details] \bowtie [orders]))$

[例 2.14]　检索购买商品包括 5 号供应商供应的所有商品的客户 ID 和订单日期。

查询步骤如下：

(1) 查询 5 号供应商所供应的所有商品 ID,表达式为

$\pi_{ProductID}(\sigma_{SupplierID=5}([Products]$

(2) 查询已经购买商品的情况,其表达式为

$\pi_{CustomID, Orderdate, ProductID}([order\quad details]\bowtie[orders])$

(3) 根据除法的定义,可以得到本题的解为

$\pi_{CustomID, Orderdate, ProductID}([order\quad details]\bowtie[orders])\div\pi_{ProductID}(\sigma_{SupplierID=5}$
$([Products]$

用关系代数运算可表达对数据的检索操作、删除、插入和修改等操作,因此,E. F. Codd 把关系代数的这种处理能力称为关系完备性。

在关系代数中,同一个查询要求,可以有不同的关系代数表达式。如例 2.13 也可以表达为

$\pi_{ProductName, UnitsInstock}(\pi_{ProductID}(\sigma_{Discount>0.2}([order\quad details]))\bowtie$
$\pi_{ProductName, UnitsInstock, ProductID}([Products]))$

这两个表达式的执行结果相同,但如果分别按照这两个代数表达式规定的计算顺序去完成用户的查询需求,其系统执行效率却很不同,本章 2. 4 节就将讨论这个问题。因此,在用关系代数进行查询时,需要考虑其效率,指定运算顺序。

2.3 关系演算

把数理逻辑的谓词演算引入到关系运算中,可以得到以关系演算为基础的运算。与关系代数不同,关系演算是非过程化的,即书写关系代数表达式时,提供了产生查询结果的过程序列;而关系演算只需要描述结果的信息,而不给出获得信息的具体过程。根据谓词变量的不同,关系演算可分为二类:元组关系演算和域关系演算。

2.3.1 元组关系演算

元组关系演算以元组为变量,其取值范围是整个关系。元组关系演算表达式的一般形式为

$$\{t|\psi(t)\}$$

式中：t是元组变量；ψ(t)是元组关系演算公式(简称公式)，它由原子公式和运算符组成。因此$\{t|\psi(t)\}$是使ψ(t)为真的所有元组t的集合，即一个关系。

1. 元组关系演算原子公式

元组关系演算的原子公式(简称原子公式)有以下3类：

(1) R(t)。其中R是关系名；t是元组变量，R(t)表示这样一个命题"t是关系R中的一个元组"。因此，关系R可表示为$\{t|R(t)\}$。

(2) $t[i]\theta s[j]$。t、s是元组变量，θ是算术比较符。t[i]，s[j]分别表示t的第i个分量和s的第j个分量。$t[i]\theta s[j]$表示这样一个命题"元组t的第i个分量与元组s的第j个分量之间满足θ关系"。例如，$t[2]\leqslant s[5]$表示元组t的第2个分量值必须小于等于s的第5个分量值。

(3) $t[i]\theta a$或$a\theta t[j]$。其中a为常量，$t[i]\theta a$表示这样一个命题"元组t的第i个分量与常量a满足θ关系"。例如，$t[1]>8$表示元组t的第1个分量值必须大于8。

2. 元组关系演算公式

利用元组关系演算的原子公式可以按照如下方式递归定义元组关系演算公式：

(1) 每个原子公式都是公式。

(2) 设ψ_1和ψ_2是公式，则$\psi_1\wedge\psi_2$，$\psi_1\vee\psi_2$，$\neg\psi_1$也都是公式。

(3) 设ψ(t)是公式，t是元组变量，则$\exists t(\psi(t))$和$\forall t(\psi(t))$都是公式。

(4) 有限次使用1)、2)、3)条规则得到的表达式才是元组关系演算公式，其他的表达式都不是元组关系演算公式。

在元组关系演算公式中涉及算术比较运算符，逻辑运算符和量词等，它们的优先次序规定如下：算术比较运算符、量词∃和∀、逻辑运算符¬、∧、∨。括号可改变运算优先级，括号的优先级最高。

元组关系演算公式的真值计算方法与数理逻辑中公式的真值计算方法一样。例如，当ψ_1为假时，$\neg\psi_1$为真；当ψ_1和ψ_2同时为真时，$\varphi_1\wedge\varphi_2$为真，否则为假；当至少存在一个元组t使得ψ(t)为真时，公式$\exists t(\psi(t))$为真；当所有t使得ψ(t)为真时，公式$\forall t(\psi(t))$为真等。

3. 关系代数的运算

关系代数的所有运算符都可以用元组关系演算表达式模拟，因此任何复杂的关系代数表达式都可以用元组关系演算表达式表达。5 种基本运算的关系演算表达式如下：

(1) 并：$R \cup S = \{t \mid R(t) \vee S(t)\}$

(2) 差：$R - S = \{t \mid R(t) \wedge \neg S(t)\}$

(3) 笛卡儿积：$R \times S = \{t^{m+n} \mid (\exists u^m)(\exists v^n)(R(u) \wedge S(v) \wedge t[1] = u[1] \wedge t[2] = u[2] \wedge \cdots \wedge t[m] = u[m] \wedge t[m+1] = v[1] \wedge \cdots \wedge t[m+n] = v[n])\}$

(4) 选择：$\sigma_F(R) = \{t \mid R(t) \wedge F'\}$，F′是等价条件，只是把 F 中属性名在 F′中换成 t[i]。

(5) 投影：$\pi_{i_1, i_2, \cdots, i_k} R = \{t^k \mid (\exists u) R(u) \wedge t[1] = u[i_1] \wedge t[2] = u[i_2] \wedge \cdots \wedge t[k] = u[i_k])\}$

[例 2.15] 对 northwind 数据库的 Customers 关系，查询所有的客户信息，其元组演算表达式为：$\{t \mid Customers(t)\}$。

[例 2.16] 对 northwind 数据库的 Products 关系，查询订货量大于 20 的商品编号和商品名称，其元组演算表达式为：$\{t^{[1][2]} \mid Products(t) \mid t[8] > 20\}$。

2.3.2 域关系演算

域关系演算与元组关系演算类似，不同的是域关系演算不是用元组作为变量而是用元组的分量作为变量。元组的分量变量简称域变量。与元组变量不同，域变量的变化范围是某个域而不是整个关系。域关系演算表达式的一般形式为

$$\{(t_1, t_2, \cdots, t_k) \mid \psi(t_1, t_2, \cdots, t_k)\}$$

其中，$t_1, t_2, \cdots, t_k$ 是域变量；ψ 是由原子公式和运算符组成的公式。$\{(t_1, t_1, \cdots, t_k) \mid \psi(t_1, t_1, \cdots, t_k)\}$ 表示使 ψ 为真的那些 $t_1, t_2, \cdots, t_k$ 组成的元组的集合。

1. 域关系演算表达式中的原子公式有以下两种：

(1) $R(t_1, t_2, \cdots, t_k)$。R 是一个 k 元关系，每个 t_i 是域变量或者常量。

(2) $x\theta y$。其中 x，y 是域变量，θ 是算术运算比较符。$x\theta y$ 表示 x 与 y 之间满足 θ 运算。

(3) $x\theta c$ 或者 $c\theta x$。其中 x 是域变量，c 是常量 θ 是算术运算比较符。$x\theta c$ 表示 x 与 c 之间满足 θ 运算。

域关系演算表达式中的运算符与元组关系演算表达式中的运算符一样，也包括算术比较运算符，逻辑运算符和量词等。ψ 是由以上两种原子公式和运算符经有限次复合组成的公式。

2. 域演算公式的递归定义

域演算原子公式的递归定义：

(1) 每个原子公式是公式。

(2) 设 ψ_1 和 ψ_2 是公式，则 $\neg\psi_1$、$\psi_1 \wedge \psi_2$、$\psi_1 \vee \psi_2$ 也是公式。

(3) 若 $\psi(t_1, t_2, \cdots, t_k)$ 是公式，则 $(\exists t_1)(\psi)$ $(i = 1, 2, \cdots k)$ 和 $(\forall t_1)(\psi)$ $(i = 1, 2, \cdots k)$ 也是公式。

(4) 域演算公式中的运算符的优先级与元组演算公式中运算符优先级相同。

(5) 域演算的全部公式只能由上述形式组成。

下面用域关系演算表达式表示查询实例。

[例 2.17]　对 northwind 数据库的 Customers 关系，查询所有的客户信息，其元组演算表达式为 $\{t_1, t_2, t_3, t_4, t_5, t_6, t_7, t_8, t_9, t_{10}, t_{11} \mid Customers(t_1, t_2, t_3, t_4, t_5, t_6, t_7, t_8, t_9, t_{10}, t_{11})\}$。

[例 2.18]　对 northwind 数据库的 Products 关系，查询订货量大于 20 的商品编号和商品名称，其元组演算表达式为 $\{t_1, t_2 \mid Products(t_1, t_2) \wedge t_8 > 20\}$。

对同一个查询需求，元组关系演算表达式与域关系演算表达式很容易相互转换。由元组演算表达式 $\{t \mid \psi(t)\}$ 构造等价的域演算表达式的步骤如下：

(1) 如 t 是 k 的元组，则引入 k 个域变量 $t_1, t_2, \cdots, t_k$，用 $t_1, t_2, \cdots, t_k$ 替换 t，用 t_i 替换 t[i]。

(2) 对于量词 $(\exists u)$ 或 $(\forall u)$，如 u 是 m 元的元组，则引入 m 个新的域变量 $u_1, u_2, \cdots, u_m$，在对应量词的辖域内，用 $u_1, u_2, \cdots, u_m$ 替换 u，用 u_i 替换 u[i]。用 $(\exists u_1)\cdots(\exists u_m)$ 替换 $(\exists u)$、用 $(\forall u_1)\cdots(\forall u_m)$ 替换 $(\forall u)$。

2.4 查询优化

数据查询是关系数据库系统中最基本、最常用、最重要的操作,而用户对数据库的查询一般都是用SQL语言表达的。从SQL查询语句开始直到获得查询结果,需要DBMS完成实际的查询过程。查询处理的代价通常取决于磁盘访问,磁盘访问比内存访问速度要慢得多。虽然用户并不需要关心这个过程,但对于同一个给定的查询需求,通常会有许多可能的处理策略,也就是可以写出许多等价的关系代数表达式。策略好坏使得其实现效率差别很大,有时甚至相差几个数量级。现有的关系型数据库(比如sql server)能够自动进行查询优化工作,即关系型数据库管理系统能够根据用户的SQL语句,制定并选择最佳的查询计划去完成实际的查询工作。关系型数据库管理系统自动生成若干候选查询计划并选择最佳查询计划的程序称为查询优化器,简称优化器。

2.4.1 查询优化问题的提出

在2.2.3节中已经发现,同一个查询要求可以有不同的关系代数表达式。为进一步说明查询优化的重要性,先看一个实例。

[例2.19] 设关系S和SC都是二元关系,其关系模式:S(SNO, SNAME, SAGE, SEX), SC(SNO, CNO, GRADE)。设有一个查询可用以下3个关系代数表达式表示:

(1) $\pi_{SNAME, GRADE}(\sigma_{S.SNO=SC.SNO \wedge SC.CNO='C2'}(S \times SC))$

(2) $\pi_{SNAME, GRADE}(\sigma_{SC.CNO='C2'}(S \bowtie SC))$

(3) $\pi_{SNAME, GRADE}(S \bowtie \sigma_{SC.CNO='C2'}(SC))$

假设S关系有200个元组,SC关系有2000个元组,其中SC中包含C2课程的有40个。由于计算机处理时是先将外存中的数据以数据块方式读入内存进行处理,由于内存读写速度非常快,故我们忽略内存的处理速度,只计算内外存数据交换时间。假定内存中可以容纳2个数据块进行计算,每个数据块可容纳20个S,或200个SC记录,或者20个S×SC记录。计算机每秒可读或写20个数据块。上面三个表达式花费的计算时间为:

1. $\pi_{SNAME,GRADE}(\sigma_{S.SNO=SC.SNO \wedge SC.CNO='C2'}(S \times SC))$

(1) 计算笛卡尔积的时间

读 S 表一遍，共 200/20＝10 块，每读一块 S 需要读 SC 表一遍共 2000/200＝10 块，一共需读 SC 表 200/20＝10 遍，因此读取总块数为：200/20＋200/20＊2000/200＝110 块。若每秒读 20 块，则读块时间为 110/20＝5.5 秒。

连接后的元组数为 200×2000＝400000，这些结果写到外存的时间为：400 000/20/20＝1 000 秒。

计算笛卡尔积的总时间为：5.5＋1 000＝1 005.5 秒。

(2) 计算选择的时间

选择运算要从外存将 S×SC 的所有元组读入内存，它与计算笛卡尔积的写块时间相同，即 1 000 秒。满足 CNO＝'C2'的元组有 40 个，可放到内存中。

(3) 选择后的中间结果都在内存中，投影运算可在内存中进行，故无读盘时间。

该算法的总时间为：1 005.5＋1 000＝2 005.5 秒≈33.4 分。

2. $\pi_{SNAME,GRADE}(\sigma_{SC.CNO='C2'}(S \bowtie SC))$

(1) 计算自然连接的时间。计算自然连接时，读取 S 和 SC 的策略不变，总读取 110 块，花费 5.5 秒，但自然连接的结果比笛卡尔积的结果大大减少，最多为 2 000 个，因此写出这些元组的时间为：2 000/20/20＝5 秒，仅为第一种算法的 1/200。计算自然连接花费的总时间为 5.5＋5＝10.5 秒。

(2) 计算选择的时间。读取中间文件块，执行选择运算，花费的时间也为 5 秒。

(3) 计算投影运算再内存中进行，故无读盘时间。

该算法的总时间为：10.5＋5＝15.5 秒。

3. $\pi_{SNAME,GRADE}(S \bowtie \sigma_{SC.CNO='C2'}(SC))$

(1) 计算选择时间。对 SC 表进行选择运算只需要读 SC 一遍，读取 10 块花费的时间为 10/20＝0.5 秒，因为满足的元组仅 40 个不用再写入外存。

(2) 计算自然连接的时间。读取 S 表，把读入的 S 元组和内存中的 SC 元组进行连接，也只需读一遍 S 表共 10 块，花费 10/20＝0.5 秒，自然连接后的元组可全部放入内存。

(3) 计算投影运算再内存中进行，故无读盘时间。

该算法的总时间为：0.5＋0.5＝1秒。

通过上述例子，我们发现同样的查询不同的关系表达式查询效率相差是非常大的，所以数据库系统的查询，即使是最简单的查询，也必须对查询进行优化。关系数据库方式下，由于查询效率直接依赖于查询实现的具体步骤和存取路径，而关系数据库方式则强调接口的简单易用和语言的非过程性，因此查询的实现与优化尤为重要。一些较高级的关系型数据库系统都把查询优化处理作为系统的重要设计目标之一，竞相研制高效率的查询优化处理程序，这大大促进了查询实现与优化的理论研究。

2.4.2 查询处理与优化技术

1. 查询处理过程

在非关系的层次和网状数据库系统中，由于用户使用较低层面上的过程化语言表达查询要求。查询中要执行何种记录级的操作，以及操作的存取路径和执行序列都是在用户查询语句中完全定义好的，数据库系统只是按照用户指定的查询路径和过程完成查询任务，没有查询策略选择和优化过程。如果用户希望查询效率高一些，必须自己重新写一个执行效率更高的查询语句去查询，因此被称为数据查询的人工优化。这样做的好处是 DBMS 开发相对简单，但缺点也是明显的：

(1) 如果用户查询语句中作出了错误的选择，系统也不会对此加以任何改进。

(2) 它要求用户具备较高的数据库知识，必须十分了解数据的存取路径，并具有高超的程序设计水平。这就加重了用户使用数据库的负担，阻碍了数据库应用的推广和普及。

关系数据库的 SQL 语言却是高度非过程化的语言，用户只要指出“做什么”，至于“怎么做”则是由关系型 DBMS 中的“查询优化器”自动实现的。关系数据库的数据查询过程如图 2-7 所示。

2. 查询优化器的优缺点

从图 2-7 可以看出，查询优化器的加入，给用户带来了极大的方便，使用户对数据库的操作变得简便易行，它优点不仅在于让用户不必考虑如何构造最好的查询语句以获得较高的效率，更重要的是系统自动优化存取路径可以比一般用户的程序“优化”做得更好。这主要是因为：

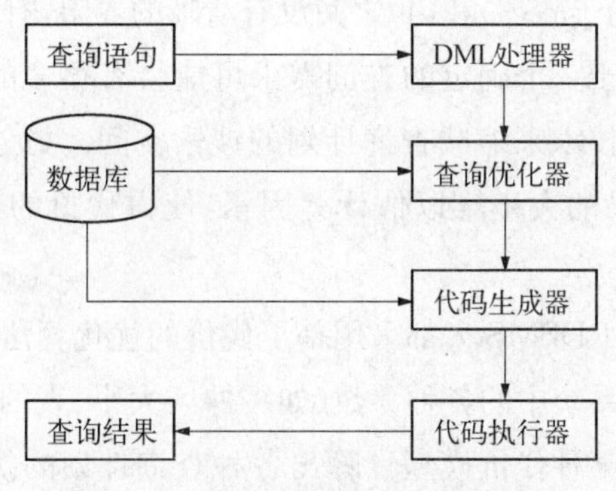

图 2-7 关系数据库的数据查询过程

(1) 优化器可以从数据字典中获取许多统计信息,如关系中的元组数、关系中每个属性值的分布情况等,优化器可以根据这些信息选择有效的执行计划,而一般用户则难以获得这些信息。

(2) 如果数据库的物理统计信息改变了,系统可以自动对查询进行重新优化以选择相适应的执行计划。在非关系系统中必须重新编写程序,而重新编写程序在实际应用中是非常困难的甚至是不太可能的。

(3) 优化器可以考虑数百种不同的执行计划,而程序员一般只能考虑有限的几种可能性。

(4) 优化器中包括了很多复杂的优化技术,这些优化技术往往只有最好的程序员才能掌握。系统的自动优化相当于使得所有用户都拥有这些优化技术。

实际的商品化 DBMS 对查询优化的具体实现方法可能不尽相同,一般可以归纳为四个步骤:

(1) 将查询需求转换成某种内部表示,通常是语法树。

(2) 根据一定的等价变换规则把语法树转换成标准形式。

(3) 选择低层的操作算法,对语法树中的每一个操作需要根据存取路径、数据的存储分布、存储数据的聚簇等信息来选择具体的执行算法。

(4) 生成最佳查询计划。查询计划也称查询执行方案,是由一系列内部操作组成的。这些内部操作按一定的次序构成查询的一个执行方案。通常这样的执行方案有多个,需要计算每个执行方案的执行代价,从中选择最佳计划,即代价最小的一个计划。

实际上,以上的步骤(3)和(4)之间没有清晰的界限,有些DBMS是作为一个步骤处理的。对于一个确定的查询需求可能会有很多的候选查询计划,因此应当采取适当的技术来缩减查询计划的搜索空间。另外,由于统计信息的不精确性,中间结果的大小难以估计等因素,使得代价的精确估计常常比较困难。

目前的商品化RDBMS大都采用基于代价的优化算法。这种方法要求查询优化器充分考虑系统中的各种参数(如缓冲区大小、表的大小、数据的分布、存取路径等),通过某种代价模型计算出各种查询计划的执行代价,然后选取代价最小的执行方案。在集中式关系数据库中,计算代价时主要考虑磁盘读写的I/O次数,也有一些系统还考虑CPU的处理时间。在多用户环境下,内存在多个用户间的分配情况会明显地影响这些用户查询执行的总体性能。例如,当系统把大量的内存分配给某个用户用于查询处理时,虽然会加速该用户查询的执行速度,但却可能使系统内的其他用户得不到足够的内存而影响其查询处理速度。因此,多用户环境下关系数据库还应考虑查询的内存开销。

3. 查询优化技术

关系型DBMS的查询优化器在给用户带来极大好处的同时,也加重了数据库管理系统的负担。它需要自行选择存取路径,而存取路径选择的好坏是影响查询效率的关键所在。因此查询优化技术就成了关系数据管理系统需要解决的一个重要问题。一般来说,查询优化器中可以采用以下优化技术:

(1) 代数优化。对查询语句的代数表达式进行等价变换,通过改变其基本操作的执行顺序来减少查询开销,提高查询效率,但不涉及数据的存取路径。

(2) 物理优化。根据系统提供的数据物理组织结构和存取路径,如索引或者排序文件等来选取较好的查询方案。

(3) 规则优化。根据人们总结出的一些启发式规则,如先作选择、投影操作,再作连接操作等规则来选择较好的查询方案。规则优化技术可以合理地运用代数等价变换规则。

(4) 代价优化。对于多个候选查询计划逐个进行代价估算,从中选择执行代价最小的查询计划。

在实际系统中通常需要综合应用以上优化技术,以获得更好的优化效果。

2.4.3　关系代数表达式等价变化规则

关系数据语言对数据库的任何查询要求都可转化为一个关系代数表达式,因此,当查询优化问题不涉及存储技术时,其本质就是关系代数表达式的优化问题,而关系代数表达式优化的主要问题之一就是关系代数表达式的等价变换问题。两个关系代数表达式等价是指用同样的关系实例代替两个表达式中相应关系时所得到的结果是一样的。

下面介绍关系代数中一些常用的等价变化规则,限于篇幅不给出其严格的数学证明,有许多等价公式是显而易见的。

1. 连接、笛卡儿积的交换律

设 E_1, E_2 是关系代数表达式,F 是连接运算的条件,则以下等价公式成立:

(1) $E_1 \times E_2 \equiv E_2 \times E_1$

(2) $E_1 \bowtie E_2 \equiv E_2 \bowtie E_1$

(3) $E_1 \underset{F}{\bowtie} E_2 \equiv E_2 \underset{F}{\bowtie} E_1$

2. 连接、笛卡儿积的结合律

设 E_1, E_2, E_3 是关系代数表达式,F_1, F_2 是连接条件,F_1 只涉及到 E_1 和 E_2 的属性,F_2 只涉及 E_2 和 E_3 的属性。则以下等价公式成立:

(1) $(E_1 \underset{F_1}{\bowtie} E_2) \underset{F_2}{\bowtie} E_3 \equiv E_1 \underset{F_1}{\bowtie} (E_2 \underset{F_2}{\bowtie} E_3)$

(2) $(E_1 \bowtie E_2) \bowtie E_3 \equiv E_1 \bowtie (E_2 \bowtie E_3)$

(3) $(E_1 \times E_2) \times E_3 \equiv E_1 \times (E_2 \times E_3)$

3. 投影的串联

设 E 是一个关系代数表达式,A_1, A_2, …, A_m, B_1, B_2, …, B_m 是 E 中的某些属性名,$A_i \in \{B_1, B_2, \cdots, B_m\}$ (i=1, 2, …, n),则以下等价公式成立:

$$\pi_{A1, A2, \cdots, An}(\pi_{B1, B2, \cdots, Bm}(E)) \equiv \pi_{A1, A2, \cdots, An}(E)$$

4. 选择运算串接

设 E 是一个关系代数表达式,F_1 和 F_2 是选择运算的条件。则以下等价公式成立:

$$\sigma_{F1}(\sigma_{F2}(E)) \equiv \sigma_{(F1 \wedge F2)}(E)$$

由于 $F1 \wedge F2 = F2 \wedge F1$,因此选择的交换律也成立:

$$\sigma_{F1}(\sigma_{F2}(E)) \equiv \sigma_{F2}(\sigma_{F1}(E))$$

5. 选择运算与投影运算的交换律

设 F 是只涉及 L 中属性，则以下等价公式成立：

$$\pi_L(\sigma_F(E)) \equiv \sigma_F(\pi_L(E))$$

如果条件 F 还涉及不在 L 中的属性集 L1，那么下式成立：

$$\pi_L(\sigma_F(E)) \equiv \pi_L(\sigma_F(\pi_{L \cup L1}(E)))$$

6. 选择运算与笛卡儿积的分配律

(1) 设 F 中涉及的属性都是 E_1 属性，则有以下等价公式成立：

$$\sigma_F(E_1 \times E_2) \equiv \sigma_F(E_1) \times E_2$$

(2) 如果 $F = F_1 \wedge F_2$，且 F_1 只涉及 E_1 的属性，F_2 只涉及 E_2 的属性，则有以下等价公式成立：

$$\sigma_F(E_1 \times E_2) \equiv \sigma_{F1}(E_1) \times \sigma_{F2}(E_2)$$

(3) 如果 $F = F_1 \wedge F_2$，且 F_1 只涉及 E_1 的属性，F_2 涉及 E_1 和 E_2 的属性，则有以下等价公式成立：

$$\sigma_F(E_1 \times E_2) \equiv \sigma_{F2}(\sigma_{F1}(E_1) \times E_2)$$

尽早作选择运算的优化策略就是这 3 个等价公式的具体应用。

7. 选择对并的分配律

$$\sigma_F(E_1 \cup E_2) \equiv \sigma_F(E_1) \cup \sigma_F(E_2)$$

这里要求 E_1 和 E_2 具有相同的属性名，或者 E_1 和 E_2 表达的关系的属性有对应性。

8. 选择对集合差的分配律

$$\sigma_F(E_1 - E_2) \equiv \sigma_F(E_1) - \sigma_F(E_2)\text{，或者 } \sigma_F(E_1 - E_2) \equiv \sigma_F(E_1) - E_2$$

这里也要求 E_1 和 E_2 具有相同的属性名。

9. 选择对自然连接的分配律

$$\sigma_F(E_1 \bowtie E_2) \equiv \sigma_F(E_1) \bowtie \sigma_F(E_2)$$

这里也要求 F 只涉及表达式 E_1 和 E_2 的公共属性。

10. 投影对笛卡儿积的分配律

$$\pi_{L1 \cup L2}(E_1 \times E_2) \equiv \pi_{L1}(E_1) \times \pi_{L2}(E_2)$$

这里要求 L_1 是 E_1 的属性集，L_2 是 E_2 的属性集。

11. 投影对并的分配律

$$\pi_L(E_1 \cup E_2) \equiv \pi_L(E_1) \cup \pi_L(E_2)$$

这里要求 E_1 和 E_2 的属性有对应性。

12. 选择与连接操作的结合

$$\sigma_F(E_1 \times E_2) \equiv E_1 \underset{F}{\bowtie} E_2$$

$$\sigma_{F1}(E_1 \underset{F_2}{\bowtie} E_2) \equiv E_1 \underset{F_1 \wedge F_2}{\bowtie} E_2$$

涉及集合操作的有：

13. 并和交的交换律

$$E_1 \cup E_2 \equiv E_2 \cup E_1$$

$$E_1 \cap E_2 \equiv E_2 \cap E_1$$

14. 并和交的集合律

$$(E_1 \cup E_2) \cup E_3 \equiv E_1 \cup (E_2 \cup E_3)$$

$$(E_1 \cap E_2) \cap E_3 \equiv E_1 \cap (E_2 \cap E_3)$$

2.4.4　查询优化算法

1. 查询优化的一般策略

虽然不同关系型 DBMS 为解决查询优化问题所采用优化算法可能不同，但下面介绍的一般策略(启发式规则)却是大家共同遵循的。这些优化策略也是关系查询的一般优化准则。

(1) 选择运算或投影运算应尽早执行。这条规则可以使中间结果的数据量大大减少，从而减少运算量和输入输出次数，对减少查询时间最有效。

(2) 把投影运算和选择运算同时进行。如果投影运算和选择运算是对同一关系操作，则可以在对关系的一次扫描中同时完成，从而减少操作时间。

(3) 把投影操作与它前面或后面的一个双目运算结合起来，不必为投影(减少几个字段)而专门扫描一遍关系。

(4) 在执行连接运算之前，可对需要连接的关系进行适当预处理，如建索引或排序。这样，当一个关系读入内存后，可根据连接属性值在另一个关系中快速查找符合条件的元组，加速连接运算速度。

(5) 把笛卡儿乘积与其前、后的选择运算合并成为连接运算，以避免扫描笛卡儿乘积的中间结果。两个关系的连接运算，特别是等值连接运算比同样两个关系的笛卡儿乘积节约更多计算时间。

(6) 找出公共子表达式。如果一个表达式中多次出现某个子表达式，一般应该把该子表达式的结果预先计算并保存起来。这样，从外存中读出这个关系比计算它的时间少得多，从而达到节省操作时间的目的，特别是当公用子表达式频繁出现时效果更加显著。

2. 优化算法

将上面介绍的关系代数的等价规则和查询优化的一般策略结合起来就可以构造出关系代数表达式的优化算法，即按照上节介绍的等价变换规则，可将一个关系代数表达式转换成另一个等价的、满足查询优化一般策略的关系代数表达式。由于篇幅所限，本书不介绍关系代数表达式的各种优化算法，也不介绍查询计划的生成方法和技术。

算法 2.1　关系代数表达式的启发式优化算法

输入：一个关系代数表达式的查询树。

输出：一个优化后的查询树。

步骤：

(1) 利用规则 4 将查询树中的每个选择运算变成选择串。

(2) 利用规则 4～8 把查询树中的投影运算均尽可能地移近树的叶结点。

(3) 利用规则 3、5、10、11 把查询树中的投影运算均尽可能移近树的叶结点。若某一投影是针对某一表达式中的全部属性，则可以消去这一投影运算。

(4) 利用规则 3～5 把选择和投影运算合并成单个选择、单个投影，选择后跟随投影等三种情况。这种变化尽管可能违背“提前执行投影运算”的策略，但在遍历关系的同时做所有的选择然后做所有的投影，比通过几遍完成选择和投影效率更高。

(5) 对经过上述步骤后得到的查询树中的内部结点分组。每个二目运算结点与其直接祖先的一目运算结点分在同一组；如果它的子孙节点一直连通到叶子都是一目运算则将它们也归入该组中。但当二目运算是乘积且后面不是与它能结合成连接运算的选择时，其一直到叶子的一目运算结点必须作为单独一组。

(6) 找出查询树中的公共子树 Ti,并用该公共子树的结果关系 Ri 代替查询树中的每一个公共子树 Ti。

(7) 输出经过优化后的查询树。

[例 2.20]　对 2.2.3 节中的 northwind 数据库查询购买"Tofu"商品的运费大于 100 的订单号和发货时间。该查询语句的关系代数表达式为:

$$\pi_{OrderID,ShippedDate}(\sigma_{ProductName='Tofu' \wedge Freight>100}(\pi_L(\sigma_T([Orders]\times[Order\ details]\times[Products]))))$$

其中 L 是 (ProductName, Freight, [Orders]. OrderID, [Orders]. ShippedDate, [Order details]. OrderID, [Order details]. ProductID, [Products]. ProductID), T 是 ($[Orders].OrderID=[Order\ details].OrderID \wedge [Order\ details].ProductID=[Products].ProductID$)。该表达式构成的查询树如图 2-8 所示。

使用算法 2.1 对查询树进行优化:

(1) 每个选择操作分成两个选择运算,共得到 4 个选择操作:

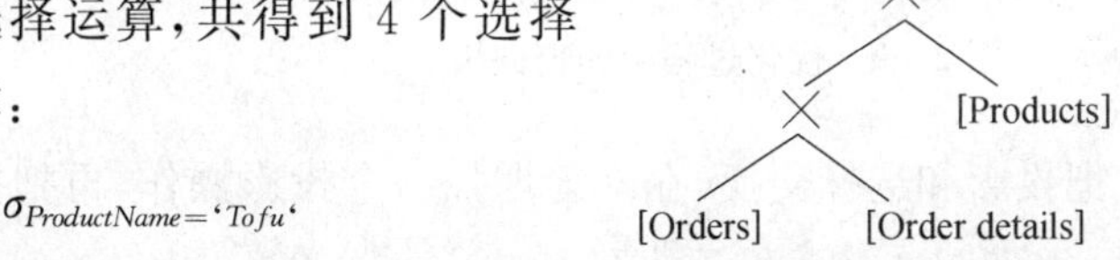

图 2-8　关系代数表达式的查询树

$\sigma_{ProductName='Tofu'}$

$\sigma_{Freight>100}$

$\sigma_{[Orders].OrderID=[Order\ details].OrderID}$

$\sigma_{[Order\ details].ProductID=[Products].ProductID}$

(2) 利用规则 4～8 把查询树中的投影运算均尽可能地移近树的叶结点。根据规则 4 和 5 将 $\sigma_{ProductName='Tofu'}$ 和 $\sigma_{Freight>100}$ 移到投影和另外两个选择操作下面,直接放到笛卡儿积外面得到子表达式:

$$\sigma_{ProductName='Tofu'}(\sigma_{Freight>100}([Orders]\times[Order\ details])\times[Products])$$

其中外层选择仅涉及[Products]关系,内存选择只涉及[Orders],所以上式有可变成：

$$(\sigma_{ProductName='Tofu'}([Products])\times[Order\quad details])\times\sigma_{Freight>100}([Orders])$$

$$\sigma_{[Order\quad details].ProductID=[Products].ProductID}$$

不能再往下移动了，但是

$$\sigma_{[Orders].OrderID=[Order\quad details].OrderID}$$

还可以往下移，与笛卡儿积交换位置。然后根据规则 3 再把两个投影合成一个投影。这样原来的查询树变成如图 2－9 所示的形式。

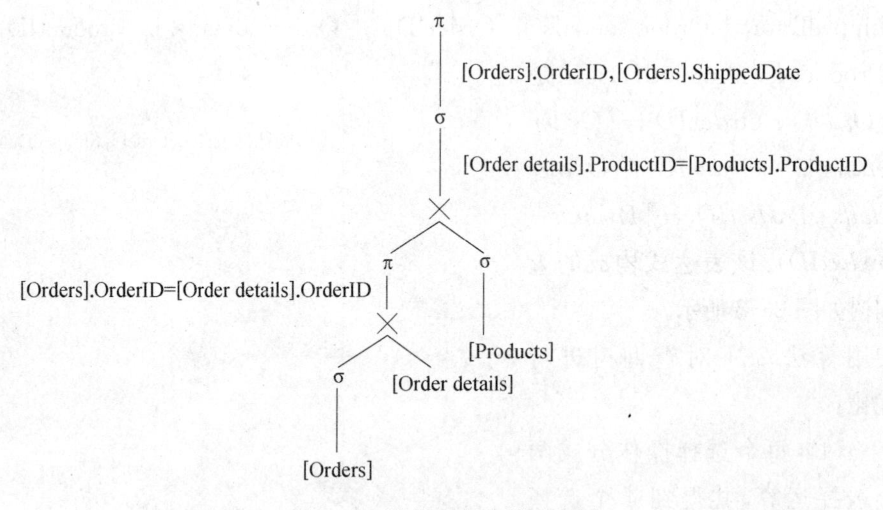

图 2－9　优化过程中的查询树

(3) 根据规则 5 把投影和选择交换，在 σ 前增加一个投影操作，再把投影操作往叶结点上移动，得到图 2－10 所示的查询树。

(4) 把查询树分成两组，在图 2－10 中虚线左边一组，右边一组。执行时从叶结点依次向上进行，每组运算只对关系进行一次扫描。

本 章 小 结

本章从关系模型的概念、关系代数、关系演算以及查询优化等方面详细介绍了关系数据库。

关系模型是目前最流行、最重要的数据模型，它的数据结构是简单二维

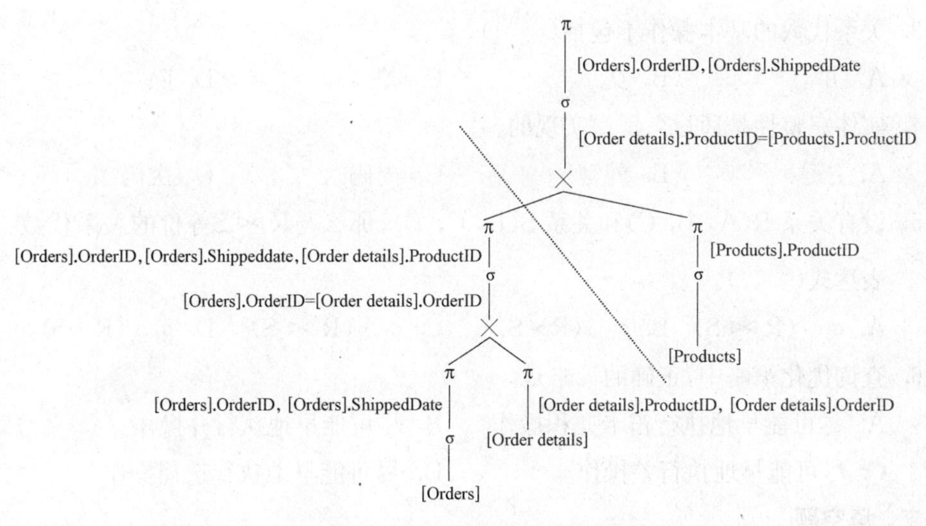

图 2-10　优化的查询树及分组

表，具有三类完整性约束条件，可以进行一套关系操作。其主要使用的关系语言是关系代数、元组关系演算和域关系演算。关系代数、元组关系演算、域关系演算在关系的表达和操作能力上是完全等价的。

查询处理是关系数据库的核心，而查询优化又是查询处理的关键技术。查询优化是指系统对关系代数表达式要进行优化组合，以提高系统效率。本章介绍了关系代数表达式的启发式优化策略，同是给出一个查询优化算法。

本 章 习 题

一、选择题

1. 候选键满足（　　）。

　A. 唯一性　　B. 最大性　　C. 多样性　　D. 最小性

2. 关于外键和相应的主键之间的关系，正确的是（　　）。

　A. 外键并不一定要与相应的主键同名

　B. 外键一定要与相应的主键同名

　C. 外键一定要与相应的主键同名而且唯一

　D. 外键一定要与相应的主键同名，但不一定唯一

3. 关系代数的基本操作不包括(　　)。

   A. 并　　B. 交　　C. 差　　D. 除

4. 实体完整性是通过(　　)实现的。

   A. 主键　　B. 外键　　C. 内码　　D. 次码

5. 设有关系 R(A, B, C)和关系 S(B, C, D),那么与$R \underset{1:5}{\bowtie} S$等价的关系代数表达式(　　)。

   A. $\sigma_{1=5}(R \bowtie S)$　　B. $\sigma_{1=5}(R \times S)$　　C. $\sigma_{1=2}(R \bowtie S)$　　D. $\sigma_{1=2}(R \times S)$

6. 查询优化策略中,正确的策略是(　　)。

   A. 尽可能早地执行笛卡儿积操作　　B. 尽可能早地执行并操作

   C. 尽可能早地执行差操作　　D. 尽可能早地执行选择操作

二、填空题

1. 关系模型由一组相互联系的________组成,是用________来表示实体与实体间联系的模型。关系模型由________、________以及________三部分组成。

2. 关系模型必须满足的完整性约束包括________、________和________三种。

三、名称解释

域,笛卡儿积,关系,属性,元组,候选键,主键,外键,实体完整性规则,参照完整性规则。

四、简答题

1. 试述关系模型的三个组成部分。
2. 试述等值连接与自然连接的区别和联系。
3. 试述关系模型的完整性规则。在参照完整性中,为什么外键的值也可以为空?什么情况下才可以为空?

五、综合题

1. 设有关系 R 和 S:

R	A	B	C
	3	6	7
	2	5	7
	7	2	3
	4	4	3

S	A	B	C
	3	4	5
	7	2	3

计算 R∪S，R−S，R∩S，R×S，$\pi_C(R)$，$\sigma_{A<5}(R)$，$R \underset{R.A<S.B}{\bowtie} S$，$R \bowtie S$。

2. 设有关系 R 和 S：

R	A	B
	a	b
	c	b
	d	e

S	B	C
	b	c
	e	a
	b	d

计算 $R \bowtie S$，$R \underset{R.B>S.C}{\bowtie} S$，$\sigma_{A=C}(R\times S)$。

3. 设有关系 R 和 W：

R	A	B	C	D
	2	b	c	d
	9	a	e	f
	2	b	e	f
	9	a	d	e
	7	g	e	f
	7	g	c	d

W	C	D
	c	d
	e	f

计算 $\pi_{D,C}(R)$，$\sigma_{A=2\wedge C='e'}(R)$，$R\div W$，$\pi_{A,B,W.D}(\sigma_{R.C=W.C}(R\times W))$。

4. 设有三个关系：

S(S＃,SNAME,AGE,SEX)

SC(S＃,C＃,CNAME)

C(C＃,CNAME,TEACHER)

试用关系代数表达式表示下列查询语句：

① 检索 WANG 老师所授课程的课程号和课程名。

② 检索年龄小于 17 岁的男学生的学号和姓名。

③ 检索学号为 S3 学生所学课程的课程名与任课教师名。

④ 检索至少选修 LIU 老师所授课程中一门课的男学生姓名。

⑤ 检索 LI 同学不学的课程的课程号。

⑥ 检索至少选修两门课的学生学号。

⑦ 检索全部学生都选修的课程的课程号与课程名。

⑧ 检索选修课程包含 LI 老师所授全部课程的学生学号和姓名。

⑨ 检索选修课程包含学号为 2 的学生所修课程的学生学号。

⑩ 检索选修课程名为“DB”的学生学号和姓名。

5. 试用元组表达式表示 8 题的各个查询语句。

6. 试用域表达式表示 8 题的各个查询语句。

7. 为什么要对关系代数表达式进行优化？有哪几条启发式规则？对优化起什么作用？

8. 在教学数据库的关系 S、SC、C 中，用户有一查询语句：检索不学“操作系统”课程的学生姓名和年龄。

① 试写出该查询的关系代数表达式。

② 画出查询表达式的语法树。

③ 使用启发式优化算法对之进行优化，并画出优化后的语法树。

第3章　SQL语言

SQL是英文(Structured Query Language)的缩写,意思为结构化查询语言,它包括了数据定义、查询、操纵和控制四种功能。SQL语言是一个通用的、功能强大的关系数据库管理系统的语言,被国际标准化组织(ISO)采纳为关系数据库语言的国际标准。但由于数据库管理系统供应商开发的系统通常早于SQL标准的制定时间,并且为了实现一些自己特定的性能和功能,所以一般又会在标准的基础上对SQL语言进行不同程度的扩展。Transact-SQL(简称T-SQL)语言是微软公司在SQL Server中支持的扩展SQL。

本章介绍了SQL语言的一些基本操作命令,包括数据定义语言(DDL)、数据查询语言(DQL)、数据操纵语言(DCL)以及对一些常规数据库对象(视图、游标、存储过程、触发器)的操作,重点和难点是数据查询语言。

3.1　Transact-SQL语言简介

1. T-SQL语言的特点

(1) 非过程化。在使用T-SQL语言时,用户不必描述解决问题的全过程,只需提出“做什么”,至于“如何做”的细节则由语言系统本身去完成并给出操作的结果。

(2) 高度一体化。集数据定义语言(DDL)、数据操纵语言(DML)、数据控制语言(DCL)和T-SQL增加的语言元素于一体,语言风格统一,可独立完成数据库生命周期的所有活动。

(3) 两种使用方式。交互式和嵌入式，即 T-SQL 语言既可采用交互式方式独立使用，也可以嵌入在某种高级语言中。

(4) 语言简洁、易学易用。相对于其他的一些数据库管理语言而言，T-SQL 具有语言简洁，易学易用的特点。

2. T-SQL 语言的组成元素

在 SQL Server 数据库管理系统中，T-SQL 语言由 5 个部分组成：

(1) 数据定义语言(data definition language，DDL)。主要用于建立或修改数据库对象。数据库、数据表、视图、索引、存储过程、触发器等都是数据库对象。数据定义语言主要包括 CREATE、ALTER、DROP 等语句。

(2) 数据查询语言(data query language，DQL)。用以从表中获得数据，确定数据怎样在应用程序给出。主要包括 SELECT、FROM、WHERE、GROUP BY、HAVING 和 ORDER BY 等子句。

(3) 数据操纵语言(data manipulation language，DML)。用于实现对数据的查询和更新，主要包括 INSERT、UPDATE、DELETE 等语句。

(4) 数据控制语言(data control language，DCL)。用于实现对数据库对象的授权、完整性规则的描述以及控制事务等，主要包括 GRANT、REVOKE、DENY 等语句。

(5) T-SQL 增加的语言元素。Microsoft 公司在标准 SQL 基础上附加的语言元素，包括变量、运算符、函数、流程控制语句和注解等。

本章主要针对上述 T-SQL 语言的组成元素展开说明。关于 T-SQL 的例题都可在 SQL Server 的新建查询中直接执行并查看结果，例题中使用的数据库为 SQL Server 附带的示例数据库 Northwind 数据库。

3.2 数据定义语言 DDL

数据定义语言(DDL)是指用来定义和管理数据库以及数据库中各种对象的语句，这些语句包括 CREATE、ALTER 和 DROP 等。在 SQL Server 中，数据库对象包括表、视图、触发器、存储过程、规则、默认、用户自定义的数据类型等。这些对象的创建、修改和删除等都可以通过使用 CREATE，ALTER，DROP 等语句来完成。表 3-1 给出了常用的 SQL 数据定义语言。

表3-1 SQL数据定义语言DDL

操作对象	操作方式			
	创建	删除	修改	使用
数据库	CREATE DATABASE	DROP DATABASE	ALTER DATABASE	USE DATABASE
基本表	CREATE TABLE	DROP TABLE	ALTER TABLE	
视 图	CREATE VIEW	DROP VIEW	ALTER VIEW	
索 引	CREATE INDEX	DROP INDEX		
存储过程	CREATE PROCEDURE	DROP PROCEDURE	ALTER PROCEDURE	
触发器	CREATE TRIGGER	DROP TRIGGER	ALTER TRIGGER	

下面将对几个常用的数据定义语句进行说明,并给出简单示例。本小节中,主要介绍与数据库、基本表和索引这些操作对象相关的数据定义语言,视图、存储过程和触发器的内容将在后面几个小节介绍。限于篇幅,本节仅说明创建、删除和使用操作,修改操作暂不做说明。

1. 数据库操作语句

(1) 创建数据库语句(CREATE DATABASE)。

[例3.1] 创建Northwind_ex数据库。在本例中,仿照SQL Server附带的示例数据库Northwind数据库,创建Northwind_ex数据库,实现的SQL语句如下:

```
CREATE DATABASE Northwind_ex
ON
(NAME=Northwind_ex,
 FILENAME = 'D:\ Northwind_ex. mdf',
 SIZE = 4MB,
 MAXSIZE = UNLIMITED,
 FILEGROWTH = 1MB)
LOG ON
(NAME=Northwind_ex_log,
FILENAME = 'D:\ Northwind_ex_log. ldf',
SIZE = 5MB,
```

MAXSIZE = UNLIMITED,

FILEGROWTH = 10%)

在上述语句中,CREATE DATABASE 是创建数据的命令,后面紧接新建数据库的名称 Northwind_ex。其他的参数含义为:

- ON 用于指定显示定义用来存储数据库数据部分的磁盘文件(数据文件)。
- LOG ON 用于指定显式定义用来存储数据库日志的磁盘文件(日志文件)。
- NAME 用于指定文件的逻辑名称。
- FILENAME 用于指定文件的物理名称,即操作系统文件名。
- SIZE 用于指定文件的初始大小,单位可以是 KB、MB(默认单位)、GB 或 TB,最小值为 512 KB。
- MAXSIZE 用于指定文件的最大容量,UNLIMITED 表示不限制大小。
- FILEGROWTH 用于指定文件的增长数量,可以按照两种方式增长:数值或者百分比。

本例创建的 Northwind_ex 数据库具有一个数据文件和一个日志文件。数据文件的逻辑名称为 Northwind_ex,物理名称为 'D:\ Northwind_ex. mdf',初始大小为 4 MB,不限制文件大小,文件增长量为 1 MB。日志文件的逻辑名为 Northwind_ex_log,物理名称为 'D:\ Northwind_ex_log. ldf',初始大小为 5 MB,不限制文件大小,文件增长量为 10%。

如果仅有 CREATE DATABASE database_name 而省略其他参数,那么系统将以系统数据库 model 作为模板在 SQL Server 安装目录的 Data 文件夹下建立数据库文件和日志文件。

(2) 打开和删除数据库语句

当用户登录到 SQL Server 后,系统指定一个默认的系统数据库作为当前数据库。用户可以使用 USE 语句选择当前要操作的数据库。基本语法格式如下:

USE 数据库名

当不再需要某个数据库时,为了节省空间,可以使用 DROP 语句删除数据库。基本语法格式如下:

DROP DATABASE 数据库名

2. 数据表操作语句

(1) 建立表语句(CREATE TABLE)

[**例 3. 2**] 创建 Suppliers 表。在本例中,仿照 Northwind 数据库的表

Suppliers,创建同名表。实现的SQL语句如下:

```
CREATE TABLE Suppliers(
    SupplierID int PRIMARY KEY,
    CompanyName nvarchar(40)  NOT NULL,
    ContactName nvarchar(30)  NULL,
    ContactTitle nvarchar(30)  NULL,
    Address nvarchar(60)  NULL,
    City nvarchar(15)  NULL,
    Region nvarchar(15)  NULL,
    PostalCode nvarchar(10)  NULL,
    Country nvarchar(15)  NULL,
    Phone nvarchar(24)  NULL,
    Fax nvarchar(24)  NULL,
    HomePage ntext  NULL,
)
```

在上述语句中,CREATE TABLE 是创建基本表的命令,后面紧接表名 Suppliers。每个列的定义包括:列名、数据类型和列级完整性约束。例如,第一个列的定义:列名为 SupplierID,该列的数据类型为 int 类型,具有一个 PRIMARY KEY 约束,表明该列为主码。

常见的列级完整性约束还包括:

- NOT NULL:用于限制列取值非空。
- DEFAULT:用于给定列的默认值。
- UNIQUE:用于限制列取值不重。
- CHECK:用于限制列的取值范围。
- PRIMARY KEY:用于指定本列为主码。
- FOREIGN KEY:用于定义本列为引用其他表的外码。

(2) 删除表语句(DROP TABLE)

对于不再使用的数据表,应该及时地将其删除,从而节省数据库中的存储空间。可以使用 DROP TABLE 语句完成表的删除。

[**例 3.3**] 删除 Suppliers 表

```
DROP TABLE Suppliers
```

需要注意：当数据表被删除时，里面的数据也被全部删除。如果要删除的数据表是其他数据表中外键需要参照的表，那么用删除表语句是无法将其删除的，必须要先删除表间的主外键约束后，才能删除该表。

3. 索引的建立与删除

索引是一个单独的、物理的数据库结构，在 SQL Server 中，索引是为了加速对表中数据行的检索而创建的一种分散存储结构。创建索引一方面能够加速数据检索、提高数据访问的速度，另一方面也确保了数据的唯一性，加速了链接等操作。下面介绍索引的创建和删除语句。

(1) 建立索引语句(CREATE INDEX)

[**例 3.4**] 在 Suppliers 表的供应商编号(SupplierID)列上建立升序索引。

```
CREATE INDEX SupplierID _ind
ON Suppliers (SupplierID)
```

本例中，SupplierID _ind 是新建的索引名，索引名在表或视图中必须是唯一的，但在数据库中不必唯一。索引名需遵循标识符命名规则。SupplierID _ind 应用于表 Suppliers 的 SupplierID 列上，默认没有显式声明的为升序索引。如果需要建立降序索引，则可用下面的语句：

```
CREATE INDEX SupplierID _ind
ON Suppliers (SupplierID DESC)
```

(2) 删除索引语句(DROP INDEX)

当不再需要某个索引时，可以使用 DROP INDEX 语句将其删除。

[**例 3.5**] 删除 Suppliers 表中索引名称分别为 SupplierID _ind 的索引。

```
DROP INDEX SupplierID _ind
```

3.3 数据查询语言 DQL

在数据库中，数据查询是通过 SELECT 语句来完成的。SELECT 语句可以从数据库中根据用户的需求以及提供的限定条件进行数据检索，并将查询结果以表格的形式返回。下面通过实例具体介绍利用 SELECT 语句如何完成数据的查询。SELECT 语句的一般语法格式如下：

```
SELECT <目标列名序列>
FROM <数据源>
```

[WHERE ＜检索条件＞]

[GROUP BY ＜分组依据列＞]

[HAVING ＜组提取条件＞]

[ORDER BY ＜排序依据列＞[ASC|DESC]]

其中：SELECT子句用于指定所选择的要查询的特定表中的列，它可以是通配符（*）、表达式、列表、变量等。

FROM子句用于指定要查询的表或者视图，最多可以指定16个表或者视图，用逗号相互隔开。

WHERE子句用来说明限定查询的范围和条件。

GROUP BY子句是分组查询子句。

HAVING子句用于指定分组子句的条件。

GROUP BY子句、HAVING子句和集合函数一起可以实现对每个组生成一行和一个汇总值。

ORDER BY子句可以根据一个列或者多个列来排序查询结果，在该子句中，既可以使用列名，也可以使用相对列号。

ASC表示升序排列，DESC表示降序排列。

1. SELECT子句

SELECT子句是SQL的核心，在SQL语句中用的最多的就是SELECT子句。下面给出一些实例，用于说明如何使用SELECT子句完成数据库查询。

(1) 查询表中的特定某几列，列与列之间用逗号分隔。

[例3.6] 查询商品供应商信息表Suppliers中的供应商名称(CompanyName)、供应商地址(Address)和供应商电话(Phone)，如图3-1所示。

```
SELECT CompanyName, Address, Phone
FROM Suppliers
```

上述语句，在Northwind数据库上执行的结果，如图3-1所示。

(2) 在SELECT子句后面使用通配符"*"表示查询表中的所有列。

[例3.7] 查询销售区隶属地区详细信息表Region中所有列的内容。

```
SELECT *
FROM Region
```

上述语句，在Northwind数据库上执行的结果，如图3-2所示。

结果 消息

	CompanyName	Address	Phone
1	Exotic Liquids	49 Gilbert St.	(171) 555-2222
2	New Orleans Cajun Delights	P.O. Box 78934	(100) 555-4822
3	Grandma Kelly's Homestead	707 Oxford Rd.	(313) 555-5735
4	Tokyo Traders	9-8 Sekimai Musashino-shi	(03) 3555-5011
5	Cooperativa de Quesos 'Las Cabras'	Calle del Rosal 4	(98) 598 76 54
6	Mayumi's	92 Setsuko Chuo-ku	(06) 431-7877
7	Pavlova, Ltd.	74 Rose St. Moonie Ponds	(03) 444-2343
8	Specialty Biscuits, Ltd.	29 King's Way	(161) 555-4448
9	PB Knäckebröd AB	Kaloadagatan 13	031-987 65 43
10	Refrescos Americanas LTDA	Av. das Americanas 12.890	(11) 555 4640
11	Heli Süßwaren GmbH & Co. KG	Tiergartenstraße 5	(010) 9984510
12	Plutzer Lebensmittelgroßmärkte AG	Bogenallee 51	(069) 992755
13	Nord-Ost-Fisch Handelsgesellschaft mbH	Frahmredder 112a	(04721) 8713
14	Formaggi Fortini s.r.l.	Viale Dante, 75	(0544) 60323
15	Norske Meierier	Hatlevegen 5	(0)2-953010
16	Bigfoot Breweries	3400 - 8th Avenue Suite 210	(503) 555-9931
17	Svensk Sjöföda AB	Brovallavägen 231	08-123 45 67
18	Aux joyeux ecclésiastiques	203, Rue des Francs-Bour...	(1) 03.83.00.68
19	New England Seafood Cannery	Order Processing Dept. 21...	(617) 555-3267
20	Leka Trading	471 Serangoon Loop, Suit...	555-8787
21	Lyngbysild	Lyngbysild Fiskebakken 10	43844108
22	Zaanse Snoepfabriek	Verkoop Rijnweg 22	(12345) 1212
23	Karkki Oy	Valtakatu 12	(953) 10956
24	G'day, Mate	170 Prince Edward Parade...	(02) 555-5914
25	Ma Maison	2960 Rue St. Laurent	(514) 555-9022
26	Pasta Buttini s.r.l.	Via dei Gelsomini, 153	(089) 6547665
27	Escargots Nouveaux	22, rue H. Voiron	85.57.00.07
28	Gai pâturage	Bat. B 3, rue des Alpes	38.76.98.06
29	Forêts d'érables	148 rue Chasseur	(514) 555-2955

图 3-1 查询表 Suppliers 中的几列

结果 消息

	RegionID	RegionDescription
1	1	Eastern
2	2	Western
3	3	Northern
4	4	Southern

图 3-2 查询 Region 表中的所有列

(3) 在 SELECT 子句后面，可以使用"**列名 AS 列别名**"的方式将原列名以别名标题显示，其中关键字"AS"也可以省略。修改例 3.7 的语句如下：

[例 3.8] 查询销售区隶属地区详细信息表 Region 中所有列的内容，同时要求在查询结果中，RegionID 列的别名为地区编号，RegionDescription 列的别名为地区名称。

```
SELECT RegionID AS 地区编号, RegionDescription 地区名称
FROM Region
```

上述语句，在 Northwind 数据库上执行的结果，如图 3－3 所示。可以看到，在查询结果中，显示的列名为新定义的别名。

结果 | 消息

	地区编号	地区名称
1	1	Eastern
2	2	Western
3	3	Northern
4	4	Southern

图 3－3 为查询结果列指定别名

(4) 在 SELECT 子句中，列名前可加上一些范围限制，以便进一步优化查询结果。常用的范围关键字有：

- **TOP n | m PERCENT**：显示前 n 条记录或前 m%的记录。

[例 3.9] 对例 3.6 中查询语句加以修改，查询商品供应商信息表 Suppliers 中的供应商名称(CompanyName)、供应商地址(Address)和供应商电话(Phone)，同时要求只显示前 3 条记录。

```
SELECT TOP 3 CompanyName, Address, Phone
FROM Suppliers
```

上述语句，在 Northwind 数据库上执行的结果，如图 3－4 所示。

结果 | 消息

	CompanyName	Address	Phone
1	Exotic Liquids	49 Gilbert St.	(171) 555-2222
2	New Orleans Cajun Delights	P.O. Box 78934	(100) 555-4822
3	Grandma Kelly's Homestead	707 Oxford Rd.	(313) 555-5735

图 3－4 查看结果中的前 3 条记录

[例 3.10] 对例 3.6 中查询语句加以修改,查询商品供应商信息表 Suppliers 中的供应商名称(CompanyName)、供应商地址(Address)和供应商电话(Phone),同时要求只显示前 20%条记录。

```
SELECT TOP 20 PERCENT CompanyName, Address, Phone
FROM Suppliers
```

上述语句,在 Northwind 数据库上执行的结果,如图 3-5 所示。

结果 消息

	CompanyName	Address	Phone
1	Exotic Liquids	49 Gilbert St.	(171) 555-2222
2	New Orleans Cajun Delights	P.O. Box 78934	(100) 555-4822
3	Grandma Kelly's Homestead	707 Oxford Rd.	(313) 555-5735
4	Tokyo Traders	9-8 Sekimai Musashino-shi	(03) 3555-5011
5	Cooperativa de Quesos 'Las Cabras'	Calle del Rosal 4	(98) 598 76 54
6	Mayumi's	92 Setsuko Chuo-ku	(06) 431-7877

图 3-5 查看结果中前 20%条记录

- **DISTINCT**: 可以从 SQL 语句的结果中除去重复的行。在实现查询操作时,如果查询的选择列表中包含一个表的主键,那么每个查询结果中的记录将是唯一的(因为主键在每一条记录中有一个不同的值)。如果主键不包含在查询结果中,就有可能出现重复记录。使用 DISTINCT 关键字可以消除重复记录。

[例 3.11] 由销售员信息表 Employees 中查询销售员所在国家(Country)的信息,以便了解销售员的分布情况,则查询语句如下:

```
SELECT DISTINCT Country
FROM Employees
```

如果没有使用 DISTINCT 关键字,则查询结果如图 3-6a 所示。很明显,在查询结果中存在重复的值,因为相同的国家可能有多个销售人员。如果不希望显示重复的值,即每个值在结果中只出现一次,则使用关键字 DISTINCT,查询结果如图 3-6b 所示,可以看到销售人员主要分布在 UK 和 USA 两个国家。

(5) 在数据查询时,有时需要对列进行计算,以便获取所需的数据。由于这些计算列不是数据表中的列,因此可以配合"AS"关键字来指定表的别名。

结果 | 消息

	Country
1	USA
2	USA
3	USA
4	USA
5	UK
6	UK
7	UK
8	USA
9	UK

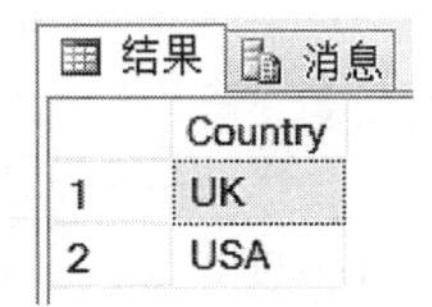

结果 | 消息

	Country
1	UK
2	USA

(a) 不使用 DISTINCT 的查询结果　　　　(b) 不使用 DISTINCT 的查询结果

图 3-6　使用 DISTINCT 关键字的查询结果比较

[例 3.12]　在订单商品明细表 Order Details 中，查询前 10 笔订单的商品实际单价是多少。由于 Order Details 表中仅包含商品单价(UnitPrice)和折扣度(Discount)，如果查询商品的实际单价需要对这两列进行计算获得。实现的 SQL 语句如下：

```
SELECT TOP 10 OrderID 订单编号, ProductID 商品编号,
        UnitPrice * (1-Discount) AS 商品实际单价
FROM [Order Details]
```

上述语句，在 Northwind 数据库上执行的结果，如图 3-7 所示。

结果 | 消息

	订单编号	商品编号	商品实际单价
1	10248	11	14
2	10248	42	9.8
3	10248	72	34.8
4	10249	14	18.6
5	10249	51	42.4
6	10250	41	7.7
7	10250	51	36.04
8	10250	65	14.28
9	10251	22	15.96
10	10251	57	14.82

图 3-7　在查询中使用计算列

需要注意的是，在 SQL Server 中，如果标识符中包含空格(例如 Order Details)，要用双引号("")或方括号([ ])扩起来，否则执行时会提示出错。

(6) 在 SELECT 子句中，还可以使用内部聚合函数，用来进行一些简单的统计或计算。常用聚合函数如表 3-2 所示。

表 3-2 常用聚合函数

函 数 名	函 数 功 能
AVG([ALL | DISTINCT] expression)	计算某一列的平均值(此列的值必须是数值型)
COUNT([ALL | DISTINCT] expression)	统计某一列的个数
COUNT(*)	统计表中所有记录的总数
MAX([ALL | DISTINCT] expression)	查找某一列的最大值
MIN([ALL | DISTINCT] expression)	查找某一列的最小值
SUM([ALL | DISTINCT] expression)	计算某一列的总和(此列的值必须是数值型)

[例 3.13] 统计销售人员的总数。查询涉及销售员信息表 Employees，查询要求统计总人数，即统计 Employees 表中记录的总数。实现的 SQL 语句如下：

```
SELECT COUNT( * )AS 销售人员总数
FROM Employees
```

上述语句，在 Northwind 数据库上执行的结果，如图 3-8 所示。

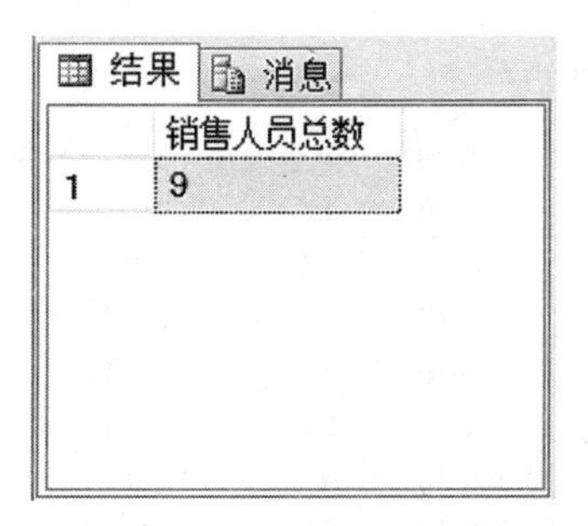

图 3-8 使用聚合函数的查询结果

2. FROM 子句

FROM 子句被用于指定检索数据的数据源表的列表，通常紧跟 SELECT 子句之后。其语法格式如下：

FROM 表名 1 [,表名 2,……,表名 n]

在 FROM 子句中，表的排列顺序不会影响执行结果；如果 FROM 子句中包含多个表名，且不同的表中具有相同的列名，那么SELECT子句的列名必须表示成"<表名>.<列名>"。

［例3.14］ 查询商品折扣度大于0.2且收货商国籍为法国的订单信息及商品信息。

```
SELECT Orders.OrderID, OrderDate, ProductName, Discount
FROM Orders, [Order Details], Products
WHERE  Orders.OrderID = [Order Details].OrderID
       AND Products.ProductID = [Order Details].ProductID
       AND [Order Details].Discount > 0.2 AND Orders.
       ShipCountry='France'
```

上述语句，在Northwind数据库上执行的结果，如图3-9所示。查询中涉及到三张表，表间通过主外键关联。

结果 | 消息

	OrderID	OrderDate	ProductName	Discount
1	10425	1997-01-24 00:00:00.000	Pâté chinois	0.25
2	10425	1997-01-24 00:00:00.000	Lakkalikööri	0.25
3	10610	1997-07-25 00:00:00.000	Inlagd Sill	0.25
4	10755	1997-11-26 00:00:00.000	Zaanse koeken	0.25
5	10755	1997-11-26 00:00:00.000	Gnocchi di nonna Alice	0.25
6	10755	1997-11-26 00:00:00.000	Ravioli Angelo	0.25
7	10755	1997-11-26 00:00:00.000	Gudbrandsdalsost	0.25
8	10806	1997-12-31 00:00:00.000	Chang	0.25
9	10806	1997-12-31 00:00:00.000	Longlife Tofu	0.25
10	10843	1998-01-21 00:00:00.000	Manjimup Dried Apples	0.25
11	11076	1998-05-06 00:00:00.000	Grandma's Boysenberry Spread	0.25
12	11076	1998-05-06 00:00:00.000	Tofu	0.25
13	11076	1998-05-06 00:00:00.000	Teatime Chocolate Biscuits	0.25

图3-9 多表查询的结果

3. WHERE子句

WHERE子句是一个或多个筛选条件的组合，这个筛选条件的组合将使得只有满足该条件的记录才能被这个查询语句检索出来。它是一个可选的子句，在使用时，WHERE子句必须紧跟在FROM子句的后面。WHERE子句的语法格式如下：

WHERE 查询条件

查询条件是一个逻辑表达式，表 3－3 中列出了一些表达式中常用的关系和逻辑运算。

表 3－3　T－SQL 中常用的关系和逻辑运算

查询条件	谓　　词
比　　较	>(大于)、>=(大于等于)、<(小于)、<=(小于等于)、=(等于)、<>(不等于)、! >(不大于)、! <(不小于)、! =(不等于)
确定范围	BETWEEN ... AND、NOT BETWEEN ... AND
确定集合	IN、NOT IN
字符匹配	LIKE、NOT LIKE
空　　值	IS NULL、IS NOT NULL
否　　定	NOT
逻辑运算	AND、OR

（1）比较和逻辑运算。比较运算用于比较两个表达式的值；逻辑运算用来连接多个查询条件。

［例 3.15］　在订单商品明细表 Order Details 中，查询商品单价（UnitPrice）高于 230 元的订单信息。

```
SELECT *
FROM [Order Details]
WHERE   UnitPrice >230
```

上述语句，在 Northwind 数据库上执行的结果，如图 3－10 所示。

［例 3.16］　在例 3.15 的基础上，修改查询要求，在订单商品明细表 Order Details 中，查询商品单价（UnitPrice）高于 100 元并且购买数量（Quantity）多于 50 的订单信息。

```
SELECT *
FROM [Order Details]
WHERE UnitPrice >100 AND Quantity>50
```

上述语句，在 Northwind 数据库上执行的结果，如图 3－11 所示。

（2）确定范围 BETWEEN ... AND。有时需要表达在某个列取值的区间范围内查询，此时需要表达一个区间范围。尽管可以使用>=(大于等于)和<=(小于等于)运算符的组合来实现区间设定，但是 BETWEEN ... AND 为选择一

	OrderID	ProductID	UnitPrice	Quantity	Discount
1	10518	38	263.50	15	0
2	10540	38	263.50	30	0
3	10541	38	263.50	4	0.1
4	10616	38	263.50	15	0.05
5	10672	38	263.50	15	0.1
6	10783	38	263.50	5	0
7	10805	38	263.50	10	0
8	10816	38	263.50	30	0.05
9	10817	38	263.50	30	0
10	10828	38	263.50	2	0
11	10831	38	263.50	8	0
12	10865	38	263.50	60	0.05
13	10889	38	263.50	40	0
14	10964	38	263.50	5	0
15	10981	38	263.50	60	0
16	11032	38	263.50	25	0

图 3－10　带比较运算条件的 SQL 查询结果

	OrderID	ProductID	UnitPrice	Quantity	Discount
1	10865	38	263.50	60	0.05
2	10897	29	123.79	80	0
3	10912	29	123.79	60	0.25
4	10981	38	263.50	60	0
5	11030	29	123.79	60	0.25

图 3－11　带比较运算和逻辑运算条件的 SQL 查询结果

个值的范围提供了一种更便利的方法。语法上可以表达为“BETWEEN 值 1 AND 值 2”。使用时需注意，其查询结果包括值 1 和值 2。另外，如果使用“NOT BETWEEN 值 1 AND 值 2”运算，则查询不在指定范围中的记录行。

［**例 3.17**］　在订单商品明细表 Order Details 中，查询商品购买数量(Quantity)在 85 到 90 之间(包括 85 和 90)的订单信息。

```
SELECT *
FROM [Order Details]
WHERE Quantity BETWEEN 85 AND 90
```

上述语句，在 Northwind 数据库上执行的结果，如图 3－12 所示。

	OrderID	ProductID	UnitPrice	Quantity	Discount
1	10440	61	22.80	90	0.15
2	10694	7	30.00	90	0
3	10991	76	18.00	90	0.2
4	11008	34	14.00	90	0.05

图 3－12　利用 BETWEEN ... AND 约束查询区间的 SQL 查询结果

(3) 确定集合 IN 运算。关键字 IN 主要用于选择与列表中的任意一个值匹配的行。IN 关键字的格式为：IN(值 1，值 2，…)，列表中的项目之间必须使用逗号分隔，并且括在括号中，这样可以极大的简化查询语句。

[例 3.18] 在订单信息表 Orders 中，查询收货商国籍(ShipCountry)为'Mexico'或'Italy'，并且运费低于 10 元的订单信息。

```
SELECT OrderID, OrderDate, ShipName,ShipCountry
FROM Orders
WHERE   ShipCountry IN ('Mexico','Italy')AND Freight<10
```

上述语句，在 Northwind 数据库上执行的结果，如图 3－13 所示。

	OrderID	OrderDate	ShipName	ShipCoun...
1	10259	1996-07-18 00:00:00.000	Centro comercial Moctezuma	Mexico
2	10288	1996-08-23 00:00:00.000	Reggiani Caseifici	Italy
3	10308	1996-09-18 00:00:00.000	Ana Trujillo Emparedados y helados	Mexico
4	10322	1996-10-04 00:00:00.000	Pericles Comidas clásicas	Mexico
5	10422	1997-01-22 00:00:00.000	Franchi S.p.A.	Italy
6	10467	1997-03-06 00:00:00.000	Magazzini Alimentari Riuniti	Italy
7	10586	1997-07-02 00:00:00.000	Reggiani Caseifici	Italy
8	10655	1997-09-03 00:00:00.000	Reggiani Caseifici	Italy
9	10676	1997-09-22 00:00:00.000	Tortuga Restaurante	Mexico
10	10677	1997-09-22 00:00:00.000	Antonio Moreno Taquería	Mexico
11	10710	1997-10-20 00:00:00.000	Franchi S.p.A.	Italy
12	10753	1997-11-25 00:00:00.000	Franchi S.p.A.	Italy
13	10754	1997-11-25 00:00:00.000	Magazzini Alimentari Riuniti	Italy
14	10807	1997-12-31 00:00:00.000	Franchi S.p.A.	Italy
15	10915	1998-02-27 00:00:00.000	Tortuga Restaurante	Mexico
16	10950	1998-03-16 00:00:00.000	Magazzini Alimentari Riuniti	Italy

图 3－13　利用 IN 约束查询条件的 SQL 查询结果

(4) 字符匹配 LIKE。通常使用 LIKE 或 NOT LIKE 关键字定义一些查询匹配模式，用来指定列值是否包含满足该匹配模式的字符串，其结果是满足字符串匹配的数据记录。LIKE可以与一些通配符配合使用：

- 通配符“_”表示任意单个字符，该符号只能匹配一个字符，可以放在查询条件的任意位置；
- 通配符“%”表示包含零个或更多字符的任意字符串，查询条件中可以出现多个“%”，但最好不要连续出现两个；
- 通配符“[ ]”用于指定一定范围内的任何单个字符，包括两端数据；
- 通配符“[^]”用来查询不在指定范围或集合内的任何单个字符。

[例3.19] 在商品供应商信息表Suppliers中，查询供应商所在国家(Country)的名字为字符“U”开头的供应商信息。

```
SELECT CompanyName,Country,Phone
FROM Suppliers
WHERE  Country LIKE'U%'
```

上述语句，在Northwind数据库上执行的结果，如图3-14所示。

结果 消息

	CompanyName	Country	Phone
1	Exotic Liquids	UK	(171) 555-2222
2	New Orleans Cajun Delights	USA	(100) 555-4822
3	Grandma Kelly's Homestead	USA	(313) 555-5735
4	Specialty Biscuits, Ltd.	UK	(161) 555-4448
5	Bigfoot Breweries	USA	(503) 555-9931
6	New England Seafood Cannery	USA	(617) 555-3267

图3-14 例3.19中利用LIKE表达查询条件的SQL查询结果

[例3.20] 在例3.19的基础上，修改查询要求，查询供应商所在国家(Country)名字包含两个字符并且以字符“U”开头的供应商信息。

```
SELECT CompanyName,Country,Phone
FROM Suppliers
WHERE  Country LIKE'U_'
```

上述语句，在Northwind数据库上执行的结果，如图3-15所示。

(5) 联接查询。查询操作中涉及多表的查询也称为联接查询。

在T-SQL查询语句中，联接查询可以用两种方法实现：

一种方法是在WHERE子句中设置查询的两个表相关联列的联接条件，如例3.14所示。

	CompanyName	Country	Phone
1	Exotic Liquids	UK	(171) 555-2222
2	Specialty Biscuits, Ltd.	UK	(161) 555-4448

图 3－15　例 3.20 中利用 LIKE 表达查询条件的 SQL 查询结果

另一种方法是在 FROM 子句中使用联接关键字将两个表联接在一起，基本语法格式如下：

FROM 表 1 联接关键字 表 2

ON 表 1. 列名 1 ＜比较运算符＞ 表 2. 列名 2

其中：表 1、表 2 是被联接的表名；列名是被联接的列的名称。这些列必须有相同的数据类型并包含同类数据，但它们的名称可以不同。

比较运算符可以是下列 6 个运算符之一：＝、＜、＞、＜＝、＞＝、＜＞。

联接关键字用于确定联接的方式，常用的有 INNER JOIN（内联接）、LEFT OUTER JOIN(左外联接)、RIGHT OUTER JOIN(右外联接)、CROSS JOIN(交叉联接)；

- **INNER JOIN：** 内连接用于返回所有连接表中具有匹配值的行，而排除所有其他的行。内连接是系统默认的，可以将关键字 INNER 省略。

［**例 3.21**］　查询收货商国籍(ShipCountry)为'Mexico'，并且订单中商品折扣度等于 0.15 的订单信息，要求去掉重复的记录。

SELECT DISTINCT Orders. OrderID，OrderDate，ShipName，ShipCountry，Discount

FROM Orders JOIN [Order Details] ON Orders. OrderID＝[Order Details]. OrderID

WHERE ShipCountry ＝'Mexico'AND Discount＝0.15

上述语句，在 Northwind 数据库上执行的结果，如图 3－16 所示。

	OrderID	OrderDate	ShipName	ShipCountry	Discount
1	10507	1997-04-15 00:00:00.000	Antonio Moreno Taquería	Mexico	0.15
2	10677	1997-09-22 00:00:00.000	Antonio Moreno Taquería	Mexico	0.15

图 3－16　内连接查询结果

- **LEFT OUTER JOIN(左外联接)**：查询结果除了包含两张表中符合联接条件的记录外，还包含左表(写在关键字 LEFT OUTER JOIN 左边的表)中不符合联接条件、但符合 WHERE 条件的全部记录。
- **RIGHT OUTER JOIN(右外联接)**：查询结果除了包含两张表中符合联接条件的记录，还包含右表(写在关键字 RIGHT OUTER JOIN 右边的表)中不符合联接条件、但符合 WHERE 条件的全部记录。
- **CROSS JOIN(交叉联接)**：查询结果是将两个表进行拼接，即第一个表的每行与第二个表的每一行进行拼接，查询结果的行数等于两个表行数之积。

  注意：交叉联接不能有条件，且不能带 WHERE 子句。

4. GROUP BY 子句

GROUP BY 子句可以基于指定列的值将数据集合划分为多个分组。对每个分组可以使用聚合函数进行汇总，最终会为每个分组返回一行包含其汇总值的记录。

其语法格式为：

GROUP BY 分组列［HAVING 分组条件］

其中：HAVING 子句通常与 GROUP BY 子句一起使用，HAVING 子句将对 GROUP BY 子句选择出来的结果进行再次筛选，最后输出符合 HAVING 子句条件的记录。

与 WHERE 子句的作用类似，在使用 GROUP BY 完成分组后，显示满足 HAVING 子句中分组条件的所有记录。

［例 3.22］ 在订单商品明细表 Order Details 中，查询商品折扣度等于 0.1 的订单的份数。

```
SELECT COUNT(*)
FROM [Order Details]
GROUP BY Discount
HAVING  Discount=0.1
```

上述语句，在 Northwind 数据库上执行的结果，如图 3-17 所示。

5. ORDER BY 子句

ORDER BY 子句按查询结果中的指定列进行排序。其基本语法格式如下：

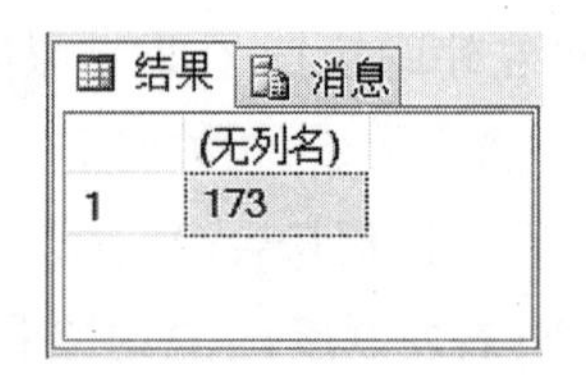

	(无列名)
1	173

图 3-17 分组统计查询结果

ORDER BY 列名［ASC/DESC］

其中：列名是排序的依据，也可以是含有列名的表达式。ASC 为升序排序，DESC 为降序排序。缺省排列次序为升序。

可以指定多个排序的列。多列排序的规则是：首先用指定的第一个列对记录排序，然后对此列中具有相同值的记录用指定的第二个列进行排序，依此类推。若在 SELECT 语句中无此子句，则按原数据表的次序显示数据。

［例 3.23］ 将销售员的基本信息按照出生日期降序排列。

```
SELECT LastName,FirstName,Title,BirthDate
FROM Employees
ORDER BY BirthDate DESC
```

上述语句，在 Northwind 数据库上执行的结果，如图 3-18 所示。

结果　消息

	LastName	FirstName	Title	BirthDate
1	Dodsworth	Anne	Sales Representative	1966-01-27 00:00:00.000
2	Leverling	Janet	Sales Representative	1963-08-30 00:00:00.000
3	Suyama	Michael	Sales Representative	1963-07-02 00:00:00.000
4	King	Robert	Sales Representative	1960-05-29 00:00:00.000
5	Callahan	Laura	Inside Sales Coordinator	1958-01-09 00:00:00.000
6	Buchanan	Steven	Sales Manager	1955-03-04 00:00:00.000
7	Fuller	Andrew	Vice President, Sales	1952-02-19 00:00:00.000
8	Davolio	Nancy	Sales Representative	1948-12-08 00:00:00.000
9	Peacock	Margaret	Sales Representative	1937-09-19 00:00:00.000

图 3-18 例 3.23 的查询结果

6. 子查询

子查询是 SELECT 语句内的一条 SELECT 语句，而且经常被称为内查询。子查询常用于 SELECT 语句的 WHERE 子句中，利用子查询可以构造出一条含有多个子查询的 SQL 语句来完成很复杂目的的查询。

如果子查询结果返回多值则子查询要与下面介绍的 IN、EXIST 等结合使用。

(1) IN 子查询。用来判断一个给定值是否在子查询的结果集中。

[例 3.24] 将例 3.21 的查询要求,利用 IN 子查询实现

```
SELECT DISTINCT OrderID, OrderDate, ShipName,ShipCountry
FROM Orders
WHERE ShipCountry = 'Mexico' AND OrderID IN (SELECT OrderID
                                              FROM [Order Details]
                                              WHERE Discount=0.15)
```

上述语句,在 Northwind 数据库上执行的结果,如图 3-19 所示。

结果　消息

	Order...	OrderDate	ShipName	ShipCoun...
1	10507	1997-04-15 00:00:00.000	Antonio Moreno Taquería	Mexico
2	10677	1997-09-22 00:00:00.000	Antonio Moreno Taquería	Mexico

图 3-19　IN 子查询的查询结果

(2) EXISTS 子查询。用于判断一个子查询的结果集是否为空,如果为空则返回 TRUE,否则返回 FALSE。NOT EXISTS 的返回值与 EXISTS 相反。

[例 3.25] 将例 3.21 的查询要求,利用 EXISTS 子查询实现

```
SELECT DISTINCT OrderID, OrderDate, ShipName,ShipCountry
FROM Orders
WHERE   ShipCountry = 'Mexico'
        AND EXISTS (SELECT *
                    FROM [Order Details]
                    WHERE Discount=0.15
                          AND OrderID=Orders.OrderID)
```

上述语句,在 Northwind 数据库上执行的结果,如图 3-20 所示。

结果　消息

	Order...	OrderDate	ShipName	ShipCoun...
1	10507	1997-04-15 00:00:00.000	Antonio Moreno Taquería	Mexico
2	10677	1997-09-22 00:00:00.000	Antonio Moreno Taquería	Mexico

图 3-20　EXISTS 子查询的查询结果

3.4 数据操纵语言 DML

数据操纵语言用于实现对数据的查询和更新，主要语句及功能见表 3－4。

表 3－4 SQL 数据操纵语言 DML

命　令	功　能
SELECT	从一个表或多个表查询数据
INSERT	向一个表中添加一条记录
UPDATE	修改表中某一个或几个列的值
DELETE	从一个表中删除记录

1. 数据插入语句 INSERT INTO

在 SQL 中是利用 INSERT INTO 语句实现向数据库中添加数据信息的。通过 INSERT INTO 语句不仅可以向数据表中添加单条记录信息，而且还可以添加多条记录信息。INSERT INTO 语句完成向一个表中插入一条记录，或一次从其他表提取一组记录插入到目标表中。其语法格式 1 如下：

INSERT INTO 数据表[(列名 1,列名 2…)]

VALUES[(表达式 1,表达式 2…)]

列可以是某几个列。表达式 1、表达式 2 分别对应列名 1、列名 2，它们是所要添加的记录的值。当插入一条完整的记录时，可省略列名，但列值次序要与表中列的次序一一对应。

[例 3.26] 向 Order Details 表中插入一条记录。

```
INSERT INTO [Order Details]
VALUES('11078','66','17.0000','2','0')
```

语法格式 2：

INSERT INTO 数据表[(列名 1,列名 2…)]

SELECT 语句

注意：数据表必须已经存在，且其结构定义与 SELECT 语句返回的列值类型一致。

［**例3.27**］ 假定已经创建了一张新表Suppliers_ex，结构与Suppliers表的结构完全一致，向Suppliers_ex表中插入记录，数据为Suppliers表中所有在London市的供应商信息。

```
INSERT INTO Suppliers_ex
SELECT *
FROM Suppliers
WHERE City=London
```

2. 数据更新语句UPDATE

数据更新语句完成对一条或多条符合条件记录中某个或某些列值的修改。UPDATE语句可以实现对单条数据的修改，也可以通过在UPDATE语句中的WHERE条件中限定修改数据信息的范围，来实现对多条批量数据的修改，当省略WHERE子句时，将对数据表中的所有记录进行更新。语法格式如下：

UPDATE 数据表 SET 列名1=表达式1［,列名2=表达式2 …］

［WHERE ＜条件表达式＞］

［**例3.28**］ 将订单商品明细表Order Details中，对于折扣度为0.1的记录，将该记录的折扣度修改为0。

```
UPDATE [Order Details] SET Discount=0 WHERE Discount=0.1
```

3. 数据删除语句DELETE

要删除数据表中的一条或多条记录可以使用DELETE语句。其基本语法结构如下：

DELETE FROM

［WHERE ＜条件表达式＞］

DELETE语句删除符合条件的记录；如果没有WHERE子句则删除相应数据表中的所有记录。

［**例3.29**］ 删除Suppliers表中所有在London市的供应商信息。

```
DELETE FROM Suppliers
WHERE City=London
```

3.5 视图

视图是一种常用的数据库对象，可以把它看成是虚拟表或者存储在数据库中的查询,它为查看和存取数据提供了另外一种途径。对基本表执行的大多数操作,在视图上同样可以完成,而且,使用视图可以简化数据操作,同时可以提高数据库的安全性。下面主要来介绍一下如何利用 T-SQL 语句创建并管理视图,并介绍使用视图来添加、修改和删除数据等操作的方法。

1. 建立视图语句(CREATE VIEW)

创建视图时必须遵循以下原则:

(1) 只能在当前数据库中创建视图。

(2) 视图在数据库中作为一个对象存储,视图名称不得与数据库中的表重名。

[例 3.30] 创建视图用以保存这样的订单信息,要求收货商国籍(ShipCountry)为'Mexico',并且订单中商品折扣度等于 0.15 的订单信息,要求去掉重复的记录。

```
CREATE VIEW Order_View AS
SELECT DISTINCT Orders.OrderID, OrderDate, ShipName, ShipCountry, Discount
FROM Orders JOIN [Order Details] ON Orders.OrderID = [Order Details].OrderID
WHERE  ShipCountry = 'Mexico' AND Discount=0.15
```

上述语句,在 Northwind 数据库上执行后,打开该视图,结果如图 3-21 所示。

	OrderID	OrderDate	ShipName	ShipCountry	Discount
	10507	1997/4/15 0:00:00	Antonio Moreno Taquería	Mexico	0.15
	10677	1997/9/22 0:00:00	Antonio Moreno Taquería	Mexico	0.15
▸*	NULL	NULL	NULL	NULL	NULL

图 3-21 视图 Order_View 中的数据

在 SQL Server 中,视图实际上对应着一个查询语句,作为一个虚拟表,我们可以像使用一个基本表一样操作视图里面的数据。

2. 删除视图语句(DROP VIEW)

在开发数据库程序时,有时需要大量的数据表。此时可以对相关的数据表建立视图。如果不再需要某些视图时,可以使用 DROP VIEW 语句将其删除。

[例 3.31] 删除例 3.30 中创建的视图 Order_View。

```
DROP VIEW Order_View
```

3. 应用视图

可以通过视图来更新底层基本表的数据，也就是说可以直接针对视图来添加、修改与删除数据，相关的数据变化会自动返回视图的各个来源基本表。

同时，也可以通过视图查询数据。

[例 3.32] 在视图 Order_View 中，查询订单号为'10507'的记录。

```
SELECT *
FROM Order_View
WHERE OrderID='10507'
```

上述语句，在 Northwind 数据库上执行后，结果如图 3-22 所示。

结果 | 消息

	OrderID	OrderDate	ShipName	ShipCountry	Discount
1	10507	1997-04-15 00:00:00.000	Antonio Moreno Taquería	Mexico	0.15

图 3-22 视图 Order_View 上执行的查询结果

3.6 游标

3.6.1 游标的概念

1. 游标的概念

在数据库中，游标是一个十分重要的概念。游标提供了一种对从表中检索出的数据进行操作的灵活手段，就本质而言，游标实际上是一种能从包括多条数据记录的结果集中每次提取一条记录的机制。游标总是与一条 T_SQL 选择语句相关联因为游标由结果集(可以是零条、一条或由相关的选择语句检索出的多条记录)和结果集中指向特定记录的游标位置组成。当决定对结果集进行处理时，必须声明一个指向该结果集的游标。

我们知道关系数据库管理系统实质是面向集合的，在 MS SQL SERVER 中并没有一种描述表中单一记录的表达形式，除非使用 WHERE 子句来限制只有一条记录被选中。因此我们必须借助游标来进行面向单条记录的数据处理。由此可见，游标允许应用程序对查询语句 Select 返回的行结果集中每一行进行相同或不同的操作,而不是一次对整个结果集进行同一种操作;它还具备对基于游标位置的表中数据进行删除或更新的能力;而且,正是游标把作为面向集合的数据库管理系统和面向行的程序设计两者联系起来,使两个数据处理方式能够进行沟通。

2. 游标的种类

MS SQL SERVER 支持三种类型的游标:Transact_SQL 游标,API 服务器游标和客户游标。

(1) Transact_SQL 游标。由 DECLARE CURSOR 语法定义、主要用在 Transact_SQL 脚本、存储过程和触发器中。Transact_SQL 游标主要用在服务器上,由从客户端发送给服务器的 Transact_SQL 语句或是批处理、存储过程、触发器中的 Transact_SQL 进行管理。Transact_SQL 游标不支持提取数据块或多行数据。

(2) API 游标。支持在 OLE DB, ODBC 以及 DB_library 中使用游标函数,主要用在服务器上。每一次客户端应用程序调用 API 游标函数,MS SQL SEVER 的 OLE DB 提供者、ODBC 驱动器或 DB_library 的动态链接库(DLL)都会将这些客户请求传送给服务器以对 API 游标进行处理。

(3) 客户游标。主要是当在客户机上缓存结果集时才使用。在客户游标中,有一个缺省的结果集被用来在客户机上缓存整个结果集。客户游标仅支持静态游标而非动态游标。由于服务器游标并不支持所有的 Transact-SQL 语句或批处理,所以客户游标常常仅被用作服务器游标的辅助。因为在一般情况下,服务器游标能支持绝大多数的游标操作。

由于 API 游标和 Transact-SQL 游标使用在服务器端,所以被称为服务器游标,也被称为后台游标,而客户端游标被称为前台游标。本章中我们主要讲述服务器(后台)游标。

3.6.2 游标的使用方法

游标提供了一种从表中检索数据并进行操作的灵活手段,游标主要用在服务器上,处理由客户端发送给服务器端的 SQL 语句,或是批处理、存储过程、触发器中的数据处理请求。游标的优点在于它可以定位到结果集中的某一行,并可以对该行数据执行特定操作,为用户在处理数据的过程中提供了很大方便。一个完整的游标由五部分组成,并且这五个部分应符合下面的顺序。

(1) 声明游标。

(2) 打开游标。

(3) 从一个游标中查找信息。

(4) 关闭游标。

(5) 释放游标。

游标存在于整个连接中,如果用户不释放一个游标,则它保持打开状态并可以从上提取数据,直到用户关闭它。

1. 声明游标

首先来学习如何声明一个游标,声明游标使用 DECLARE CURSOR 语句。

语法格式如下:

```
DECLARE cursor_name [ INSENSITIVE ] [ SCROLL ] CURSOR
FOR select_statement
FOR { READ ONLY | UPDATE [ OF column_name [ ,... n ] ] } ]
```

主要参数说明如下:

- DECLARE cursor_name: 指定一个游标名称,其游标名称必须符合标识符规则。
- INSENSITIVE: 定义一个游标,以创建将由该游标使用的数据的临时复本。对游标的所有请求都从 tempdb 中的临时表中得到应答;因此,在对该游标进行提取操作时返回的数据中不反映对基表所做的修改,并且该游标不允许修改。使用 SQL-92 语法时,如果省略 INSENSITIVE,(任何用户)对基表提交的删除和更新都反映在后面的提取中。
- SCROLL: 指定所有的提取选项(FIRST、LAST、PRIOR、NEXT、RELATIVE、ABSOLUTE)均可用。
- FIRST: 取第一行数据。
- LAST: 取最后一行数据。
- PRIOR: 取前一行数据。
- NEXT: 取后一行数据。
- RELATIVE: 按相对位置取数据。
- ABSOLUTE: 按绝对位置取数据。

如果未指定 SCROLL，则 NEXT 是唯一支持的提取选项。

- select_statement：定义游标结果集的标准 SELECT 语句。在游标声明的 select_statement 内不允许使用关键字 COMPUTE、COMPUTE BY、FOR BROWSE 和 INTO。
- READ ONLY：表明不允许游标内的数据被更新，尽管在默认状态下游标是允许更新的。在 UPDATE 或 DELETE 语句的 WHERE CURRENT OF 子句中不允许引用游标。
- UPDATE [OF column_name [,... n]]：定义游标内可更新的列。如果指定 OF column_name [,... n]参数，则只允许修改所列出的列。如果在 UPDATE 中未指定列的列表，则可以更新所有列。

[例 3.33] 创建一个名为“CursorTest”的标准游标。以“NORTHWIND”数据库为例来定义 CursorTest 游标。在该游标中，我们来查询 Orders 表中的 EmployeeID＝4 的所有数据，并显示出 OrderID，EmployeeID，OrderDate，CustomerID 等信息。

具体语句如下：

```
USE NORTHWIND
DECLARE CursorTest cursor for
SELECT OrderID,EmployeeID,OrderDate,CustomerID
FROM Orders where EmployeeID=4
GO
```

[例 3.34] 创建一个名为“CursorTest_01”的只读游标。

```
USE  NORTHWIND
DECLARE CursorTest_01 cursor for
SELECT OrderID,EmployeeID,OrderDate,CustomerID
FROM Orders where EmployeeID=4
FOR read only   ------只读游标
GO
```

[例 3.35] 创建一个名为“CursorTest_02”的更新游标。

```
USE  NORTHWIND
declare CursorTest_02 cursor for
select OrderID,EmployeeID,OrderDate,CustomerID
```

```
from Orders where EmployeeID=4
FOR update   —————更新游标
GO
```

2. 打开游标

打开一个声明的游标使用 OPEN 命令。

语法格式如下：

OPEN { { [GLOBAL] cursor_name } | cursor_variable_name }

主要参数说明如下：

- GLOBAL：指定 cursor_name 为全局游标。
- cursor_name：已声明的游标名称，如果全局游标和局部游标都使用 cursor_name 作为其名称，那么如果指定了 GLOBAL，cursor_name 指的是全局游标，否则，cursor_name 指的是局部游标。
- cursor_variable_name：游标变量的名称，该名称引用一个游标。

说明：如果使用 INSENSITIV 或 STATIC 选项声明了游标，那么 OPEN 将创建一个临时表以保留结果集。如果结果集中任意行的大小超过 SQL Server 表的最大行大小，OPEN 将失败。如果使用 KEYSET 选项声明了游标，那么 OPEN 将创建一个临时表以保留键集。临时表存储在 tempdb 中。

打开游标后，可以使用全局变量@@CURSOR_ROWS 查看游标中数据行的数目。全局变量@@CURSOR_ROWS 中保存着最后打开的游标中的数据行数。当其值为0时，表示没有游标打开。

[例3.36] 使用 OPEN 命令打开前面声明的 CursorTest 游标。

SQL 语句如下：

```
USE  NORTHWIND
DECLARE CursorTest cursor for
SELECT OrderID,EmployeeID,OrderDate,CustomerID
FROM Orders where EmployeeID=4
OPEN CursorTest
GO
```

3. 读取数据

当打开一个游标之后，就可以读取游标中的数据了。可以使用 FETCH

命令读取游标中的某一行数据。

语法格式如下：

```
FETCH
    [ [ NEXT | PRIOR | FIRST | LAST
        | ABSOLUTE { n | @nvar }
        | RELATIVE { n | @nvar }
    ]
      FROM
    ]
{ { [ GLOBAL ] cursor_name } | @cursor_variable_name }
[ INTO @variable_name [ ,... n ] ]
```

主要参数说明如下：

- NEXT：返回紧跟当前行之后的结果行，并且当前行递增为结果行。如果 FETCH NEXT 为对游标的第一次提取操作，则返回结果集中的第一行。NEXT 为默认的游标提取选项。
- PRIOR：返回紧临当前行前面的结果行，并且当前行递减为结果行。如果 FETCH PRIOR 为对游标的第一次提取操作，则没有行返回并且游标置于第一行之前。
- FIRST：返回游标中的第一行并将其作为当前行。
- LAST：返回游标中的最后一行并将其作为当前行。
- ABSOLUTE {n | @nvar}：如果 n 或@nvar 为正数，返回从游标头开始的第 n 行，并将返回的行变成新的当前行。如果 n 或@nvar 为负数，返回游标尾之前的第 n 行，并将返回的行变成新的当前行。如果 n 或@nvar 为 0，则没有行返回。
- RELATIVE {n | @nvar}：如果 n 或@nvar 为正数，返回当前行之后的第 n 行，并将返回的行变成新的当前行。如果 n 或@nvar 为负数，返回当前行之前的第 n 行，并将返回的行变成新的当前行。如果 n 或@nvar 为 0，返回当前行。如果对游标的第一次提取操作时将 FETCHRELATIVE 的 n 或@nvar 指定为负数或 0，则没有行返回。n 必须为整型常量且@nvar 必须为 smallint、tinyint 或 int。

说明：在前两个参数中，包含了 n 和@nvar 其表示游标相对与作为基准的数据行所偏离的位置。

- GLOBAL：指定 cursor_name 为全局游标。
- cursor_name：要从中进行提取的开放游标的名称。如果同时有以 cursor_name 作为名称的全局和局部游标存在，若指定为 GLOBAL，则 cursor_name 对应于全局游标，未指定 GLOBAL，则对应于局部游标。
- @cursor_variable_name：游标变量名，引用要进行提取操作的打开的游标。
- INTO @variable_name[,... n]：允许将提取操作的列数据放到局部变量中。列表中的各个变量从左到右与游标结果集中的相应列相关联。各变量的数据类型必须与相应的结果列的数据类型匹配或是结果列数据类型所支持的隐性转换。变量的数目必须与游标选择列表中的列的数目一致。
- @@FETCH_STATUS：返回上次执行 FETCH 命令的状态。在每次用 FETCH 从游标中读取数据时，都应检查该变量，以确定上次 FETCH 操作是否成功，决定如何进行下一步处理。@@FETCH_STATUS 变量有 3 个不同的返回值，说明如下：
    - 返回值为 0：FETCH 语句成功。
    - 返回值为−1：FETCH 语句失败或此行不在结果集中。
    - 返回值为−2：被提取的行不存在。

说明：当使用 SQL - 92 语法来声明一个游标时，没有选择 SCROLL 选项，则只能使用 FETCH NEXT 命令来从游标中读取数据，即只能从结果集第一行按顺序地每次读取一行。由于不能使用 FIRST、LAST、PRIOR，所以无法回滚读取以前的数据。如果选择了 SCROLL 选项，则可以使用所有的 FETCH 操作。

[例 3.37]　从游标中读取数据。以“NORTHWIND”数据库为例，来综合学习游标的使用方法。使用例 1 中打开的游标，然后将其打开并提取每行数据，操作结果如图 3 - 23 所示。

通常游标取数的操作与 WHILE 循环紧密结合，下面将使用@@FETCH_STATUS 控制在一个 WHILE 循环中的游标活动。

SQL 语句如下：

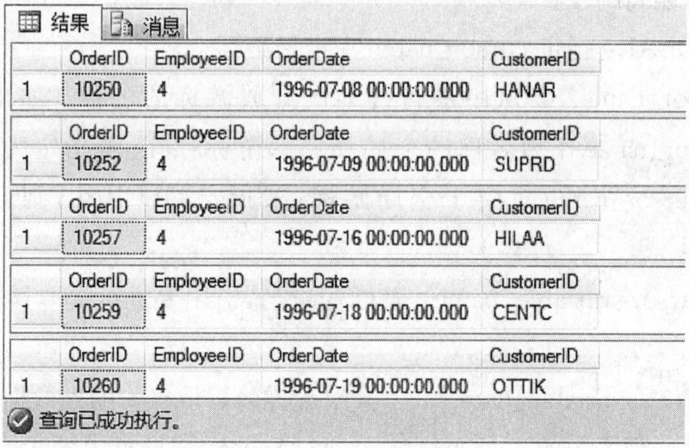

结果 | 消息

	OrderID	EmployeeID	OrderDate	CustomerID
1	10250	4	1996-07-08 00:00:00.000	HANAR

	OrderID	EmployeeID	OrderDate	CustomerID
1	10252	4	1996-07-09 00:00:00.000	SUPRD

	OrderID	EmployeeID	OrderDate	CustomerID
1	10257	4	1996-07-16 00:00:00.000	HILAA

	OrderID	EmployeeID	OrderDate	CustomerID
1	10259	4	1996-07-18 00:00:00.000	CENTC

	OrderID	EmployeeID	OrderDate	CustomerID
1	10260	4	1996-07-19 00:00:00.000	OTTIK

查询已成功执行。

图 3-23　从游标中读取数据的查询结果

```
USE  NORTHWIND
DECLARE CursorTest cursor for
SELECT OrderID,EmployeeID,OrderDate,CustomerID
FROM Orders where EmployeeID=4
OPEN CursorTest
FETCH NEXT FROM CursorTest          ——执行取数操作
WHILE @ @ FETCH _ STATUS = 0        ——检查 @ @ FETCH _
STATUS,以确定是否还可以继续取数
BEGIN
  FETCH NEXT FROM CursorTest
END
```

4. 关闭游标

当游标使用完毕之后,使用 CLOSE 语句可以关闭游标,但不释放游标占用的系统资源。

语法格式如下:

CLOSE { { [*GLOBAL*] *cursor_name* } | *cursor_variable_name* }

参数说明:

- GLOBAL:指定 cursor_name 为全局游标。
- cursor_name:开放游标的名称。如果全局游标和局部游标都使用 cursor_name 作为它们的名称,那么当指定 GLOBAL 时,cursor_name

引用全局游标；否则，cursor_name 引用局部游标。

- cursor_variable_name：与开放游标关联的游标变量名称。

［例3.38］ 使用Close语句关闭游标CursorTest。

SQL语句如下：

```
USE  NORTHWIND ——引入数据库
DECLARE CursorTest cursor for
SELECT OrderID,EmployeeID,OrderDate,CustomerID
FROM Orders WHERE EmployeeID=4
OPEN CursorTest ——打开游标
FETCH NEXT FROM CursorTest       ——执行取数操作
CLOSE CursorTest ——关闭游标
```

5. 释放游标

当游标关闭之后，并没有在内存中释放所占用的系统资源，可以使用DEALLOCATE命令删除游标引用。当释放最后的游标引用时，组成该游标的数据结构由SQL Server释放。

语法格式如下：

DEALLOCATE { { [GLOBAL] cursor_name } | @cursor_variable_name }

参数说明如下：

- cursor_name：已声明游标的名称。当全局和局部游标都以cursor_name作为它们的名称存在时，如果指定GLOBAL，则cursor_name引用全局游标，如果未指定GLOBAL，则cursor_name引用局部游标。
- @cursor_variable_name：cursor变量的名称。@cursor_variable_name必须为cursor类型。

当使用DEALLOCATE @cursor_variable_name来删除游标时，游标变量并不会被释放，除非超过使用该游标的存储过程和触发器的范围。

［例3.39］ 使用DEALLOCATE命令释放名为"CursorTest"的游标。

SQL语句如下：

```
USE  NORTHWIND
DECLARE CursorTest cursor for
SELECT OrderID,EmployeeID,OrderDate,CustomerID
FROM Orders WHERE EmployeeID=4
```

```
OPEN CursorTest ——打开游标
FETCH NEXT FROM CursorTest      ——执行取数操作
CLOSE CursorTest ——关闭游标
DEALLOCATE CursorTest ——释放游标
```

3.7 存储过程

3.7.1 存储过程的概念

1. 存储过程的概念

应用程序与 SQL Server 数据库交互执行操作有两种方法：一种是在存储在本地的应用于程序中记录操作命令，应用程序向 SQL Server 发送每一条命令，并对返回的数据进行处理；另一种是在 SQL Server 中定义某个过程，其中记录了一系列的操作，每次应用程序只需调用该过程就可以完成该操作，这种在 SQL Server 中定义的过程称为存储过程。

存储过程(Stored Procedure)是一组预先编译好的 T－SQL 代码，是一组为了完成特定功能的 SQL 语句集。存储过程可以作为一个独立的数据库对象，也可以作为一个单元被用户的应用程序调用。在大型数据库系统中，存储过程在数据库中经过第一次编译后再次调用不需要再次编译，用户通过指定存储过程的名字并给出参数(如果该存储过程带有参数)来执行它，从而提高了程序的运行效率。例如，电子商务 Web 应用程序可能使用存储过程根据联机用户指定的搜索条件返回有关特定产品的信息。

2. 存储过程的优点

存储过程的优点体现在以下几个方面：

- 执行速度快。存储过程在创建时就经过了语法检查和性能优化，因此在执行时不必再重复这些步骤。存储过程在经过第一次调用后，就驻留在内存中，不必再经过编译和优化，所以执行速度很快。
- 与其他应用程序共享应用逻辑，确保一致的数据访问和修改。存储过程封装了商务逻辑。若规则或策略有变化，则只需要修改服务器上的存储过程，所有的客户端就可以直接使用。
- 屏蔽数据库模式的详细资料。用户不需要访问底层的数据库和数据库内的对象。

- 提供了安全性机制。用户可以被赋予执行存储过程的权限,而不必在存储过程引用的所有对象上都有权限。
- 改善性能。预编译的 Transact - SQL 语句,可以根据条件决定执行哪一部分。
- 减少网络通信量。客户端用一条语句调用存储过程,就可以完成可能需要大量语句才能完成的任务,这样减少了客户端和服务器之间的请求/回答包。

存储过程的缺点有以下方面:

- 存储过程将给服务器带来额外的压力。
- 存储过程多多时维护比较困难。
- 移植性差,在升级到不同的数据库时比较困难。
- 调试麻烦,SQL 语言的处理功能简单。

总之复杂的操作或需要事务操作的 SQL 建议使用存储过程,而参数多且操作简单 SQL 语句不建议使用存储过程。

3.7.2　存储过程的使用方法

1. 创建存储过程

语法格式如下:

```
CREATE PROC [ EDURE ] [ owner. ] procedure_name [ ; number ]
  [ { @parameter data_type }
   [ VARYING ] [ = default ] [ OUTPUT ]
  ] [ ,... n ]
  [ WITH    { RECOMPILE | ENCRYPTION | RECOMPILE ,
  ENCRYPTION } ]
   [ FOR REPLICATION ]
   AS sql_statement [ ... n ]
```

其中主要参数含义如下:

(1) owner。拥有存储过程的用户 ID 的名称。*owner* 必须是当前用户的名称或当前用户所属的角色的名称。

(2) procedure_name。新存储过程的名称。过程名必须符合标识符规则,且对于数据库及其所有者必须唯一。

(3) @parameter。过程中的参数。在 CREATE PROCEDURE 语句中可以声明一个或多个参数。用户必须在执行过程时提供每个所声明参数的值(除非定义了该参数的默认值,或者该值设置为等于另一个参数)。存储过程最多可以有 2 100 个参数。

使用 @ 符号作为第一个字符来指定参数名称。参数名称必须符合标识符的规则。每个过程的参数仅用于该过程本身;相同的参数名称可以用在其它过程中。默认情况下,参数只能代替常量,而不能用于代替表名、列名或其他数据库对象的名称。相关更多信息,请参见 EXECUTE。

(4) data_type。参数的数据类型。除 table 之外的其他所有数据类型均可以用作存储过程的参数。但是,cursor 数据类型只能用于 OUTPUT 参数。如果指定 cursor 数据类型,则还必须指定 VARYING 和 OUTPUT 关键字。有关 SQL Server 提供的数据类型及其语法的更多信息,请参见数据类型。

(5) VARYING。指定作为输出参数支持的结果集(由存储过程动态构造,内容可以变化)。仅适用于游标参数。

(6) default。参数的默认值。如果定义了默认值,不必指定该参数的值即可执行过程。默认值必须是常量或 NULL。如果过程对该参数使用 LIKE 关键字,那么默认值中可以包含通配符(%、_、[] 和 [^])。

(7) OUTPUT。表明参数是返回参数。该选项的值可以返回给 EXEC[UTE]。使用 OUTPUT 参数可将信息返回给调用过程。Text、ntext 和 image 参数可用作 OUTPUT 参数。使用 OUTPUT 关键字的输出参数可以是游标占位符。

(8) AS。指定过程要执行的操作。

(9) sql_statement。过程中要包含的任意数目和类型的 Transact - SQL 语句。但有一些限制。

(10) n。是表示此过程可以包含多条 Transact - SQL 语句的占位符。

[例 3.40] 创建一个带有复杂 SELECT 语句的存储过程。

创建一个存储过程 OverdueOrders,查看 Northwind 数据库中订单表 Orders 中没有发货的订单信息。SQL 语句如下:

```
USE Northwind
GO
```

```
CREATE PROC dbo.OverdueOrders
AS
  SELECT *
   FROM dbo.Orders
   WHERE RequiredDate < GETDATE() AND ShippedDate IS Null
GO
```

OverdueOrders 存储过程可以通过以下方法执行：

EXECUTE OverdueOrders 或 EXEC OverdueOrders

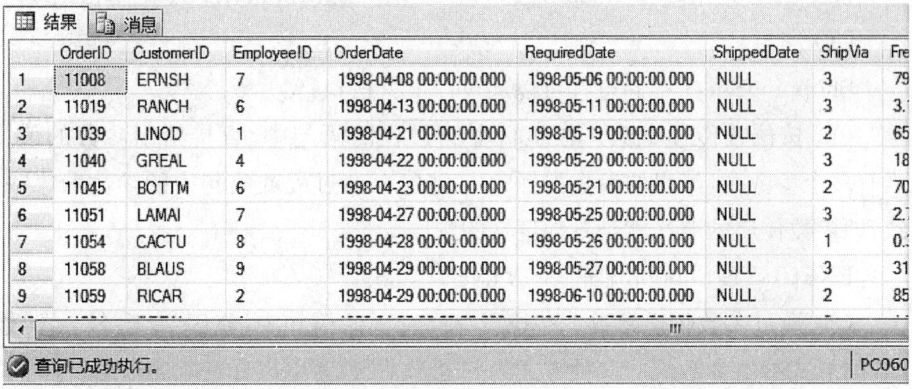

结果 消息

	OrderID	CustomerID	EmployeeID	OrderDate	RequiredDate	ShippedDate	ShipVia	Fre
1	11008	ERNSH	7	1998-04-08 00:00:00.000	1998-05-06 00:00:00.000	NULL	3	79
2	11019	RANCH	6	1998-04-13 00:00:00.000	1998-05-11 00:00:00.000	NULL	3	3.
3	11039	LINOD	1	1998-04-21 00:00:00.000	1998-05-19 00:00:00.000	NULL	2	65
4	11040	GREAL	4	1998-04-22 00:00:00.000	1998-05-20 00:00:00.000	NULL	3	18
5	11045	BOTTM	6	1998-04-23 00:00:00.000	1998-05-21 00:00:00.000	NULL	2	70
6	11051	LAMAI	7	1998-04-27 00:00:00.000	1998-05-25 00:00:00.000	NULL	3	2.
7	11054	CACTU	8	1998-04-28 00:00:00.000	1998-05-26 00:00:00.000	NULL	1	0.
8	11058	BLAUS	9	1998-04-29 00:00:00.000	1998-05-27 00:00:00.000	NULL	3	31
9	11059	RICAR	2	1998-04-29 00:00:00.000	1998-06-10 00:00:00.000	NULL	2	85

查询已成功执行。 PC060

图 3 - 24 存储过程运行结果

如果该过程是批处理中的第一条语句，则可使用：OverdueOrders。

2. 创建带参数的存储过程

存储过程通过参数与调用它的程序通信。在程序调用存储过程时，可以通过输入参数将数据传递给存储过程，存储过程也可以通过输出参数和返回值将数据返回给调用它的程序。一个存储过程中最多可以使用 1 024 个参数。

每个参数都要指定参数名和数据类型，参数名必须以@符号为前缀，可以为参数指定默认值。如果是输出参数，则应用 OUTPUT 关键字描述。各个参数之间用逗号隔开，具体描述语法如下：

@parameter_name data_type[=default] [OUTPUT]

下面介绍一个使用输入参数的例子。

[例 3.41] 创建带有参数的存储过程。从订单表 Orders 和订单明细表中返回指定消费者 CustomerID 购买某种商品 ProductID 的订单信息。该存

储过程接受与传递的参数精确匹配的值。

```
CREATE PROCEDURE ShoppingSheet
    @CustomerNO nchar(10),
    @ProductNO int
AS
SELECT A.CustomerID,A.OrderID,B.ProductID,B.Quantity
FROM Orders as A,[Order Details] as B
WHERE A.OrderID=B.OrderID AND
A.CustomerID=@CustomerNO   AND   B.ProductID=@ProductNO
GO
```

ShoppingSheet 存储过程可以通过以下方法执行：

(1) 按位置传递参数。在执行存储过程的语句中，直接给出参数的值。当有多个参数时，给出的参数的顺序与创建存储过程的语句中的参数顺序一致，即参数传递的顺序就是参数定义的顺序。

```
EXECUTE ShoppingSheet 'VINET', 11
```

(2) 通过参数传递参数。在执行存储过程的语句中，使用“参数名=参数值”的形式给出参数值。这种方式的好处是，参数要以以任意顺序给出。

```
EXECUTE ShoppingSheet @CustomerNO= 'VINET', @ProductNO=11
```

或

```
EXECUTE ShoppingSheet @ProductNO=11,@CustomerNO= 'VINET'
```

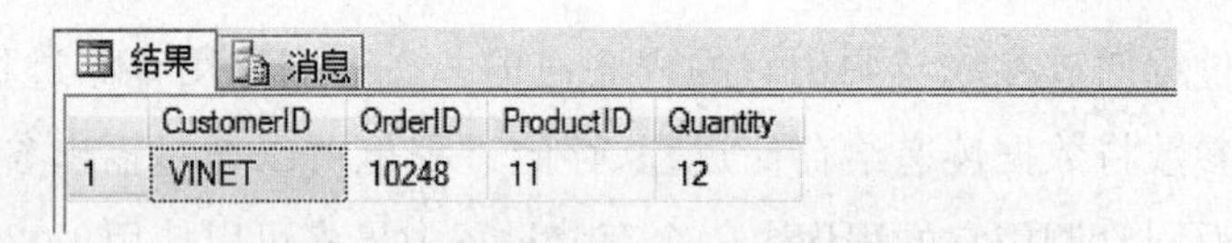

	CustomerID	OrderID	ProductID	Quantity
1	VINET	10248	11	12

图 3-25 带参数的存储过程的运行结果

如果该过程是批处理中的第一条语句，则可使用：

```
ShoppingSheet 'VINET', 11
```

或

```
ShoppingSheet @CustomerNO= 'VINET', @ProductNO=11
```

或

```
ShoppingSheet @ProductNO=11,@CustomerNO= 'VINET'
```

3. 修改存储过程

如果需要更改存储过程中的语句或参数，可以删除和重新创建该存储过程，也可以用单个步骤更改该存储过程。删除和重新创建存储过程时，所有与该存储过程相关联的权限都将丢失。更改存储过程时，过程或参数定义会更改，但为该存储过程定义的权限将保留。

也可以重命名存储过程。新名称必须遵守标识符规则。您只能重命名自己拥有的存储过程，但数据库所有者可以更改任何用户的存储过程名称。要重命名的存储过程必须位于当前数据库中。

还可以修改存储过程以加密其定义或使该过程在每次执行时都得到重新编译。

语法格式：

```
ALTER PROC [ EDURE ] procedure_name [ ; number ]
  [ { @parameter data_type }
    [ VARYING ] [ = default ] [ OUTPUT ]
  ] [ ,... n ] [ WITH { RECOMPILE | ENCRYPTION |
  RECOMPILE , ENCRYPTION } ]
[ FOR REPLICATION ]
AS
sql_statement [ ... n ]
```

其中各参数含义如下：

- *procedure_name*

是要更改的过程的名称。过程名称必须符合标识符规则。

- ;*number*

是现有的可选整数，该整数用来对具有同一名称的过程进行分组，以便可以用一条 DROP PROCEDURE 语句全部除去它们。

- @*parameter*

过程中的参数。

- *data_type*

是参数的数据类型。

- VARYING

指定作为输出参数支持的结果集(由存储过程动态构造，内容可以变化)。

仅适用于游标参数。

• *default*

参数的默认值。

• OUTPUT

表明参数是返回参数。

• *n*

是表示最多可指定 2 100 个参数的占位符。

［例 3.42］ 修改存储过程 ShoppingSheet，使其结果增加订货日期列 OrderDate。

```
Alter PROCEDURE ShoppingSheet
    @CustomerNO nchar(10),
    @ProductNO int
AS
SELECT A.CustomerID,A.OrderID,A.OrderDate,ProductID,B.Quantity
FROM Orders as A,[Order Details] as B
WHERE A.OrderID=B.OrderID AND
A.CustomerID=@CustomerNO   AND   B.ProductID=@ProductNO
GO
```

4. 删除存储过程

语法格式：

drop procedure {procedure}[, ... n]

［例 3.43］ 删除存储过程。

```
USE Northwind
GO
DROP procedure ShoppingSheet
```

用 DROP PROCEDURE 语句从当前数据库中移除用户定义存储过程。在删除存储过程之前，执行系统存储过程 sp_depends 检查是否有对象依赖于此存储过。

5. 存储过程信息的查看方式

查看存储过程的信息有如下方式：

(1) 查看所有类型存储过程的额外信息可通过调用系统存储过程来实

现,系统存储过程 sp_help、sp_helptext、sp_depends;

(2) 显示数据库中的存储过程以及拥有者名字的列表可调用系统存储过程 sp_stored_procedures;

(3) 得到存储过程的信息,可查询系统表 sysobjects、syscomments、sysdepends。

3.8 触发器

3.8.1 触发器的概念

1. 触发器的概念及作用

触发器是一种特殊类型的存储过程,它不同于我们前面介绍过的存储过程。触发器主要是通过事件进行触发而被执行的,而存储过程可以通过存储过程名字而被直接调用。当对某一表进行诸如 Update、Insert、Delete 这些操作时,SQL Server 就会自动执行触发器所定义的 SQL 语句,从而确保对数据的处理必须符合由这些 SQL 语句所定义的规则。

触发器有 4 个要素:

(1) 名称:触发器有一个符合标识符命名规则的名称;

(2) 定义的目标:触发器必须定义在表或视图上;

(3) 触发条件:UPDATE,INSERT,DELETE 语句;

(4) 触发逻辑:触发之后如何处理。

触发器的主要作用就是其能够实现由主键和外键所不能保证的复杂的参照完整性和数据的一致性。除此之外,触发器还有其他许多不同的功能:

(1) 强化约束(enforce restriction)。触发器能够实现比 CHECK 语句更为复杂的数据完整性约束。和 CHECK 约束不同,触发器可以引用其他表中的列,进而实现更复杂的约束。另外,可使用触发器来强制复杂的引用完整性,根据具体情况确定是否级联更新与删除、创建多行触发器、在数据库间强制引用完整性等。

(2) 跟踪变化(auditing changes)。触发器可以侦测数据库内的操作,从而不允许数据库中未经许可的指定更新和变化。

(3) 级联运行(cascaded operation)。触发器可以侦测数据库内的操作,并自动地级联影响整个数据库的各项内容。例如,某个表上的触发器中包含有对另外一个表的数据操作(如删除,更新,插入)而该操作又导致该表上触发器被触发。

(4) 存储过程的调用(stored procedure invocation)。为了响应数据库更新,触发器可以调用一个或多个存储过程,甚至可以通过外部过程的调用而在DBMS(数据库管理系统)本身之外进行操作。

由此可见,触发器可以解决高级形式的业务规则或复杂行为限制以及实现定制记录等一些方面的问题。例如,触发器能够找出某一个表在数据修改前后状态发生的差异,并根据这种差异执行一定的处理。此外一个表的同一类型(Insert、Update、Delete)的多个触发器能够对同一种数据操作采取多种不同的处理。

总体而言,触发器性能通常比较低。当运行触发器时,系统处理的大部分时间花费在参照其他表的这一处理上,因为这些表既不在内存中也不在数据库设备上,而删除表和插入表总是位于内存中。可见触发器所参照的其他表的位置决定了操作要花费的时间长短。

2. 触发器的种类

两种类型的触发器:AFTER 触发器和 INSTEAD OF 触发器。其中 AFTER 触发器要求只有执行某一操作(Insert、Update、Delete)之后,触发器才被触发,且只能在表上定义。可以为针对表的同一操作定义多个触发器。对于 AFTER 触发器,可以定义哪一个触发器被最先触发,哪一个被最后触发,通常使用系统过程 sp_settriggerorder 来完成此任务。

INSTEAD OF 触发器表示并不执行其所定义的操作(Insert、Update、Delete),而仅是执行触发器本身。既可在表上定义 INSTEAD OF 触发器,也可以在视图上定义 INSTEAD OF 触发器,但对同一操作只能定义一个 INSTEAD OF 触发器。

3.8.2 触发器的使用方法

1. 创建触发器

语法格式如下:

```
CREATE TRIGGER trigger_name
ON { table | view }
[ WITH ENCRYPTION ]
{
  { { FOR | AFTER | INSTEAD OF } { [ INSERT ] [ , ] [ UPDATE ]
```

```
[,][ DELETE ]}
  [ WITH APPEND ]
  [ NOT FOR REPLICATION ]
  AS
  [{ IF UPDATE (column)
    [{ AND | OR } UPDATE (column) ]
      [ ... n ]
  | IF (COLUMNS_UPDATED () { bitwise_operator } updated_bitmask)
    { comparison_operator } column_bitmask [ ... n ]
  }]
  sql_statement [ ... n ]
 }
}
```

主要参数说明如下：

(1) trigger_name。是触发器的名称。触发器名称必须符合标识符规则，并且在数据库中必须唯一。可以选择是否指定触发器所有者名称。

(2) Table | view。是在其上执行触发器的表或视图，有时称为触发器表或触发器视图。可以选择是否指定表或视图的所有者名称。视图只能被INSTEAD OF 触发器引用。

(3) AFTER。指定触发器只有在触发 SQL 语句中指定的所有操作都已成功执行后才激发。所有的引用级联操作和约束检查也必须成功完成后，才能执行此触发器。

如果仅指定 FOR 关键字，则 AFTER 是默认设置。

不能在视图上定义 AFTER 触发器。

(4) INSTEAD OF。指定执行触发器而不是执行触发 SQL 语句，从而替代触发语句的操作。

在表或视图上，每个 INSERT、UPDATE 或 DELETE 语句最多可以定义一个 INSTEAD OF 触发器。然而，可以在每个具有 INSTEAD OF 触发器的视图上定义视图。

(5) {[DELETE][,][INSERT][,][UPDATE]}。是指定在表或视图上执行哪些数据修改语句时将激活触发器的关键字。必须至少指定一个选项。在触发器定义中允许使用以任意顺序组合的这些关键字。如果指定的选项多于一个,需用逗号分隔这些选项。

对于 INSTEAD OF 触发器,不允许在具有 ON DELETE 级联操作引用关系的表上使用 DELETE 选项。同样,也不允许在具有 ON UPDATE 级联操作引用关系的表上使用 UPDATE 选项。

(6) NOT FOR REPLICATION。表示当复制进程更改触发器所涉及的表时,不应执行该触发器。

(7) AS。是触发器要执行的操作。

(8) sql_statement。是触发器的条件和操作。触发器条件指定其他准则,以确定 DELETE、INSERT 或 UPDATE 语句是否导致执行触发器操作。当尝试 DELETE、INSERT 或 UPDATE 操作时,Transact - SQL 语句中指定的触发器操作将生效。

触发器可以包含任意数量和种类的 Transact - SQL 语句。触发器旨在根据数据修改语句检查或更改数据;它不应将数据返回给用户。

触发器中的 Transact - SQL 语句常常包含控制流语言。

2. 触发器的工作原理

CREATE TRIGGER 语句中使用两个特殊的表,分别为 DELETED 和 INSERTED。这两个表是逻辑表,由系统自动维护,存储在内存中,不允许用户直接对其修改,但可以引用表中的数据。这两个表在结构上类似于定义触发器的表,它们用于保存用户操作可能更改的行的旧值或新值。

DELETED 表用于存储 DELETE 和 UPDATE 语句所影响到的行的数据行副本。在执行 DELETE 或 UPDATE 语句时,首先从原始表中删除要被删除的记录行,并传输到 DELETED 表中。

INSERTED 表用于存储 INSERT 和 UPDATE 语句所影响的数据行副本。在一个插入或更新事务处理中,新建行被同时添加到 INSERTED 表和触发器表中。INSERTED 表中的行是触发器表中的新行的副本。

deleted 表和 inserted 表的特征如下:

(1) 表结构与该触发器作用的表相同;

(2) 是逻辑表,并且由系统管理;

(3) 是动态驻留在内存中的,而不是存储在数据库中,当触发器工作完成后,它们也被删除;

(4) 只读的,即只能运用SELECT语句查看,用户不能直接更改。

所创建的触发器是在原表数据行已经修改完成后再触发。所以,触发器是在约束检查之后才执行。

[例3.44] 创建一个触发器。当用户在表中删除数据时,如果删除记录的条数多于一条记录,则该触发器向客户端打印一条用户定义消息,提醒用户不能一次删除多条记录。

(1) 打开 Northwind 数据库,创建一个空表 RegionTest,使其结构与 Region 表相同。

(2) 将 Region 表中数据插入到 RegionTest 中,以备删除测试使用。

```
INSERT into RegionTest
SELECT * FROM Region
```

(3) 创建删除触发器在 RegionTest 表中。

```
Use Northwind
GO
CREATE TRIGGER Region_Delete1 ON RegionTest
FOR DELETE
AS
IF (SELECT COUNT( * ) FROM Deleted) > 1
BEGIN
    RAISERROR( ' You cannot delete more than one record at a time. ', 16, 1)
    ROLLBACK TRANSACTION
END
```

(4) 执行删除语句时,触发器将被触发,系统提示如图3-26所示。

```
DELETE RegionTest
```

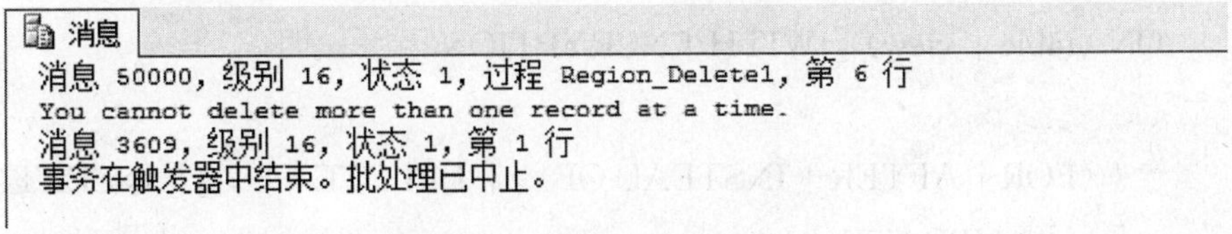

```
消息
消息 50000, 级别 16, 状态 1, 过程 Region_Delete1, 第 6 行
You cannot delete more than one record at a time.
消息 3609, 级别 16, 状态 1, 第 1 行
事务在触发器中结束。批处理已中止。
```

图3-26 触发器的运行结果

在触发器定义语句中,FOR 和 AFTER 是完全相等的,创建相同类型的

触发器，在 INSERT、UPDATE 或 DELETE 语句执行后触发，而 INSTEAD OF 触发器取消触发动作，执行替代操作。

［例 3.45］ 创建一个触发器，当向上例中所创建的表 RegionTest 中插入一条记录时，自动列出 RegionTest 表中所有记录。

(1) 创建语句如下：

```
Create Trigger InsertDisplay
On RegionTest
For Insert
AS
Select * From RegionTest
```

(2) 执行插入语句时，触发器将被调用并显示表中所有记录，如图 3－27 所示。

```
Insert RegionTest VALUES(16,'HAIYANG')
```

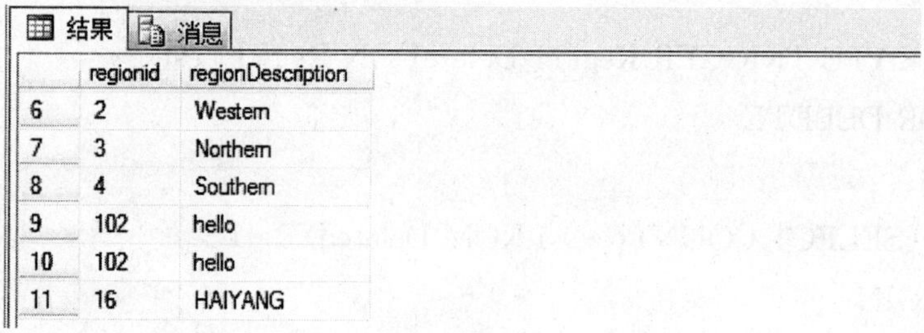

结果 | 消息

	regionid	regionDescription
6	2	Western
7	3	Northern
8	4	Southern
9	102	hello
10	102	hello
11	16	HAIYANG

图 3－27　触发器的运行结果

3. 更改触发器

更改原来由 CREATE TRIGGER 语句创建的触发器定义。

语法格式如下：

```
ALTER TRIGGER trigger_name
ON (table | view) [ WITH ENCRYPTION ]
{
  { (FOR | AFTER | INSTEAD OF) { [ DELETE ] [ , ] [ INSERT ]
  [ , ] [ UPDATE ] }
    [ NOT FOR REPLICATION ]
    AS
```

```
    sql_statement [ ... n ]
  } | { (FOR | AFTER | INSTEAD OF) { [ INSERT ] [ , ]
  [ UPDATE ] }
    [ NOT FOR REPLICATION ]
    AS
    { IF UPDATE (column)
    [ { AND | OR } UPDATE (column) ]
    [ ...n ]
    | IF (COLUMNS_UPDATED () { bitwise_operator } updated_bitmask)
    { comparison_operator } column_bitmask [ ... n ]
    }       sql_statement [ ... n ]
  } }
```

参数说明如下：

(1) trigger_name。是要更改的现有触发器。

(2) table | view。是触发器在其上执行的表或视图。

(3) WITH ENCRYPTION。表示 SQL Server 会将触发器定义的原始文本转换为经过模糊处理的格式。注意：可以对经过模糊处理的触发器进行反向工程，因为 SQL Server 必须对触发器解除模糊处理，然后才能执行。在 SQL Server 2000 中，模糊处理文本在 syscomments 系统表中可见，易于被解除模糊处理。

使用 WITH ENCRYPTION 可以防止在 SQL Server 复制过程中发布触发器。

说明　如果原来的触发器定义是用 WITH ENCRYPTION 或 RECOMPILE 创建的，那么只有在 ALTER TRIGGER 中也包含这些选项时，这些选项才有效。

(1) AFTER。指定触发器只有在触发它的 SQL 语句执行成功后才触发。所有的引用级联操作和约束检查也必须成功完成后，才能执行此触发器。

如果仅指定了 FOR 关键字，那么 AFTER 是默认设置。

AFTER 触发器只能定义在表上。

(2) INSTEAD OF。指定执行触发器而不是触发 SQL 语句，从而替代触发语句的操作。

在表或视图上，每个 INSERT、UPDATE 或 DELETE 语句最多可以定义一个 INSTEAD OF 触发器。然而,可以在每个具有 INSTEAD OF 触发器的视图上定义视图。

INSTEAD OF 触发器不允许定义在用 WITH CHECK OPTION 创建的视图上。如果向指定了 WITH CHECK OPTION 选项的视图添加 INSTEAD OF 触发器,SQL Server 将引发一个错误。用户必须用 ALTER VIEW 删除该选项后才能定义 INSTEAD OF 触发器。

(3) { [DELETE] [,] [INSERT] [,] [UPDATE] } | { [INSERT] [,] [UPDATE]}。是指定在表或视图上执行哪些数据修改语句时将激活触发器的关键字。必须至少指定一个选项。在触发器定义中允许使用以任意顺序组合的这些关键字。如果指定的选项多于一个,需用逗号分隔这些选项。

对于 INSTEAD OF 触发器,不允许在具有 ON DELETE 级联操作引用关系的表上使用 DELETE 选项。同样,也不允许在具有 ON UPDATE 级联操作引用关系的表上使用 UPDATE 选项。有关更多信息,请参见 ALTER TABLE。

(4) AS。是触发器要执行的操作。

(5) sql_statement。是触发器的条件和操作。

(6) n。是表示触发器中可以包含多条 Transact - SQL 语句的占位符。

[例 3.46] 修改触发器。修改创建好的触发器 Region_Delete1。

```
Alter TRIGGER Region_Delete1 ON RegionTest
FOR DELETE
AS
IF (SELECT COUNT( * ) FROM Deleted) > 1
BEGIN
    RAISERROR('Alter Test ————— You cannot delete more than one record at a time. ', 16, 1)
    ROLLBACK TRANSACTION
END
```

运行如下语句,可测试修改后的结果,如图 3 - 28 所示。

触发器相关信息的查看可通过运行系统存储过程来实现,如:sp_depends,sp_helptext,sp_helptrigger。

```
消息
消息 50000，级别 16，状态 1，过程 Region_Delete1，第 6 行
Alter Test ----- You cannot delete more than one record at a time.
消息 3609，级别 16，状态 1，第 1 行
事务在触发器中结束。批处理已中止。
```

图 3-28 触发器修改后的运行结果

4. 删除触发器

当不再需要某个触发器时，可将其删除。当触发器被删除时，它所基于的表和数据并不受影响。删除表将自动删除其上的所有触发器。删除触发器的权限默认授予在该触发器所在表的所有者。

语法格式如下：

DROP TRIGGER { trigger } [,... n]

参数说明如下：

(1) trigger。是要删除的触发器名称。触发器名称必须符合标识符规则。有关标识符规则的更多信息，请参见使用标识符。可以选择是否指定触发器所有者名称。若要查看当前创建的触发器列表，请使用 sp_helptrigger。

(2) n。是表示可以指定多个触发器的占位符。

[例 3.47] 删除触发器。除去 Empl_Delete 触发器。

```
USE Northwind
DROP TRIGGER Region_Delete1
GO
```

本 章 小 结

本章主要分两大部分。第一部分介绍了 SQL 语言的四类功能：数据定义、查询、操纵和控制四种功能，讲述如何利用数据定义语言、数据查询语言、数据操纵语言和数据控制语言，在 SQL Server 中完成对数据库中各类对象的相关操作。读者应熟练掌握 CREATE、ALTER 和 DROP 语句，用于创建数据库、数据表、索引和视图；熟练掌握 SELECT 语句，用于完成选择查询、分组查询和子查询；掌握 INSERT、UPDATE 和 DELETE 语句，用于完成项数据表中添加、修改和删除记录的操作。

第二部分介绍游标、存储过程和触发器等概念。游标提供了一种从包括多条数据记录的结果集中每次提取一条记录的机制。存储过程是一组为了完成特定功能的 SQL 语句集，经编译后存储在数据库服务器中。触发器是一种特殊类型的存储过程，是通过事件触发而被执行的一组 SQL 语句集。读者应掌握游标、存储过程和触发器的基本概念和使用方法；掌握创建、修改、删除等操作语句，并能灵活运用其机制来实现数据库的高级编程。

本 章 习 题

一、选择题

(1) SELECT 语句中与 HAVING 子句通常同时使用的是(　　)子句。

A. ORDER BY　B. WHERE　C. GROUP BY　D. 无需配合

(2) 下面聚集函数中(　　)只能用于计算数值类型的数据。

A. COUNT()　B. MIN()　C. MAX()　D. SUM()

(3) SQL 中，下列涉及空值的操作，不正确的是答案：(　　)。

A. AGE IS NULL　B. AGE IS NOT NULL

C. AGE = NULL　D. NOT (AGE IS NULL)

(4) 下列 SQL 语句命令，属于 DDL 语言的是(　　)。

A. SELECT　B. CREATE　C. GRANT　D. DELETE

(5) 下列聚合函数中不忽略空值(null)的是(　　)。

A. SUM (列名)　B. MAX (列名)

C. COUNT (*)　D. AVG (列名)

(6) 对于基本表 EMP(ENO,ENAME,SALARY,DNO)，其属性表示职工的工号、姓名、工资和所在部门的编号。基本表 DEPT(DNO,DNAME)，其属性表示部门的编号和部门名。有一 SQL 语句：

```
SELECT　COUNT(DISTINCT DNO)
FROM　EMP;
```

其等价的查询语句是(　　)。

A. 统计职工的总人数　B. 统计每一部门的职工人数

C. 统计职工服务的部门数目　D. 统计每一职工服务的部门数目

(7) 下面关于存储过程的描述不正确的是(　　)。

A. 存储过程实际上是一组 T-SQL 语句

B. 存储过程预先被编译存放在服务器的系统表中

C. 存储过程独立于数据库而存在

D. 存储过程可以完成某一特定的业务逻辑

(8) 下列不可能在游标使用过程中使用的关键字是:( )。

A. OPEN　　B. CLOSE　　C. DEALLOCATE　　D. DROP

(9) 删除触发器 Tri_Sno 的正确命令是:( )。

A. DELETE TRIGGER Tri_Sno

B. TRUNCATE TRIGGER Tri_Sno

C. DROP TRIGGER Tri_Sno

D. REMOVE TRIGGER tri_Sno

(10) 触发器可引用视图或临时表,并产生两个特殊的表是( )。

A. Delete　　B. Deleted、Inserted

C. View、Table　　D. Inserted

二、填空题

(1) SQL 语言一种标准的数据库语言,包括查询、定义、操纵、________四部分功能。

(2) 视图是从其他________或视图导出的表。

(3) 在 SQL 中是利用________语句实现向数据库中添加数据信息的。

(4) 子查询是 SELECT 语句内的一条 SELECT 语句,而且经常被称为________。

(5) SQL 中多列排序的规则是:首先用指定的第一个列对记录排序,然后对此列中________的记录用指定的第二个列进行排序,依此类推。

(6) 游标实际上是一种________的机制。游标总是与一条 T_SQL 选择语句相关联因为游标由________组成。

(7) 游标的优点在于________,为用户在处理数据的过程中提供了很大方便。

(8) 游标存在于________连接中,如果用户不释放一个游标,则它保持________并可以从上提取数据,直到用户关闭它。

(9) 存储过程(Stored Procedure)是一组预先编译好的________,是一组为了完成特定功能的________。

(10) 在大型数据库系统中,存储过程在数据库中经过第一次编译后再次调用不需要再次编译，用户通过________来执行它，从而提高了程序的运行效率。

(11) 触发器是一种特殊类型的________，它不同于我们前面介绍过的存储过程。触发器主要是通过________而被执行的，而存储过程可以通过________而被直接调用。

三、应用题

1. 数据库模式如下：

Student(SNum, SName, Sex, Birthday)

其中 SNum 表示学号，SName 表示姓名，Sex 表示性别(male，female)，Birthday 表示生日。

Course(CNum, CName, Credit, CTime)

其中 CNum 表示课程号，CName 表示课程名，Credit 表示学分，CTime 表示学时数。

SC(SNum, CNum, Score)

其中 SNum 表示学号，CNum 表示课程号，Score 表示成绩。

请针对 University 数据库，实现以下相应功能的 SQL 语句。

(1) 查询所有 1990 年以后出生的学生基本情况。

____

(2) 查询统计每门课程的平均成绩。

____

(3) 查询所有女同学及其选课的课程名，并按照由姓名降序排序。

____

(4) 给所有学时数小于 32 的课程学时数增加 10%。

____

(5) 删除所有学分为 0 的课程记录。

____

2. 创建一个不带参数的存储过程，查询 NORTHWIND 数据库中员工表 Employees 中，职位 Title 为销售代表 Sales Representative 的员工。

3. 创建一个带参数的存储过程，查询 NORTHWIND 数据库中员工表 Employees 中，指定员工号 EmployeeID 的员工信息。

第4章　关系数据库的规范设计

前面介绍了数据库当中涉及的基本概念、关系模型的三个部分(关系数据结构、关系操作和关系完整性)以及关系数据库的标准语言。但是还有一个很基本的问题没有提及,就是针对一个具体的问题,应该构造几个关系模式,每个关系由哪些属性组成,各属性之间的依赖关系及对关系模式性能的影响等。这就是关系数据库逻辑设计的问题。本章主要讨论实体内部属性与属性之间的数据关联,目标就是要设计一个"好"的数据库。

在设计数据库系统的应用过程中,不论针对哪一种数据库都避免不了要构造数据库的逻辑结构。由于关系模式有严格的数学理论基础,并且可以向其他数据模型转换,在研究的过程中,人们以关系模型为背景来讨论这个问题,得出了在逻辑设计过程中用到的关系数据库的规范化理论。规范化理论虽然针对关系模型,但是对一般的数据库逻辑设计同样具有理论上的意义。

关系数据库由相互联系的一组关系所组成,每个关系包括关系模式和关系值两个方面。关系模式是对关系的抽象定义,给出关系的具体结构;关系的值是关系的具体内容,反映关系在某一时刻的状态。一个关系包含许多元组,每个元组都是符合关系模式结构的一个具体值,并且都分属于相应的属性。在关系数据库的每个关系都需要进行规范化,使之达到一定的规范化程度,从而提高数据的结构化、共享性、一致性和可操作性。

关系模型原理的核心内容就是规范化概念,规范化是把数据库组织成在保持存储数据完整性的同时最小化冗余数据的结构的过程。规范化的数据必须符合关系模型的范式规则。范式可以防止在使用数据库时出现不一致的数据,并防止数据丢失。关系模型的范式有第一范式、第二范式、第三范式和BC范式等多种。

4.1 关系模式设计中的问题

如果关系模式设计不合理，可能会出现一些异常情况。

以下示例在附录部分示例的基础上改写。假设有描述员工信息以及检测池塘的关系模式 E-I-S(员工工号，身份，办公室，虾苗批次编号，池塘编号，安全指标是否通过)，假设员工身份决定了其所在的办公室，不同检查人员对池塘检查的结果可能也有误差，(员工工号，虾苗批次编号，池塘编号)为主码。

观察以下关系模式是否存在问题，假设有表 4-1 所示的数据。

表 4-1　E-I-S 模式的部分数据示例

员工工号	身　份	办公室	虾苗批次编号	池塘编号	安全指标是否通过
GL334455	池塘管理员	101	1502122	0056	NULL
GL334491	池塘管理员	101	1503271	0654	NULL
JC998813	检查人员	102	1502122	0056	FALSE
JC998813	检查人员	102	1503271	0654	TRUE
JC998813	检查人员	102	1504121	0735	TRUE
JC998813	检查人员	102	1502121	0048	TRUE
JC998874	检查人员	102	1503271	0654	TRUE
JC998874	检查人员	102	1504121	0735	TRUE
JC998874	检查人员	102	1502122	0056	FALSE
JC998877	检查人员	102	1504121	0735	TRUE
JC998877	检查人员	102	1502121	0048	TRUE
JC998877	检查人员	102	1503271	0654	TRUE

观察这个表的数据，会发现有如下问题：

(1) 数据冗余问题：在这个关系中，有关员工身份和所在办公室的信息有冗余，因为一种身份的员工有多少个，这类员工所对应的办公室就要重复存储多少遍。而且员工检查了多少次虾苗，信息就重复多少遍。

(2) 数据更新问题：如果一个员工身份发生了变化，比如由检查人员变为管理人员，不仅要修改其身份，还要修改其办公室的值，从而使修改复杂化。

(3) 数据插入问题：如果新加入了新类型的工作人员，比如鱼虾医生，也已分配好办公室，即已经有了身份和办公室信息，也不能将其插入表格中，因为未有该类人员入职，员工工号等主属性为空。

(4) 数据删除问题：如果有个检查人员，只检查一个池塘一个虾苗批次，后来又不检查了，则应该删除此检查人员的该次记录，但由于其检查一次，删除该次记录，也就同时删除了该员工的其他基本信息。

类似的问题统称为操作异常。为什么会出现以上种种操作异常现象呢？是因为这个关系模式没有设计好，这个关系模式的某些属性之间存在着“不良”的函数依赖关系。如何改造这个关系模式并克服以上种种问题是关系规范化理论要解决的问题，也是我们讨论函数依赖的原因。

解决上述种种问题的方法就是进行模式分解，即把一个关系模式分解成两个或多个关系模式，在分解的过程中消除那些“不良”的函数依赖，从而获得良好的关系模式。

4.2　数据依赖

数据的语义不仅表现为完整性约束，对关系模式的设计也提出了一定的要求。针对一个问题，如何构造一个合适的关系模式，应构造几个关系模式，每个关系模式由哪些属性组成等，这些都是数据库设计问题，确切地讲是关系数据库的逻辑设计问题。

首先需要了解一下关系模式中各属性之间的依赖关系。

4.2.1　函数依赖基本概念

函数是我们非常熟悉的概念，对公式

$$Y=f(X)$$

自然也不会陌生，但是大家熟悉的是X和Y在数量上的对应关系，即给定一个X值，都会有一个Y值和它对应。也可以说X函数决定Y，或Y函数依赖于X。在关系数据库中讨论函数或函数依赖注重的是语义上的关系，比如：

$$省=f(城市)$$

只要给出一个具体的城市值，就会有唯一一个省值和它对应，如“武汉市”在“湖北省”，这里“城市”是自变量 X，“省”是因变量或函数值 Y。并且，把 X 函数决定 Y 或 Y 函数依赖于 X 表示为：

$$X \rightarrow Y$$

根据以上讨论可以写出较直观的函数依赖 FD 的定义，即如果有关系模式 R(A1, A2, …, An)，X 和 Y 为{A1, A2, …, An}的子集，则对于关系 R 中的任意一个 X 值，都只有一个 Y 值与之对应，则称 X 函数决定 Y，或 Y 函数依赖于 X。

例如，对于员工关系模式

员工(员工编号，员工姓名，身份，入职时间)

有以下依赖关系：

员工→员工编号，员工→身份，员工→入职时间

显然，函数依赖讨论的是属性之间的依赖关系，它是语义范畴的概念，也就是说关系模式的属性之间是否存在函数依赖只与语义有关。下面对函数依赖给出严格的形式化定义。

[定义 4.1] 设有关系模式 R(A1, A2, …, An)，X 和 Y 均为{A1, A2, …, An}的子集，r 是 R 的任一具体关系，t1、t2 是 r 中的任意两个元组；如果由 t1[X]=t2[X]可以推导出 t1[Y]=t2[Y]，则称 X 函数决定 Y，或 Y 函数依赖于 X，记为 X→Y。

在以上定义中特别要注意，只要

$$t1[X]=t2[X] \Rightarrow t1[Y]=t2[Y]$$

成立，就有 X→Y。也就是说，只有当 t1[X]=t2[X]为真，而 t1[Y]=t2[Y]为假时，函数依赖 X→Y 不成立；而当 t1[X]=t2[X]为假时，不管 t1[Y]=t2[Y]为真或为假，都有 X→Y 成立。

4.2.2 一些术语和符号

下面给出本章中使用的一些术语和符号。设有关系模式 R(A1, A2, …, An)，X 和 Y 均为{A1, A2, …, An}的子集，则有以下结论：

(1) 如果 X→Y，但 Y 不包含于 X，则称 X→Y 是非平凡的函数依赖。如果不作特别说明，我们总是讨论非平凡的函数依赖。

(2) 如果 Y 不函数依赖于 X，则记作 $X \nrightarrow Y$。

(3) 如果 $X \rightarrow Y$，则称 X 为决定因子。

(4) 如果 $X \rightarrow Y$，并且 $Y \rightarrow X$，则记作 $X \leftrightarrow Y$。

(5) 如果 $X \rightarrow Y$，并且对于 X 的一个任意真子集 X'都有 $X' \nrightarrow Y$，则称 Y 完全函数依赖于 X，记作：$X \xrightarrow{f} Y$；如果 $X \rightarrow Y$ 成立，则称 Y 部分函数依赖于 X，记作：$X \xrightarrow{p} Y$。

(6) 如果 $X \rightarrow Y$(非平凡函数依赖，并且 $Y \nrightarrow X$)、$Y \rightarrow Z$，则称 Z 传递函数依赖于 X。

［**例 4.1**］　假设有关系模式 EIS(员工工号，身份，虾苗批次编号，池塘编号，安全指标是否通过)，主码为(员工工号，虾苗批次编号，池塘编号)，则有以下函数依赖关系：

员工工号→身份　　　身份函数依赖于员工工号；

(员工工号，虾苗批次编号，池塘编号)$\xrightarrow{p}$身份　身份部分函数依赖于员工工号，虾苗批次编号和池塘编号；

(员工工号，虾苗批次编号，池塘编号)$\xrightarrow{f}$安全指标是否通过　安全指标是否通过完全函数依赖于员工工号，虾苗批次编号和池塘编号。

［**例 4.2**］　假设有关系模式 EI(员工编号，员工姓名，身份，办公室)，假设员工的身份决定了其所在办公室，主码为员工编号，则函数依赖关系有：

员工编号$\xrightarrow{f}$员工姓名　　员工姓名完全函数依赖于员工编号

由于：员工编号$\xrightarrow{f}$身份

　　　身份$\xrightarrow{f}$办公室

所以有员工编号$\xrightarrow{传递}$办公室

函数依赖是数据的重要性质，关系模式应能反映这些性质。

4.3　数据依赖的公理系统

W. W. Armstrong 在 1974 年提出了函数依赖的一套推理规则。下面介绍的是其他人后来改进了的表示形式，一般称之为 Armstrong 公理。

4.3.1 Armstrong 公理系统

[定义 4.2] 对于满足一组函数依赖 F 的关系模式 $R<U,F>$，其任何一个关系 r，若函数依赖 $X \to Y$ 都成立(即 r 中任意两元组 t、s，若 t[X]=s[X]，则 t[Y]=s[Y])，则称 F 逻辑蕴涵 $X \to Y$。

如何求给定关系模式的键，为了从一组已知的函数依赖求得蕴涵的函数依赖 F，要问 $X \to Y$ 是否为 F 所蕴涵，就要一套推理规则。

Armstrong 公理系统：设 U 为属性集总体，F 是 U 上的一组函数依赖，于是有关系模式 $R<U,F>$。对于关系模式 $R<U,F>$，有以下推理规则。

(1) 自反律：若 $Y \subseteq X \subseteq U$，则 $X \to Y$ 为 F 所蕴涵。

(2) 增广律：若 $X \to Y$ 为 F 所蕴涵，且 $Z \subseteq U$，则 $XZ \to YZ$ 为 F 所蕴涵。

(3) 传递律：若 $X \to Y$ 及 $X \to Z$ 为 F 所蕴涵，则 $X \to Z$ 为 F 所蕴涵。

推论：

(4) 合并规则：由 $X \to Y$，$X \to Z$，有 $X \to YZ$。

(5) 伪传递规则：由 $X \to Y$，$WY \to Z$，有 $XW \to Z$。

(6) 分解规则：由 $X \to Y$ 及 $Z \subseteq Y$，有 $X \to Z$。

引理 4.1 $X \to A_1 A_2 \cdots A_k$ 成立的充分必要条件是 $X \to A_i$ 成立(i=1, 2, …, k)。

4.3.2 闭包

[定义 4.3] 在关系模式 $R<U,F>$ 中，逻辑蕴涵的函数依赖的全体叫做 F 的闭包，记为 F^+。

[定义 4.4] 设 F 为属性集 U 上的一组函数依赖，$X \subseteq U$，定义：$X_F^+ = \{A| X \to A\}$ 能由 F 根据 Armstrong 公理导出，则称 XF^+ 为属性集 X 关于函数依赖集 F 的闭包。

引理 4.1 设 F 为属性集 U 上的一组函数依赖，X，$Y \subseteq U$，$X \to Y$ 能由 F 根据 Armstrong 公理导出的充分必要条件是 $Y \subseteq X_F^+$。

证明：设 $Y = A_1 A_2 \cdots A_k$，$A_i \in U$。

(1) 若 $X \to Y$，即 $X \to A_1 A_2 \cdots A_k$。

根据引理 4.1，可得：$X \to A_i$。

根据定义 4.3，可得：$A_i \in X_F^+$，故 $Y \subseteq X_F^+$。

(2) 若 $Y \subseteq X_F^+$，即 $A_i \in XF^+$。

根据定义 4.3,可得:$X \to A_i$。

根据引理 4.1,可得:$X \to A_1 A_2 \cdots A_k$,故 $X \to Y$。

4.3.3　闭包的计算

算法 4.1 求属性集 $X(X \subseteq U)$关于 U 上的函数依赖集 F 的闭包 X_F^+。

输入 X, F。

输出 X, F^+。

步骤:

(1) 令 $X^{(0)} = X$, $i = 0$;

(2) 求 B,这里 $B = \{A \mid (\exists V)(\exists W)(V \to W \in F \wedge V \subseteq X^{(i)} \wedge A \in W)\}$;

(3) $X^{(i+1)} = B \cup X^{(i)}$;

(4) 判断 $X^{(i+1)} = X^{(i)}$;

(5) 若相等或 $X^{(i)} = U$,则 $XF^+ = X^{(i)}$,算法终止;

(6) 否则,则 $i = i + 1$,返回第(2)步。

[例 4.3]　已知:$R<U,F>$,$U = \{A,B,C,D,E\}$,$F = \{AB \to C, B \to D, C \to E, EC \to B, AC \to B\}$,求:$(AB)_F^+$。

由算法 4.1,设 $X^{(0)} = AB$。

计算 $X^{(1)}$;逐一的扫描 F 集合中各个函数依赖,找左部为 A、B 或 AB 的函数依赖。得到:$AB \to C, B \to D$。于是 $X^{(1)} = AB \cup CD = ABCD$。

因为 $X^{(0)} \neq X^{(1)}$,所以再找出左部为 ABCD 子集的那些函数依赖,又得到 $C \to E, AC \to B$,于是 $X^{(2)} = X^{(1)} \cup BE = ABCDE$。

因为 $X^{(2)}$ 已等于全部属性集合,所以$(AB)_F^+ = ABCDE$。

对于算法 4.1,令 $a_i = |X^{(i)}|$,$\{a_i\}$形成一个步长大于 1 的严格递增序列,序列的上界是$|U|$,因此该算法最多$|U| - |X|$次循环就会终止。

4.3.4　函数依赖的等价

[定义 4.5]　如果 $G^+ = F^+$,就说函数依赖集 F 覆盖 G(F 是 G 的覆盖,或 G 是 F 的覆盖),或 F 与 G 等价。

引理 4.2 $G^+ = F^+$ 充分必要条件 FG^+ 和 $G \subseteq F^+$。

证:必要性显然,只证充分性。

(1) 若 $F\subseteq G^{+}$，则 $X_{F}^{+}\subseteq X_{F^{+}}^{+}$。

(2) 任取 $X\rightarrow Y\in F^{+}$ 则有 $Y\subseteq X_{F}^{+}\subseteq X_{G^{+}}^{+}$。

所以 $X\rightarrow Y\in(G^{+})^{+}=G^{+}$，即 $F^{+}\subseteq G^{+}$。

(3) 同理可证 $G^{+}\subseteq F^{+}$，所以 $G^{+}=F^{+}$。

而要判定 $F\subseteq G^{+}$，只需逐一对 F 中的函数依赖 $X\rightarrow Y$，考察 Y 是否属于 $X_{G^{+}}^{+}$ 就行了。因此引理 4.2 给出了判断两个函数依赖集等价的可行算法。

4.3.5 函数依赖的最小化

[定义 4.6] 如果函数依赖集 F 满足下列条件，则称 F 为一个极小函数依赖集。亦称为最小依赖集或最小覆盖。

(1) F 中任一函数依赖的右部仅有一个属性。

(2) F 中不存在这样的 $X\rightarrow A$，使得 F 与 $F-\{X\rightarrow A\}$ 等价。

(3) F 中不存在这样的函数依赖 $X\rightarrow A$，X 有真子集 Z 使得 $F-\{X\rightarrow A\}\cup\{Z\rightarrow A\}$ 与 F 等价。

[定理 4.7] 每个函数依赖集 F 均等价于一个极小函数依赖集 F_m。此 F_m 称为 F 的最小依赖集。

证明：(构造性证明)

(1) 逐一检查 F 中各函数依赖 FD_i：$X\rightarrow Y$，若 $Y=A_1A_2\cdots A_k$，$k>2$，则用 $\{X\rightarrow A_j \mid j=1, 2, \cdots, k\}$ 来取代 $X\rightarrow Y$。(分解)

(2) 逐一检查 F 中各函数依赖 FD_i：$X\rightarrow A$，令 $G=F-\{X\rightarrow A\}$，若 $A\in X_{G}^{+}$，则从 F 中去掉此函数依赖(因为 F 和 G 等价的充要条件是 $A\in X_{G}^{+}$)(删除多余 FD)。

(3) 逐一检查 F 中各函数依赖：$X\rightarrow A$，设 $X=B_1B_2\cdots B_m$，逐一考察 $B_i(i=1, 2, \cdots, m)$，若 $A\in(X-B_i)_{F}^{+}$，则以

$X-B_i$ 取代 X(因为 F 与 $F-\{X\rightarrow A\}\cup\{Z\rightarrow A\}$ 等价的充要条件是 $A\in Z_{F}^{+}$，其中 $Z=X-B_i$)(替代部分 FD)

最后剩下的 F 就一定是极小依赖集，并且与原来的 F 等价。因为对 F 的每一次“改造”都保证了改造前后的两个函数依赖集等价。

应当指出，F 的最小依赖集 F_m 不一定是唯一的，它与对各函数依赖 FD_i 及 $X\rightarrow A$ 中 X 各属性的处置顺序有关。

[**例4.4**] F={A→B, B→A, B→C, A→C, C→A},求F的最小依赖集F_m。

解1:F_{m1}={A→B, B→C, C→A}

解2:F_{m2}={A→B, B→A, A→C, C→A}

注意:F的极小FD集F_m不唯一。两个关系模式R_1<U,F>,R_2<U,G>,如果F与G等价,那么R_1的关系一定是R_2的关系。反过来,R_2的关系也一定是R_1的关系。

4.4 关系模式的分解特性

把低一级的关系模式分解为若干个高一级的关系模式的方法并不是唯一的。只有能够保证分解后的关系模式与原关系模式等价,分解方法才有意义。

1. 模式分解的定义

人们从不同的角度去观察问题,对"等价"的概念形成了3种不同的定义:

(1) 分解具有无损连接性(数据的完整性)。

(2) 分解要保持函数依赖(语义的完整性)。

(3) 分解既要保持函数依赖,又具有无损连接性。

[**定义4.8**] 关系模式R<U,F>的一个分解是指:ρ={$R_1(U_1, F_1)$, …, $R_k(U_k, F_k)$}。

其中$U=\bigcup_{i=1}^{k} U_i$,并且没有$U_i \subseteq U_j$,1≤i,j≤k,F_i是F在U_i上的投影。

所谓"F_i是F在U_i上的投影"的确切定义是:

[**定义4.9**] 函数依赖集合$\{X \to Y | X \to Y \in F^+ \wedge XY \subseteq U_i\}$的一个覆盖$F_i$叫作F在属性$U_i$的投影。

模式分解具有如下特点:

(1) 如果一个分解具有无损连接性,则它能够保证不丢失信息。

(2) 如果一个分解保持了函数依赖,则它可以减轻或解决各种异常情况。

(3) 分解具有无损连接性和分解保持函数依赖是两个互相独立的标准。具有无损连接性的分解不一定能够保持函数依赖;同样,保持函数依赖的分解也不一定具有无损连接性。

2. 分解的无损连接性和保持函数依赖性

分解的无损连接性和保持函数依赖性可以参考如下:

(1) 无损连接性——分解所得到的各个关系模式经过自然连接可以还原成被分解的关系模式，既不增加原来没有的元组，也不丢失原有的元组。

(2) 依赖保持性——分解所得到的各个关系模式上的函数依赖的集合与被分解关系模式原有的函数依赖集等价，没有丢失的。

3. 模式分解的准则

对于模式分解有 4 种结果：具有无损连接性，不具有依赖保持性；不具有无损连接性，具有依赖保持性；即有无损连接性，又有依赖保持性；即没有无损连接性，又没有依赖保持性。分解正确性标准如下：

(1) 具有无损连接性的模式分解

[定义 4.10] 任给 $R<U,F>$，$\rho=\{R_1, R_2, \cdots, R_n\}$ 是 R 的一个分解，若对 R 的任一满足 F 的关系 r 都有：

$$r=\pi_{R1}(r)\bowtie \pi_{R2}(r)\bowtie\cdots\bowtie \pi_{Rn}(r)$$

则称 ρ 是 R 满足 F 的一个无损连接分解。其中：投影，$\bowtie$：自然连接运算。可通过自然连接运算还原。

[定理 4.11]用于无损连接分解的检验。

[定理 4.11] 设 $R<U, F>$，$\rho=\{R_1<U_1, F_1>, R_2<U_2, F_2>\}$ 是 R 的一个分解，F 是 R 上的函数依赖集，ρ 具有无损连接性的充要条件为

$$(U_1\cap U_2)\rightarrow(U_1-U_2)\in F^+$$

或

$$(U_2\cap U_1)\rightarrow(U_2-U_1)\in F^+$$

[例 4.5] 设 $R<U, F>$，$U=\{A, B, C\}$，$F=\{A\rightarrow B, C\rightarrow B\}$，$\rho_1=\{AB, BC\}$：

$$U_1\cap U_2=B \quad U_1-U_2=A \quad B\rightarrow A\notin F^+$$

$$U_2-U_1=C \quad B\rightarrow C\notin F^+$$

所以，ρ_1 不具无损连接性。

分解 $\rho_2=\{AC, BC\}$：

$$(U_1\cap U_2)=C \quad U_1-U_2=A \quad C\rightarrow A\notin F^+$$

$$U_2-U_1=B \quad C\rightarrow B\in F$$

所以，ρ_2具有无损连接性。

[**例 4.6**]　$R<U, F>$，$U=\{ABCDEF\}$

$$F=\{A\to B,\ C\to F,\ E\to A,\ CE\to D\}$$

$$\rho=\{R_1\{ABE\},\ R_2\{CDEF\}\}$$

因为

$$U_1\cap U_2=E \quad U_1-U_2=AB \quad E\to AB\notin F$$

但 $E\to A\in F^+$，$A\to B$，由传递规则有 $E\to B$，由合成规则有 $E\to AB\in F^+$，所以 ρ 具有无损连接性。

注意：若第一个表达式 $(U_1\cap U_2)\to(U_1-U_2)\in F$ 为假，继续判断第二个表达式 $(U_1\cap U_2)\to(U_2-U_1)\in F$。表达式可推广为

$$(U_1\cap U_2)\to(U_1-U_2)\in F^+$$

$$(U_1\cap U_2)\to(U_2-U_1)\in F^+$$

(2) 保持函数依赖性的模式分解

[**定义 4.12**]　任给 $R<U, F>$，$\rho=\{R_1, R_2, \cdots, R_n\}$ 是 R 的一个分解，若 $F\Leftrightarrow\pi_{R1}(F_1)\cup\pi_{R2}(F_2)\cup\cdots\cup\pi_{Rn}(F_n)$，则称 ρ 具有函数依赖保持性。

[**例 4.7**]　设 $R<U, F>$，$U=\{A, B, C\}$，$F=\{A\to B, C\to B\}$，判断 $\rho_1=\{AC, AB\}$ 是否具有依赖保持性。

解：$\pi_{AC}(F)\cup\pi_{AB}(F)=\{\Phi,\ A\to B\}<\neq>F$，所以不具有依赖保持性。

[**例 4.8**]　设 $R<U, F>$，$U=\{ABCDEF\}$，$F=\{A\to B,\ E\to A,\ C\to F,\ CE\to D\}$，判断 $\rho_2=\{ABE,\ CDEF\}$ 是否具有依赖保持性。

解：$\pi_{ABE}(F)\cup\pi_{CDEF}(F)=\{A\to B,\ E\to A\}\cup\{C\to F,\ CE\to D\}\Leftrightarrow F$，所以具有依赖保持性。

4.5 关系模式的范式

关系规范化是指导将有“不良”函数依赖的关系模式转换为良好的关系模式的理论。这里涉及范式的概念，不同的范式表示关系模式遵守不同的规则。本节介绍常用的第一范式、第二范式和第三范式的概念。在介绍范式的概念之前，先介绍一下关系模式中码的概念。

4.5.1 关系模式中的码

设用 U 表示关系模式 R 的属性全集,即 $U=\{A_1, A_2, \cdots, A_n\}$,用 F 表示关系模式 R 上的函数依赖集,则关系模式 R 可表示为 R(U,F)。

1. 候选码

设 K 为 R (U,F)中的属性或属性组,若 $K \xrightarrow{f} U$,则 K 为 R 的候选码。(K 为决定 R 中全部属性值的最小属性组。)

主码:关系 R(U, F)中可能有多个候选码,则选其中一个作为主码。

全码:候选码为整个属性组。

主属性与非主属性:在 R(U, F)中,包含在任一候选码中的属性称为主属性,不包含在任一候选码中的属性称为非主属性。

[**例 4.9**] 有关系模式:员工(工号,身份,办公室,身份证号)。

候选码可以为:工号,身份证号。

主码可以为:"工号"或者是"身份证号"。

主属性为:工号,身份证号。

非主属性为:身份,办公室。

[**例 4.10**] 有关系模式:员工检测(员工编号,虾苗批次编号,池塘编号,安全指标是否通过)。

设一个员工对一个池塘可以有多次检测,每一次检测有一个安全指标是否通过的结果。

候选码为:(员工编号,虾苗批次编号,池塘编号),也为主码。

主属性为:员工编号,虾苗批次编号,池塘编号。

非主属性为:安全指标是否通过。

[**例 4.11**] 有关系模式:评优管理(工号,池塘编号,年度)。

其语义为:一个员工在一年可以管理不同的池塘,一个池塘可以在不同时期由多个员工管理,每一个池塘的评优都是独立的。

其候选码为:(工号,池塘编号,年度),因为只有(工号,池塘编号,年度)三者才能唯一地确定一个元组,

这里的候选码也是主码。

主属性为:工号,池塘编号,年度。

没有非主属性。

称这种候选码为全部属性的表为全码表。

2. 外码

用于关系表之间建立关联的属性(组)称为外码。

[**定义 4.13**]　若 R(U, F)的属性(组)X(X 属于 U)是另一个关系 S 的主码,则称 X 为 R 的外码。(X 必须先被定义为 S 的主码。)

4.5.2　范式

在 4.1 节已经介绍了设计"不好"的关系模式会带来的问题,本节将讨论"好"的关系模式应具备的性质,即关系规范化问题。

关系数据库中的关系要满足一定的要求,满足不同程度要求的为不同的范式。满足最低要求的关系称为是第一范式的,简称 1NF(First Normal Form)。在第一范式中进一步满足一些要求的关系称为第二范式,简称 2NF,以此类推,还有 3NF、BCNF、4NF、5NF。

所谓"第几范式"是表示关系模式满足的条件,所以经常称某一关系模式为第几范式的关系模式。也可以把这个概念模式理解为符合某种条件的关系模式的集合,因此,R 为第二范式的关系模式也可以写为:R∈2NF。

对关系模式的属性间的函数依赖加以不同的限制,就形成了不同的范式。这些范式是递进的,如果一个表是 1NF 的,它比不是 1NF 的表要好;同样,2NF 的表要比 1NF 的表好……使用这种方法的目的是从一个表或表的集合开始,逐步产生一个和初始集合等价的表的集合(指提供同样的信息)。范式越高、规范化的程度越高,关系模式越好。

规范化的理论首先由 E. F. Codd 于 1971 年提出,目的是设计"好的"关系数据库模式。关系规范化实际上就是对有问题(操作异常)的关系进行分解,从而消除这些异常。

1. 第一范式

[**定义 4.14**]　不包含重复组的关系(即不包含非原子项的属性)是第一范式的关系。

表 4-2 所示的表就不是第一范式的关系,因为在这个表中,"工资"不是基本的数据项,它是由两个基本数据项("基础工资"和"奖金")组成的一个复合数据项。非第一范式的关系转换成第一范式的关系非常简单,只需要将所

有数据项都表示为不可再分的最小数据项即可。表 4-2 所示的关系转换成第一范式的关系见表 4-3。

表 4-2 非第一范式关系

人 员	工 资	
	基础工资	奖 金
王小明	5 000	100
张 红	6 000	200
李 华	7 000	100

表 4-3 第一范式的关系

人 员	基础工资	奖 金
王小明	5 000	200
张 红	6 000	200
李 华	7 000	200

2. 第二范式

[**定义 4.15**] 如果 R(U, F)∈1NF,并且 R 中的每个非主属性都完全函数依赖于主码,则 R(U, F)∈2NF。

从定义可以看出,若某个 1NF 的关系的主码只由一个列组成,那么这个关系就是 2NF 关系。但如果主码是由多个属性共同构成的复合主码,并且存在非主属性对主码的部分函数依赖,则这个关系就不是 2NF 关系。

例如,E-I-S(员工工号,身份,办公室,虾苗批次编号,池塘编号,安全指标是否通过)假设,员工的身份决定了其所在办公室,即管理员在一个办公室,检查人员在一个办公室。

该关系模式中,不包含非原子项的属性,故满足第一范式。

但在该关系模式中,主码为(员工编号,虾苗批次编号,池塘编号),存在员工编号→身份,即:

(员工编号,虾苗批次编号,池塘编号)$\xrightarrow{p}$身份,存在非主属性对主码的部分函数依赖关系,所以 E-I-S 不满足第二范式。

可以用模式分解的办法将非 2NF 的关系模式分解为多个 2NF 的关系模

式。去掉部分函数依赖关系的分解过程为：

(1) 用组成主码的属性集合的每一个子集作为主码构成的一个关系模式。

(2) 将依赖于这些主码的属性放置到相应的关系模式中。

(3) 最后去掉只有主码的子集构成的关系模式。

例如，对 E－I－S 表，首先分解为如下的三个关系模式(下划线表示主码)：

E－I(员工编号)

S(虾苗批次编号，池塘编号)

E－S(员工编号，虾苗批次编号，池塘编号)

然后，将依赖于这些主码的属性放置到相应的关系模式中，形成如下三个关系模式：

E－I(员工编号，身份，办公室)

S(虾苗批次编号，池塘编号)

E－S(员工编号，虾苗批次编号，池塘编号，安全指标是否通过)

最后，去掉只由主码的子集构成的关系模式，也就是去掉 S(虾苗批次编号，池塘编号)关系模式。E－I－S 关系模式最终被分解的形式为：

E－I(员工编号，身份，办公室)

E－S(员工编号，虾苗批次编号，池塘编号，安全指标是否通过)。

现在对分解后的关系模式再进行解析。

首先分析 E－I 关系模式，该关系模式的主码是(员工编号)，并且有如下函数依赖：

员工编号 $\xrightarrow{f}$ 身份

员工编号 $\xrightarrow{f}$ 办公室

可见，E－I 关系模式中只存在完全依赖关系，因此 E－I 关系模式是满足 2NF 的。

然后再分析 E－S 关系模式，该关系模式的主码为(员工编号，虾苗批次编号，池塘编号)，并且有函数依赖：

(员工编号，虾苗批次编号，池塘编号) $\xrightarrow{f}$ 安全指标是否通过。

因此 E－S 关系模式也是 2NF 的。

下面看一下分解后的E-I关系模式和E-S关系模式是否还存在问题，先讨论E-I关系模式，现在这个关系包含的数据如表4-4所示。

表4-4 E-I关系的部分数据示例

员工编号	身份	办公室
GL334404	管理员	101
GL334422	管理员	101
JC998813	检查人员	102
JC998874	检查人员	102
JC998877	检查人员	102
JC998886	检查人员	102
JC998887	检查人员	102

从表4-4所示的数据可以看到，有多少个员工，就会重复描述其身份和其所在的办公室多少遍，因此还存在数据冗余，也就存在操作异常。比如，当有新类型员工(如：鱼虾医生)出现时，如果该类员工还未招到合适人员，但已分配了办公室，则还是无法将此类员工的信息插入到数据库中，因为这时的员工编号为空。

由此看到，第二范式的关系模式同样还可能存在操作异常情况，因此还需要对此关系模式进行进一步的分解。

3. 第三范式

[**定义4.16**] 如果R(U, F)∈2NF，并且所有非主属性都不传递依赖于主码，则R(U, F)∈3NF。

从定义可以看出，如果存在非主属性对主码的传递依赖，则相应的关系模式就不是3NF的。

以E-I关系模式为例，因为有：

员工编号→身份，身份→办公室

因此有员工编号$\xrightarrow{传递}$办公室。

从前面的分析可以知道，当关系模式中存在传递函数依赖时，这个关系模式仍然有操作异常，因此，还需要对其进行进一步的分解，使其成为3NF关系。

去掉传递函数依赖关系的分解过程为：

(1) 对于不是候选码的每个决定因子，从关系模式中删去依赖于它的所有属性。

(2) 新建一个关系模式，新关系模式中包含在原关系模式中所有依赖于该决定因子的属性。

(3) 将决定因子作为新关系模式的主码。

E－I 分解后的关系模式为：

E(员工编号，身份)，主码为员工编号

I(身份，办公室)，主码为身份

对关系模式 E，有：

员工编号$\xrightarrow{f}$身份，因此 E 是 3NF 的。

对关系模式 I，有：

身份$\xrightarrow{f}$办公室，因此 I 是 3NF 的。

对关系模式 E－S(员工编号，虾苗批次编号，池塘编号，安全指标是否通过)，该关系主码为(员工编号，虾苗批次编号，池塘编号)，并有：

(员工编号，虾苗批次编号，池塘编号)$\xrightarrow{f}$安全指标是否通过

故，E－S 也是 3NF 的。

至此，E－I－S(员工工号，身份，办公室，虾苗批次编号，池塘编号，安全指标是否通过)共分解为 3 个关系模式，每一个都满足 BCNF：

E(员工编号，身份)

I(身份，办公室)

E－S(员工编号，虾苗批次编号，池塘编号，安全指标是否通过)

由于模式分解之后，使原来在一张表中表达的信息现在被分解在多张表中表达，因此，为了能够表达分解前关系的语义，在分解完之后除了要标识主码之外还要标识相应的外码。

由于 3NF 关系模式中不存在非主属性对主码的部分依赖和传递依赖关系，因而在很大程度上消除了数据冗余和操作异常，因此在通常的数据库设计中，一般要求达到 3NF 即可。

4. BC 范式

设关系模式 $R\langle U, F\rangle \in 1NF$，如果对于 R 的每个函数依赖 $X \rightarrow Y$，若 Y 不属于 X，则 X 必含有候选码，那么 $R \in BCNF$。

上例中分解的 3 个关系模式，均满足 BCNF。

规范化的过程实际是通过把范式程度低的关系模式分解为若干个范式程度高的关系模式来实现的，分解的最终目的是使每个规范化的关系模式只描述一个主题。如果某个关系模式描述了两个或多个主题，则它就应该被分解为多个关系模式，是每个关系模式只描述一个主题。

规范化的过程是进行模式分解，但要注意的是分解后产生的关系模式应与原关系模式等价，即模式分解不能破坏原来的语义，同时还要保证不丢失原来的函数依赖关系。

本 章 小 结

本章讨论了如何设计关系模式问题。关系模式设计得好还是坏，直接影响到数据冗余度、数据一致性等问题。要设计好的数据库模式，必须有一定的理论为基础，这就是模式规范化理论。

在数据库中，数据冗余是指同一个数据存储了多次，由数据冗余将会引起各种操作异常。通过把模式分解成若干比较小的关系模式可以消除冗余。

函数依赖 X→Y 是数据之间最基本的一种联系，在关系中有两个元组，如果 X 值相等那么要求 Y 值也相等，函数依赖有一个完备的推理规则集。

关系模式在分解时应保持“等价”，有数据等价和语义等价两种，分别用无损分解和保持依赖两个特征来衡量。前者能保持泛关系在投影连接以后仍能恢复回来，而后者能保证数据在投影或连接中其语义不会发生变化，也就是不会违反函数依赖的语义。但无损分解与保持依赖两者之间没有必然的联系。

范式是衡量关系模式优劣的标准，范式表达了模式中数据依赖之间应满足的联系。如果关系模式满足 3NF，那么 R 上成立的非平凡函数依赖都应该左边是主码或右边是非主属性。如果关系模式 R 是 BCNF，那么 R 上成立的非平凡的函数依赖都应该左边是主码。范式的级别越高，其数据冗余和操作异常现象就越少。

分解成 BDNF 模式集的算法能保持无损分解，但不一定能保持函数依赖集。而分解成 3NF 模式集的算法既能保持无损分解，又能保持函数依赖集。

关系模式的规范化过程实际上是一个“分解”过程：把逻辑上独立的信息放在独立的关系模式中。分解是解决数据冗余的主要方法，也是规范化的一条原则:“关系模式有冗余问题就分解它”。

本章习题

一、选择题

1. 如果一个关系 R 中的所有非主属性都完全函数依赖于键码,则称关系 R 属于(　　)。

   A. 2NF　　B. 3NF　　C. 1NF　　D. BCNF

2. 数据库的逻辑设计对数据库的性能有一定的影响,下列措施中可以明显改善数据库性能的有(　　)。

   A. 将数据库中的关系进行完全的规范化

   B. 将大的关系分成多个小的关系

   C. 减少连接运算

   D. 尽可能使用快照

3. 已知函数依赖 $A_1A_2 \rightarrow B_1B_2$,则下列依赖中一定正确的是(　　)。

   A. $A_1A_2 \rightarrow B_1$　　B. $A_1A_2 \rightarrow B_2$　　C. $A_1 \rightarrow B_1B_2$　　D. $A_2 \rightarrow B_1B_2$

4. 有关系模式学生(学号,课程号,名次),若每一名学生每门课程有一定的名次,每门课程每一名次只有一名学生,则以下叙述中错误的是(　　)。

   A. (学号,课程号)和(课程号,名次)都可以作为候选码

   B. 只有(学号,课程号)能作为候选码

   C. 关系模式属于第三范式

   D. 关系模式属于 BCNF

5. 设关系模式 R(A,B,C),F 是 R 上成立的 FD 集,F={B→C},则分解 ρ={AB,BC} 相对于 F (　　)。

   A. 是无损联接,也是保持 FD 的分解

   B. 是无损联接,但不保持 FD 的分解

   C. 不是无损联接,但保持 FD 的分解

   D. 既不是无损联接,也不保持 FD 的分解

二、填空题

1. 模式分解后的多个关系模式通过________________能够恢复出原关系模式,既不增加信息,也不丢失信息。

2. 第三范式消除了非主属性对候选键的__________和__________，能够解决一些插入和删除异常问题，但并不彻底，因为它没有解决__________问题。

三、名词解释

1. 函数依赖　2. 平凡的函数依赖　3. Armstrong 公理　4. 无损连接性
5. 1NF　6. 2NF　7. 3NF　8. BCNF

四、思考题

1. 设有关系模式 R (A,B,C,D)，F 是 R 上成立的 FD 集，F = {D→A，D→B}，试写出关系模式 R 的候选键，并说明理由。
2. 图书管理数据库关系模式如下：
图书 B(书号 BN，书名 T，作者 A，出版社 P)
学生 S(姓名 N，班级 C，借书证号 LN)
借书 L(LN，BN，日期 D)
写出 3 个关系模式分别满足：
(1) 是 1NF，不是 2NF；
(2) 是 2NF，不是 3NF；
(3) 是 3NF，也是 BCNF。
各用两句话分别说明所写的关系模式是前者，不是(或也是)后者。
3. 假设某商业集团数据库中有一关系模式 R 如下：
R (商店编号，商品编号，数量，部门编号，负责人)
如果规定：
(1) 每个商店的每种商品只在一个部门销售；
(2) 每个商店的每个部门只有一个负责人；
(3) 每个商店的每种商品只有一个库存数量。
试回答下列问题：
(1) 根据上述规定，写出关系模式 R 的基本函数依赖；
(2) 找出关系模式 R 的候选码；
(3) 试问关系模式 R 最高已经达到第几范式？为什么？
(4) 如果 R 不属于 3NF，请将 R 分解成 3NF 模式集。

第5章　数据库设计

按照规范设计的方法，考虑数据库及其应用系统开发全过程，数据库设计可分为以下六个阶段：需求分析、概念结构设计、逻辑结构设计、物理结构设计、数据库的实施及运行维护。设计一个完善的数据库应用系统，往往是上述六个阶段的不断反复。

需求分析是整个设计过程的基础，主要包括分析用户的信息需求和处理需求；概念结构设计和逻辑结构设计在数据库设计中至关重要，概念结构设计就是对信息世界进行建模，常用的概念模型是E-R模型，而逻辑结构设计的任务，就是把概念结构设计阶段建立的E-R图，按选定的管理系统软件支持的数据模型（层次、网状、关系），转换成相应的逻辑模型；根据逻辑模型，物理结构设计确定数据库在物理设备上的存储结构与存储方法；数据库的实施和运行维护，则运用DBMS提供的数据语言、工具及宿主语言，根据逻辑设计和物理设计的结果建立数据库，编制与调试应用程序，组织数据入库，并进行试运行，最后数据库应用系统经过试运行和维护后，即可投入正式运行。

5.1　数据库设计概述

数据库应用软件和其他软件一样，也有它的诞生和消亡。数据库应用软件作为软件，其生命周期有三个主要时期：软件定义时期、软件开发时期和软件运行维护时期。

按照规范化设计方法，从数据库应用系统设计和开发的全过程来考虑，将数据库及其应用软件系统的生命周期的三个时期，又可以细分为六个阶段：需求分析、概念结构设计、逻辑结构设计、物理结构设计、实施及运行维护，设计一个完善的数据库应用系统，往往是上述六个阶段的不断反复。数据库设计的全流程如图 5-1 所示。

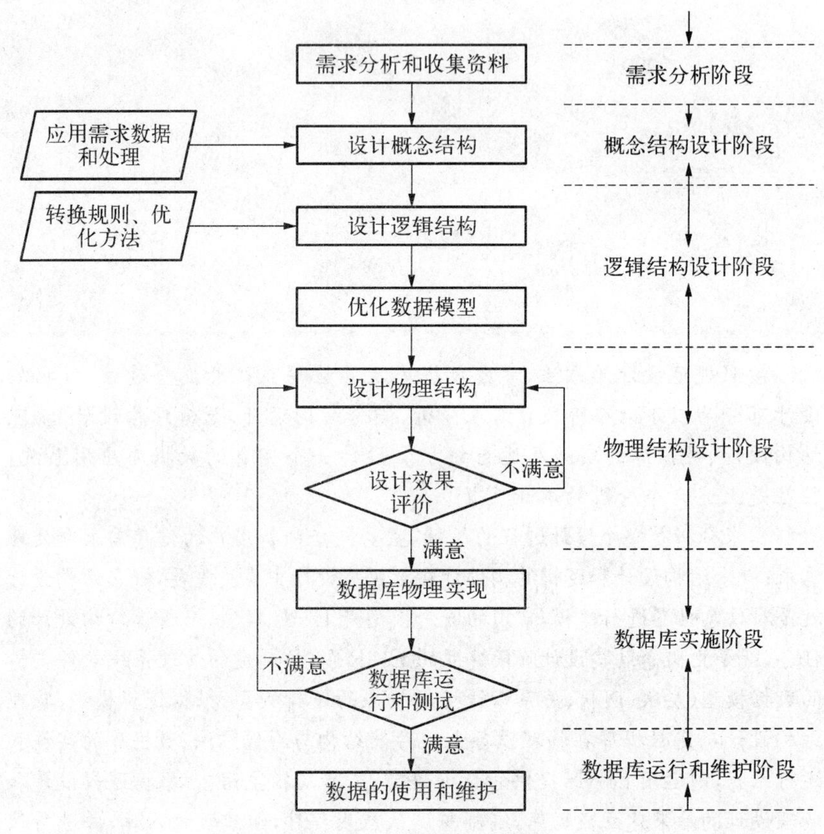

图 5-1 数据库设计流程

下面是数据库设计过程中，各个阶段的主要任务：

1. 需求分析

需求分析是整个设计过程的基础，这一阶段是计算机人员（系统分析员）和用户共同收集数据库所需要的信息内容和用户对处理的要求，加以规格化和分析，以书面形式确定下来，作为以后验证系统的依据。在分析用户的需求时，主要包括信息需求和处理需求：

信息需求：指目标系统涉及的所有实体、属性、以及实体间的联系等，包括信息的内容和性质，以及由信息需求导出的数据需求。

处理需求：指为得到需要的信息而对数据进行加工处理的要求，包括处理描述，发生的频度、响应时间以及安全保密要求等。进行数据库设计首先必须准确了解与分析用户需求（包括数据与处理）。需求分析是整个设计过程的基础，是最困难、最耗费时间的一步。

2. 概念设计

把用户的信息要求统一到一个整体逻辑结构中，此结构能表达用户的要求，且独立于任何DBMS软件和硬件。概念结构设计是整个数据库设计的关键，它通过对用户需求进行综合、归纳与抽象，形成一个独立于具体DBMS的概念模型，通常采用E-R模型进行概念模型设计，包括画E-R图。

3. 逻辑设计

逻辑结构设计分为两部分，即数据库结构设计和应用程序的设计。从逻辑设计导出的数据库结构是DBMS能接受的数据库定义，这种结构有时也称为逻辑数据库结构。

逻辑结构设计是将概念结构转换为某个DBMS所支持的数据模型，并对其进行优化。例如，通过将E-R图转换成二维表，实现从E-R模型到关系模型的转换。

4. 物理设计

物理设计也分为两部分：物理数据库结构的选择和逻辑设计中程序模块说明的精确化。这一阶段的工作成果是一个完整的能实现的数据库结构。数据库物理设计主要是为所设计的数据库选择合适的存储结构和存取路径。

5. 数据库的实施

根据物理设计的结果产生一个具体的数据库和它的应用程序，并把原始数据装入数据库。实施阶段主要有三项工作：

(1) 建立实际数据库结构。

(2) 装入试验数据对应用程序进行调试。

(3) 装入实据数据。

在数据库实施阶段，设计人员执行对数据库的各种操作，测试应用程序的功能是否满足设计要求。如果不满足，对应用程序部分则要修改、调整，直到达到设计要求为止。

6. 运行维护

数据库试运行合格后，数据库开发工作就基本完成，但是，由于应用环境在不断变化，数据库运行过程中物理存储也会不断变化，因此对数据库设计进行评价、调整、修改等维护工作是一个长期的任务。在数据库运行阶段，对数据库的经常性的维护工作主要是由DBA完成的，它包括：

(1) 维护数据库的安全性与完整性。

(2) 监测、分析和改善数据库运行性能。

(3) 根据用户要求,对数据库现有功能进行扩充和改造。

(4) 数据库的重组织与重构造。

5.2 需求分析

需求分析是整个开发过程的第一个阶段,也是最重要的一步。其主要任务是对系统的整个应用情况做全面的、详细的调查、确定用户的目标,收集支持系统总的设计目标的基础数据和对这些数据的要求,确定用户需求,并把这些要求写成用户和数据库设计者都能够接受的文档。

5.2.1 需求分析的内容

需求分析的内容,即分析用户对数据库的要求,包括以下四方面:

1. 数据结构和定义分析

(1) 数据结构分析是分析目标系统运行过程中需要的各种数据的结构特征。数据结构包括数据的名称、含义、数据类型、构成等。这些数据有些是业务数据、有些是系统运行管理与维护数据(如运行日志、维护日志)、有些是用户注册数据(如用户名称、用户编号)。

(2) 数据定义分析是分析目标系统动态创建、修改和删除基本表、视图、索引、角色等数据对象的需求。

2. 处理要求分析

数据处理分析是分析数据库用户关于数据插入、修改、删除、查询、统计和排序等的数据处理需求,以及这些处理的响应时间和处理方式等。

3. 安全性与完整性要求分析

(1) 数据安全性分析是分析数据库的各种安全需求。根据这些需求,设计人员才能设计数据库的用户、角色、权限、加密方法等数据库安全保密措施。

(2) 数据完整性分析是分析数据之间的各种联系,数据联系常常在数据字典和E-R图中描述。

4. 数据库性能分析

数据库性能分析是数据库需求分析人员在现存系统调查的基础上,分析数据库容量、吞吐量、精度、响应时间、存储方式、可靠性、可扩展性、可维护性等数据库性能需求。

5.2.2　需求分析的方法

数据库系统需求分析的方法很多，常用的方法有结构化分析方法、原型化分析方法、面向对象分析方法。其中结构化分析(structured analysis)方法是一种简单实用的方法，因为应用最为广泛。结构化分析方法是面向数据流进行需求分析的方法，采用自顶向下、逐层分解，建立系统的处理流程，以数据流图(data flow diagram，DFD)和数据字典(data dictionary，DD)为主要工具，建立系统的逻辑模型。

1. 数据流图

数据流程分析主要包括对信息的流动、传递、处理、存储等的分析。数据流程分析的目的就是要发现和解决数据流通中的问题。现有的数据流程分析多是通过分层的数据流程图来实现的。其具体的做法是：按业务流程图理出的业务流程顺序，将相应调查过程中所掌握的数据处理过程，绘制成一套完整的数据流程图。

(1) 数据流图的基本符号有以下几种

→：箭头，数据流，用标有名字的箭头表示有名字有流向的数据；

○：圆或椭圆，数据加工，用标有名字的圆圈表示对数据进行加工和变换。指向处理的数据流是该处理的输入数据，离开处理的数据流是该处理的输出数据；

＝：双杠，数据文件，用标有名字的双直线段表示数据暂存的处所。对数据文件进行必要的存取，可用指向或离开文件的箭头表示；

□：方框，数据源及数据终点，用命名的方框表示数据处理过程的数据来源或数据去向。

(2) 画数据流图的步骤

- 画数据流程图的基本原则：

① 数据流程图上所有图形符号必须是前面所述的四种基本元素。

② 数据流程图的主图必须含有前面所述的四种基本元素，缺一不可。

③ 数据流程图上的数据流必须封闭在外部实体之间，外部实体可以是一个，也可以是多个。

④ 处理过程至少有一个输入数据流和一个输出数据流。

⑤ 任何一个数据流子图必须与它的父图上的一个处理过程对应，两者的输入数据流和输出数据流必须一致，即所谓“平衡”。

⑥ 数据流程图上的每个元素都必须有名字。

- 画数据流程图的基本步骤：

画数据流图的基本步骤概括地说，就是自外向内，自顶向下，逐层细化，完善求精。即先确定系统的边界或范围，再考虑系统的内部，先画加工的输入和输出，再画加工内部。具体实行时可按下述步骤进行：

① 识别系统的输入和输出，画出顶层图。即确定系统的边界。在系统分析初期，系统的功能需求等还不很明确，为了防止遗漏，不妨先将范围定得大一些。系统边界确定后，那么越过边界的数据流就是系统的输入或输出，将输入与输出用加工符号连接起来，并加上输入数据来源和输出数据去向就形成了顶层图。

② 画系统内部的数据流、加工与文件，画出一级细化图。从系统输入端到输出端（也可反之），逐步用数据流和加工连接起来，当数据流的组成或值发生变化时，就在该处画一个“加工”符号。

画数据流图时还应同时画上文件，以反映各种数据的存贮处，并表明数据流是流入还是流出文件。

最后，再回过头来检查系统的边界，补上遗漏但有用的输入输出数据流，删去那些没被系统使用的数据流。

③ 加工的进一步分解，画出二级细化图。同样运用“由外向里”方式对每个加工进行分析，如果在该加工内部还有数据流，则可将该加工分成若干个子加工，并用一些数据流把子加工联接起来，即可画出二级细化图。二级细化图可在一级细化图的基础上画出，也可单独画出该加工的二级细化图，二级细化图也称为该加工的子图。

下面是一个苗种投放管理系统的 DFD 流程，这里给出了顶层数据流图和一层数据流图的示例图，如图 5-2 和图 5-3 所示。

图 5-2　苗种投放管理系统的顶层数据流图

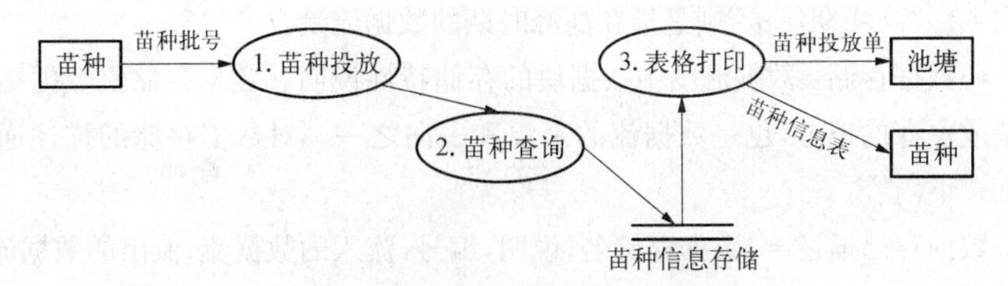

图 5-3　苗种投放管理系统的一层数据流图

2. 数据字典

数据字典，主要用来描述数据流程图中的数据流、数据存储、处理过程和外部实体。数据字典可以用人工方式建立，也可以建立在计算机内，数据字典实际上是关于数据的数据库，这样使用、维护都比较方便。

数据字典通常包括：数据项、数据结构、数据流、数据存储和处理过程五个部分。不同部分有不同的属性需要描述，现分别说明如下：

(1) 数据字典各部分的描述。

- 数据项：数据流图中数据块的数据结构中的数据项说明。数据项是不可再分的数据单位。对数据项的描述通常包括以下内容：

数据项描述={数据项名，数据项含义说明，别名，数据类型，长度，
取值范围，取值含义，与其他数据项的逻辑关系}

其中“取值范围”、“与其他数据项的逻辑关系”定义了数据的完整性约束条件，是设计数据检验功能的依据。

- 数据结构：数据流图中数据块的数据结构说明。数据结构反映了数据之间的组合关系。一个数据结构可以由若干个数据项组成，也可以由若干个数据结构组成，或由若干个数据项和数据结构混合组成。对数据结构的描述通常包括以下内容：

数据结构描述={数据结构名，含义说明，组成：{数据项或数据结构}}

- 数据流：数据流图中流线的说明。数据流是数据结构在系统内传输的路径。对数据流的描述通常包括以下内容：

数据流描述={数据流名，说明，数据流来源，数据流去向，
组成：{数据结构}，平均流量，高峰期流量}

其中“数据流来源”说明该数据流来自哪个过程。“数据流去向”是说明该数据流将到哪个过程去。“平均流量”是指在单位时间(每天、每周、每月等)里的传

输次数。“高峰期流量”则是指在高峰时期的数据流量。

• 数据存储：数据流图中数据块的存储特性说明。数据存储是数据结构停留或保存的地方，也是数据流的来源和去向之一。对数据存储的描述通常包括以下内容：

数据存储描述＝{数据存储名，说明，编号，流入的数据流，流出的数据流，组成：{数据结构}，数据量，存取方式}

其中“数据量”是指每次存取多少数据，每天（或每小时、每周等）存取几次等信息。“存取方法”包括是批处理，还是联机处理；是检索还是更新；是顺序检索还是随机检索等。

另外“流入的数据流”要指出其来源，“流出的数据流”要指出其去向。

• 处理过程：数据流图中功能块的说明。数据字典中只需要描述处理过程的说明性信息，通常包括以下内容：

处理过程描述＝{处理过程名，说明，输入：{数据流}，输出：{数据流}，处理：{简要说明}}

其中“简要说明”中主要说明该处理过程的功能及处理要求。功能是指该处理过程用来做什么（而不是怎么做）；处理要求包括处理频度要求，如单位时间里处理多少事务，多少数据量，响应时间要求等，这些处理要求是后面物理设计的输入及性能评价的标准。

(2) 数据字典应用举例

以苗种投放管理系统为例，简要说明如何定义数据字典，并且给出相应数据表分析。

• 数据项：以“苗种信息”为例

数据项名：虾苗批次编号

数据项含义：唯一标识每一批虾苗

别名：虾苗批次编号

数据类型：字符型

长度：8

取值范围：八个字符长度

取值含义：虾苗的年、月和序号。

表名：SeedInfo（苗种信息表）

表结构：

字 段 名 称	数据类型	长度	允许为空
batch_number(主键)	char	8	否
amount	int	20	是
purchase_date	date		是
parent_shrimp	varchar	10	是
seed_size	varchar	4	是

主键：batch_number

主键约束名称：PK_batch_number

关系说明：该表主要用来存储苗种信息的数据。

- 数据结构：以“养殖企业”为例

数据结构名：养殖企业

含义说明：水产品养殖涉及许多养殖企业，每个养殖企业有唯一的编号，每个养殖企业需要存储其企业名称、负责人、地址、联系电话和邮箱。

组成：养殖企业编号，企业名称，企业负责人，企业地址，联系电话，邮箱

表名：AquaEnter（养殖企业表）

表结构：

字 段 名 称	数据类型	长度	允许为空
enter_ID(主键)	char	4	否
enter_name	varchar	40	是
enter_chief	varchar	16	是
enter_address	varchar	100	是
enter_number	varchar	20	是
enter_email	varchar	50	是
is_del	bit		是

主键：enter_ID

主键约束名称：PK_enter_ID

关系说明：该表主要用来存储养殖企业信息的数据。

- 数据流：以“苗种检验信息”为例

数据流名：苗种信息

说明：检验苗种结果信息

数据流来源："苗种检验"处理

数据流去向："苗种检验"存储

组成：虾苗批次编号，检验日期，虾苗全长，规格合格率，安全指标，检验人

表名：SeedCheck（苗种检验信息表）

表结构：

字段名称	数据类型	长度	允许为空
batch_ID(主键)	char	8	否
batch_date	datetime		是
pass_percent	float		是
safety_index	bit		是
is_ok	bit		是
emp_ID	char	12	否

主键：batch_ID

主键约束名称：PK_batch_ID

外键：emp_ID(检验人，关联到员工表)。

关系说明：该表主要用来存储苗种检验信息的数据。

- 数据存储：以"池塘信息"为例

数据存储名：池塘信息

说明：记录池塘的特征和隶属关系

编号：四个字符长度

流入的数据流：养殖企业信息，投放苗种信息，负责员工信息

流出的数据流：无

组成：池塘编号，长度，宽度，高度，面积，规格，池塘负责人，所属养殖企业编号

数据量：50 个记录

存取方式：随机存取

表名：PoodInfo（池塘信息表）

表结构：

字 段 名 称	数据类型	长度	允许为空
pood_ID(主键)	char	4	否
pood_length	float	10	是
pood_width	float		是
pood_height	float		是
pood_size	varchar	4	是
pood_chief	varchar	16	是
enter_ID	char	4	是
is_del	bit		是

主键：pood_ID

主键约束名称：PK_ pood_ID

关系说明：该表主要用来存储池塘信息的数据。

- 处理过程：以“投放”为例

处理过程名：池塘中投放苗种信息

说明：记录池塘中投放的苗种

输入数据流：苗种

输出数据流：池塘

处理：员工将检验合格的苗种，在某一日期内，将合适的苗种数量，投放到相关的池塘中。

5.3　概念设计

将需求分析得到的用户需求抽象为信息结构(即概念模型)的过程就是概念结构设计，简称为数据库概念设计，它的主要任务就是分析数据之间的内在语义关联，在此基础上建立一个数据的抽象模型。概念结构设计以用户能理解的形式表达信息为目标，这种表达与数据库系统的具体细节无关，它所涉及的数据独立于 DBMS 和计算机硬件，可以在任何 DBMS 和计算机硬件系统中实现。

在进行功能数据库设计时，如果将现实世界中的客观对象直接转换为机器世界中的对象，设计人员就会感到比较复杂，其注意力往往被牵扯到更多的细节限制方面，而不能集中在最重要的信息的组织结构和处理模式上，因此，通常是将现实世界中的客观对象首先抽象为不依赖任何DBMS支持的数据模型，故概念模型可以看成是现实世界到机器世界的一个过渡的中间层次。概念模型是各种数据模型的共同基础，它比数据模型更独立于机器，更抽象，不含具体DBMS所附加的技术细节，更容易被用户理解，因而更能准确地反映用户的信息需求。

概念模型作为概念设计的表达工具，为数据库提供一个说明性结构，是设计数据库逻辑结构即逻辑模型的基础。一般来说，概念模型具备以下特点：

(1) 易于交流和理解。应用开发人员可以用概念模型和不熟悉计算机的用户交换意见，用户的积极参与是数据库设计成功的关键。

(2) 语义表达清晰。概念模型能真实、充分地反映现实世界，包括事务和事务之间的联系，能满足用户对数据的处理要求，是现实世界的一个真实模型。

(3) 易于更改。概念模型要能灵活地进行修改和扩充，以适应用户需求和现实环境的变化。

(4) 易于向各种数据模型转换。概念模型独立于特定的DBMS，因而更加稳定，能方便地向层次模型、网状模型或关系模型转换。

5.3.1 E-R模型概述

人们提出了许多概念模型，其中最著名、最实用的是P. P. S. Chen于1976年提出的实体—联系方法(Entity-Relationship Approach)，简称E-R方法或E-R模型，这种方法简单有效、易于理解，因此得到了广泛的应用，也是目前最常用的方法。

E-R模型将现实世界的信息结构进行抽象并统一用实体型、属性和联系来描述，下面对E-R模型的相关概念和表示方法进行简述。

1. E-R模型中的基本概念

(1) 实体(Entity)。指具有公共性质的并可互相区分的现实世界对象。实体是具体的，例如，学生、教师、课程、学校等都是实体。实体也可指事物之间的具体联系，例如，学生与课程之间的选课关系，教师与学生之间的指导关系等。

(2) 属性(Attribute)。指实体具有的若干特征或性质。通过属性对实体进行描述,比如,学生的学号、姓名、性别等都是学生实体具有的属性,这些属性就描述了学生实体。实体具有属性的多少是由用户对信息的需求决定的,例如用户还需要籍贯信息,就可以在学生实体中增加一个"籍贯"属性。

(3) 实体型(Entity Type)。是刻画具有相同属性的实体具有的共同特征或性质,可以用实体名及描述它的各属性名组合在一起表示。例如,教师(教师号,姓名,性别,所在系)就是一个实体型。

(4) 实体集(Entity Set)。指性质相同的同类实体的集合。例如,全体教师就是一个教师实体集。

(5) 键(Key)。也称为码,指能够唯一标示每一个实体的属性或属性集合。实体的属性集可能有多个键,每一个键都称为候选键,通常从候选键选取一个键作为该实体的主键。例如属性"学号"是学生实体的主键。主键一般用下划线标识出来。

(6) 联系(Relationship)。是表示实体之间的关联关系,例如,教师实体和学生实体之间为指导关系,学生实体和课程实体之间为选课关系。

2. E-R模型中的联系

现实世界的复杂性导致实体联系的复杂性。表现在E-R图上可以归结为几种基本形式:

(1) 两个实体之间的联系。两个实体集之间的联系可以分为三类:

① 一对一联系(1∶1)。如果实体集A中的每一个实体在实体集B中至多有一个实体与之关联,反之亦然,则称实体集A与实体集B具有一对一联系,记为1∶1。例如,学校与校长之间的联系,公司与总经理之间的联系。1∶1联系的映射关系如图5-4(a)所示。

② 一对多联系(1∶n)。如果实体集A中的每一个实体在实体集B中有n(n>1)个实体与之联系,而实体集B中的每一个实体在实体集A中至多有一个实体与之关联,则称实体集A与实体集B具有一对n联系,记为1∶n。例如,学校和教师之间的联系,班级和学生之间的联系。1∶n联系的映射关系如图5-4(b)所示。

③ 多对多联系(m∶n)。如果实体集A中的每一个实体在实体集B中有

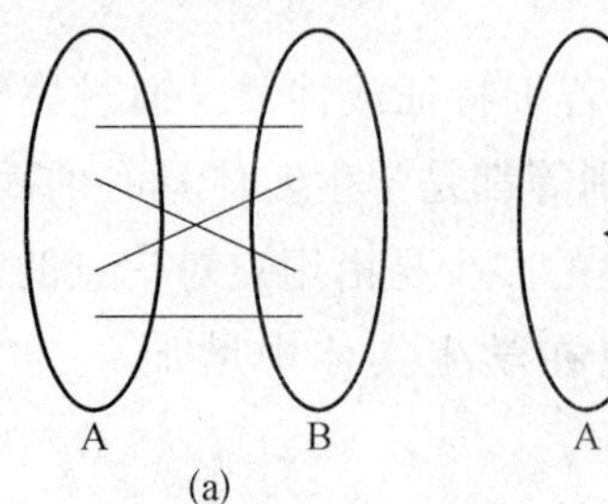

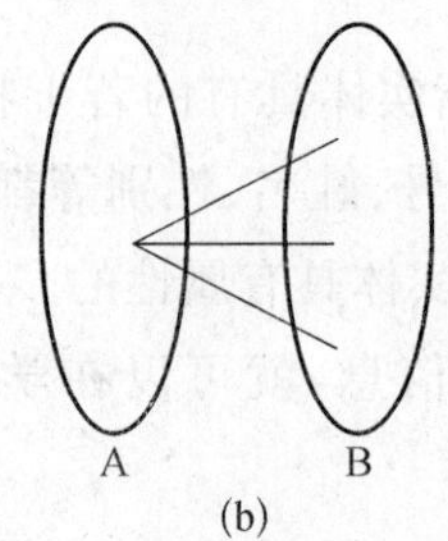

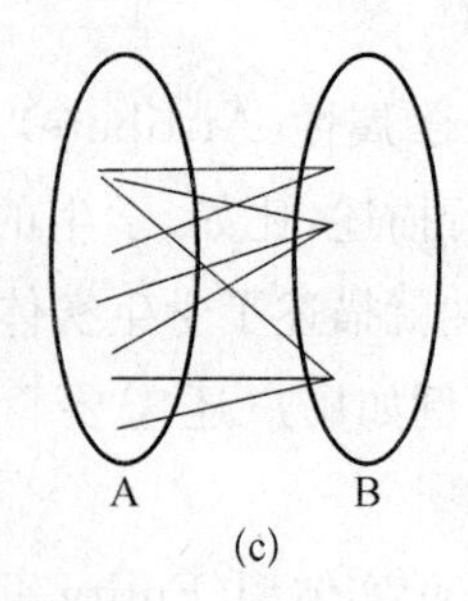

图 5-4　两个实体之间的联系

(a) 一对一联系；(b) 一对多联系；(c) 多对多联系

$n(n>1)$个实体与之联系，反之，如果实体集 B 中的每一个实体在实体集 A 中有 $m(m>1)$个实体与之联系，则称实体集 A 与实体集 B 具有 m 对 n 联系，记为 $m:n$。例如，学生和课程之间的联系，教师和学生之间的联系。$m:n$ 联系的映射关系如图 5-4(c)所示。

(2) 两个以上实体间的联系。现实世界更复杂的联系可能发生在三个或三个以上的实体之间，如图 5-8 所示，一个供应商可以供应多种零件和多个项目，而每个项目可以由不同的供应商参与，每种零件亦可为不同的供应商供应。

(3) 同一实体集内部各实体之间的联系，例如一个企业的员工有领导与被领导的联系，即某一名员工（企业主管）领导若干名员工，而一名员工（普通员工）仅被另外一个职工直接领导，这就构成了实体内部的一对多的联系。如图 5-9 所示。

3. E-R 模型绘制方法

E-R 模型使用的工具称为 E-R 图，它可以简单直观地表示现实世界的概念模型。E-R 图通用的绘制方式如下：

(1) 实体。用矩形表示实体，在矩形框内写上实体名。例如学生实体和教师实体 E-R 图如图 5-5(a)和图 5-5(b)所示。

(2) 属性。用椭圆形表示属性，在椭圆形中写上属性名，并用无向边把实体和属性连接起来，如图 5-5 所示。

(3) 联系。用菱形表示实体之间的联系，在菱形内写上联系名，并用无向边分别把菱形框与有关实体连接起来，在无向边旁注明联系的类型。例如，学生和课堂之间的联系，如图 5-6(d)所示。

下面举例说明 E－R 模型绘制方法。

例如，一个简易的选课系统中有如下实体间的联系：

- 一门课程由多位教师教授，每位教师教授多门课程。
- 一门课程开设多个课堂，每个课堂只教授一门课程。
- 一位教师可担任多个课堂的教学，一个课堂只能由一位老师负责。
- 一名学生可选择多个课堂，一个课堂可容纳多名学生。

经过对该选课系统的语义进行分析，得出以下结论：

① 学生实体，属性有学号、姓名、性别、班级、登录密码

② 教师实体，属性有职工号、姓名、性别、所在系

③ 课堂实体，属性有课堂编号、教师、课程名、上课时间、人数

④ 课程实体，属性有课程名、性质、应修学生人数、开课系

这四个实体及其属性可以用图 5－5 所示的 E－R 图来表示。

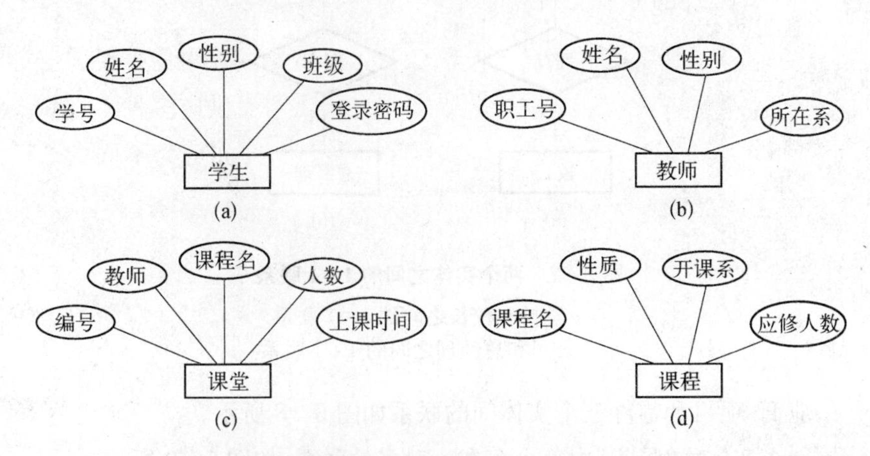

图 5－5　实体属性 E－R 图

(a) 学生实体 E－R 图；(b) 教师实体 E－R 图
(c) 课堂实体 E－R 图；(d) 课程实体 E－R 图

- 课程和教师之间的联系是多对多关系，即 $m:n$，如图 5－6(a)所示。
- 课程和课堂之间的联系是一对多关系，即 $1:n$，如图 5－6(b)所示。
- 教师和课堂之间的联系是一对多关系，即 $1:n$，如图 5－6(c)所示。
- 学生和课堂之间的联系是多对多关系，即 $m:n$，如图 5－6(d)所示。

又如，学校和校长之间、公司与总经理之间的 1：1 联系分别如图 5－7(a)和图 5－7(b)所示。

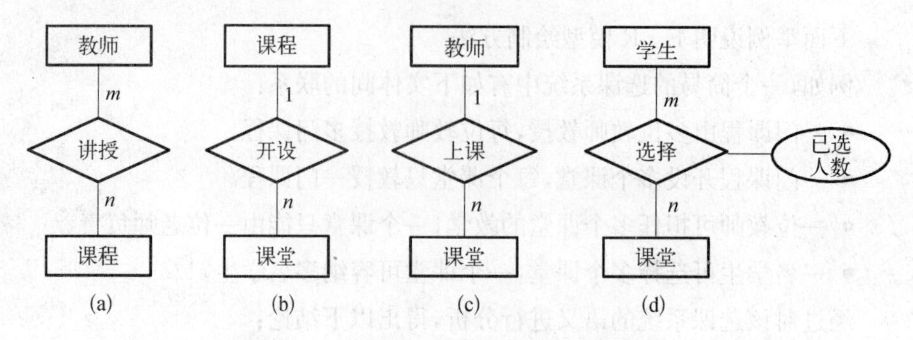

图 5-6　选课系统中两个实体之间的联系

(a) 教师和课程之间的 $m:n$ 联系；(b) 课程和课堂之间的 $1:n$ 联系

(c) 教师和课堂之间的 $1:n$ 联系；(d) 学生和课堂之间的 $m:n$ 联系

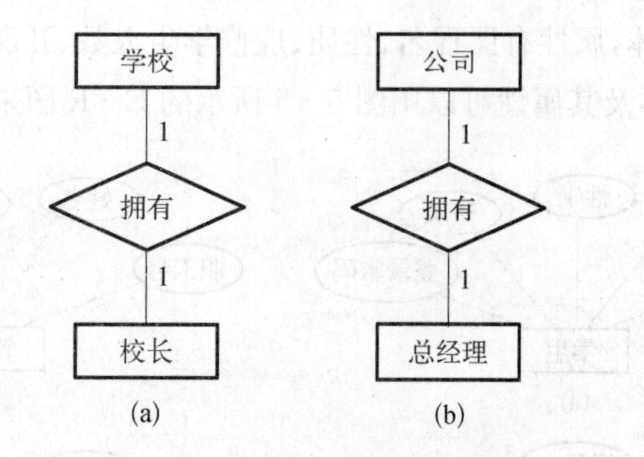

图 5-7　两个实体之间的 1:1 联系

(a) 学校和校长之间的 1:1 联系

(b) 公司和总经理之间的 1:1 联系

供应商、项目和零件三个实体间的联系如图 5-8 所示。

同一个实体集“员工”内部也存在一对多的联系，如图 5-9 所示。

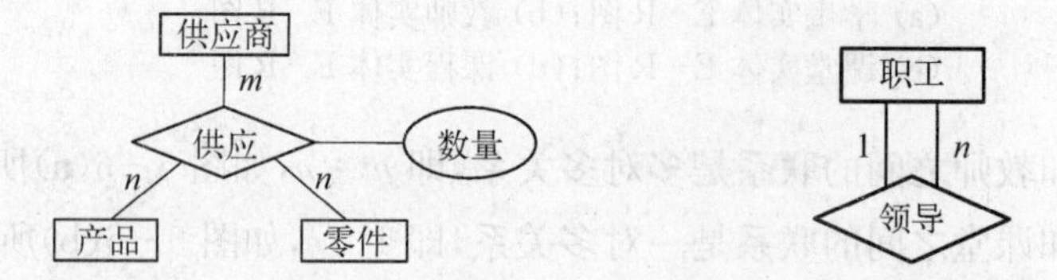

图 5-8　多个实体之间的联系　　**图 5-9　实体集内部的联系**

需要注意的是，联系本身也可以是一种实体型，所以联系也可以有属性。如果一个联系具有属性，那么这些属性也要用无向边与该联系连接起来。如图 5-6(d) 中的联系“选择”有属性“已选人数”，图 5-8 中的联系“供应”有属性“数量”。

5.3.2 基于E-R模型的概念结构设计方法与步骤

1. 概念结构设计的方法

设计概念模式的E-R模型可采用以下4种方法。

(1) 自顶向下。首先定义全局概念结构E-R模型的框架,然后逐步细化,如图5-10所示。

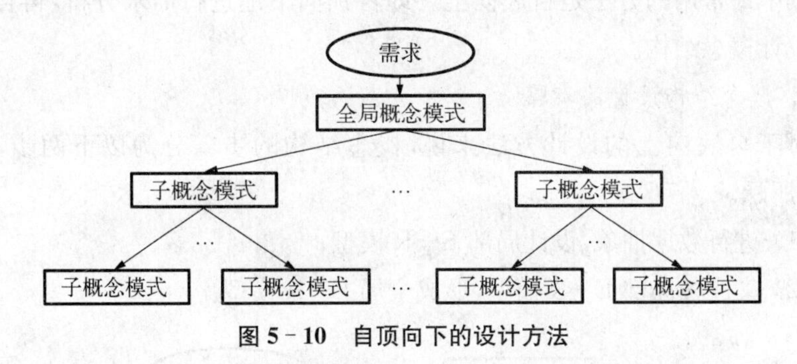

图5-10 自顶向下的设计方法

(2) 自底向上。首先定义各局部应用的子概念结构E-R模型,然后将它们集成起来,得到全局概念结构E-R模型,如图5-11所示。

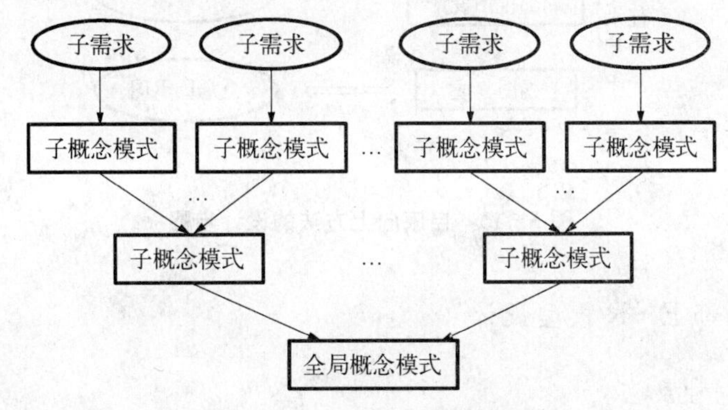

图5-11 自底向上的设计方法

(3) 逐步扩张。首先定义最重要的核心概念结构E-R模型,然后向外扩充,以滚雪球的方法逐步生成其他概念结构E-R模型,直到得到总体概念结构E-R模型,如图5-12所示。

(4) 混合策略。将自顶向下和自底向上相结合,用自顶向下策略设计一个全局概念结构的框架,然后以它为骨架集成自底向上策略所设计的各局部概念结构。

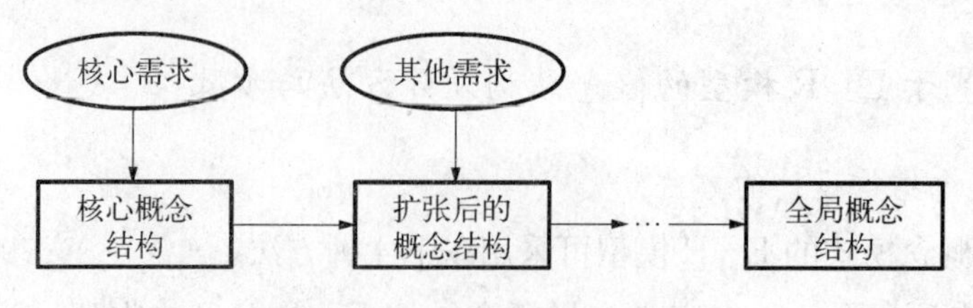

图 5-12　逐步扩张的设计方法

其中最常用的方法是自底向上。即自顶向下地进行需求分析，再自底向上地设计概念结构。

2. 概念结构设计的步骤

对于自底向上的设计方法来说，概念结构的步骤分为以下两步，如图 5-13所示。

(1) 进行数据抽象，设计局部 E-R 模型；

(2) 集成各局部 E-R 模型，形成全局 E-R 模型。

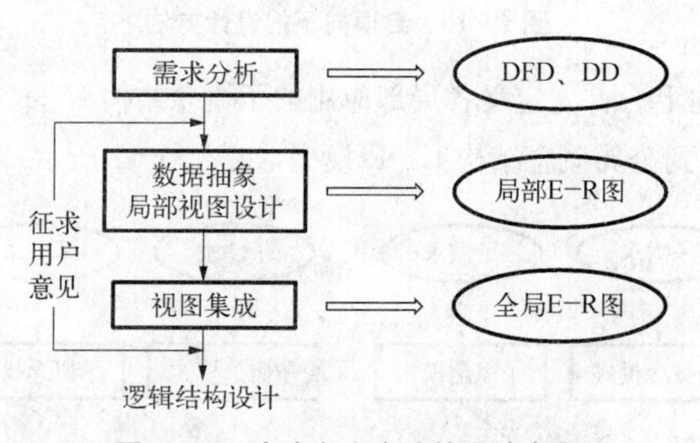

图 5-13　自底向上方法的设计步骤

5.3.3　局部 E-R 模型设计

1. 数据抽象

在系统需求分析阶段，最后得到了多层数据流图、数据字典和系统分析报告。建立局部 E-R 模型就是根据系统的具体情况，在多层的数据流图中选择一个适当层次的数据流图作为设计 E-R 图的出发点，让这些图中每一部分对应一个局部应用。在前面选好的某一层次的数据流图中，每个局部应用都对应一组数据流图，局部应用所涉及的数据存储在数据字典中。现在就是要将这些数据从数据字典中抽取出来，参照数据流图，确定每个局部应用包含哪些实体，这些实体又包含哪些属性，以及实体之间的联系及其类型。

设计局部E-R模型的关键是正确划分实体和属性。实体和属性之间在形式上并没有刻意明显区分的界限,通常是按照现实世界中事物的自然划分来定义实体和属性,将现实世界中的事物进行数据抽象,得到实体和属性。

一般有三种数据抽象:分类、聚集和概括。

(1) 分类(Classification)。分类定义某一类概念作为现实世界中的一组对象的类型,将一组具有某些共同的特性与行为的对象抽象为一个实体。它抽象了对象值和实体型之间的"is member of"的关系。例如,在员工管理中,"李强"是一名员工,表示"李强"是员工中的一员,他具有员工们共同的特性和行为。

(2) 聚集(Aggregation)。聚集定义某一类型的组成成分,将对象类型的组成成分抽象为实体的属性。组成成分与对象类型之间是"is part of"的关系。在E-R模型中,若干属性的聚集组成了实体型,就是这种抽象。例如,员工工号、员工姓名、头衔、入职时间等可以抽象为员工实体的属性。

(3) 概括(Generalization)。概括定义了类型之间的一种子集联系,它抽象了类型之间的一种"is subset of"的关系。例如在电脑工厂中,"产品"是个实体集,"台式机"、"笔记本电脑"也是实体集,但"台式机"和"笔记本电脑"都是"产品"的子集。我们把"产品"成为超类(Superclass),"台式机"和"笔记本电脑"称为"产品"的子类(Subclass)。概括的一个重要形式是继承性。继承性指子类继承超类中定义的所有抽象。例如,"台式机"和"笔记本电脑"可以有自己的特殊属性,但都继承了它们的超类属性,即"产品"的属性。概括体现了面向对象程序设计的思想。

2. 局部E-R模型

数据抽象后得到了实体和属性,实际上实体和属性是相对而言的,很难有截然划分的界限。同一数据项,可以由于环境和要求不同,有时作为"属性",有时则作为"实体"。例如:销售员是一个实体,编号、姓名、头衔、区域等是销售员实体的属性,区域只表示某个区域的名称,不涉及区域的具体情况,换言之,没有需要进一步描述的特性,即是不可分的数据项,但如果考虑一个区域的编码和描述,则区域应看作一个实体,如图5-14所示。

一般来说,在给定的应用环境中,区别属性与实体要遵循以下两条原则:

(1) 属性不能再具有需要描述的性质。即属性必须是不可分的数据项,不能再由另一些属性组成。

(2) 属性不能与其他实体有联系。在E-R图中所有的联系必须是实体

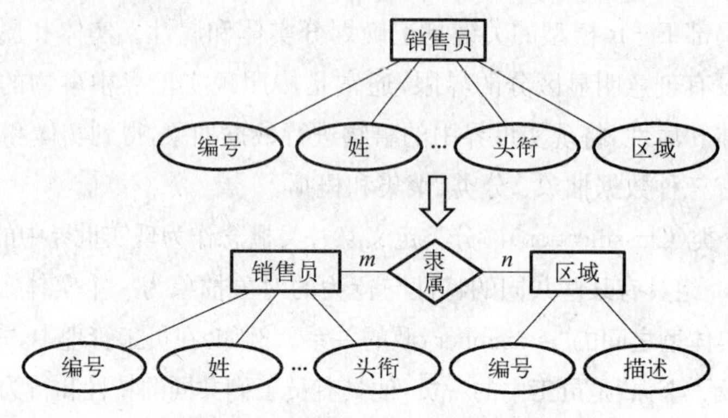

图 5-14　区域作为一个属性或实体

间的联系，而不能有属性与实体之间发生联系。

一般情况下，凡能作为属性对待的，应尽量作为属性，以简化 E-R 图的处理。

下面以 Northwind 数据库为例说明局部 E-R 模型的设计。

在 Northwind 数据库系统中，有如下语义约束：

(1) 与产品管理相关的语义。

① 每个供应商可以供应多件产品，一件产品只能由一个供应商供应，因此供应商和产品之间是一对多的联系。

② 每种产品类别包含多项产品，一件产品只能属于一种产品类别，因此产品类别和产品之间是一对多的联系。

③ 每个运货商可以运送多件产品，一件产品只能由一个运货商运送，因此运货商和产品之间是一对多的联系。

产品管理局部 E-R 图如图 5-15 所示。

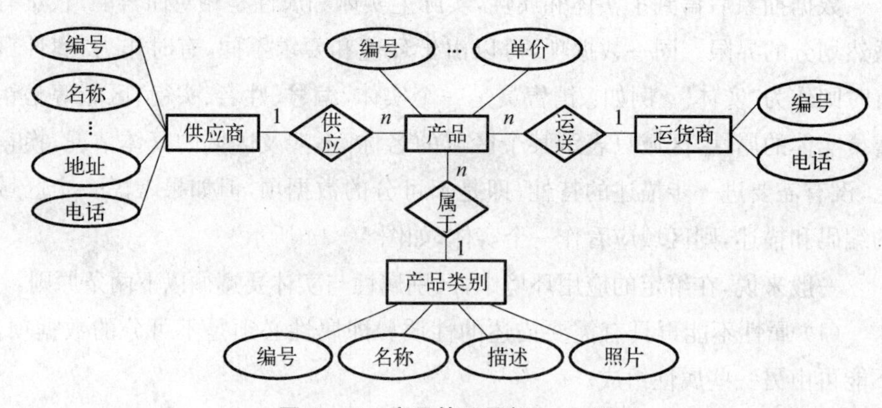

图 5-15　产品管理局部 E-R 图

(2) 与订单管理相关的语义。

① 每项商品可以出现在不同的订单中,每张订单可以包含多项商品,因此商品和订单之间是多对多的联系。

② 每个运货商可以配送多张订单,一张订单只能由一个运货商配送,因此运货商和订单是一对多的联系。

③ 每个销售员可以处理多张订单,每张订单只能交给一个销售员处理,因此销售员和订单之间是一对多的联系。

④ 每个客户可以分多次订货生成多张订单,每张订单只能归属与一个客户,因此客户和订单之间是一对多的联系。

订单管理局部 E-R 图如图 5-16 所示。

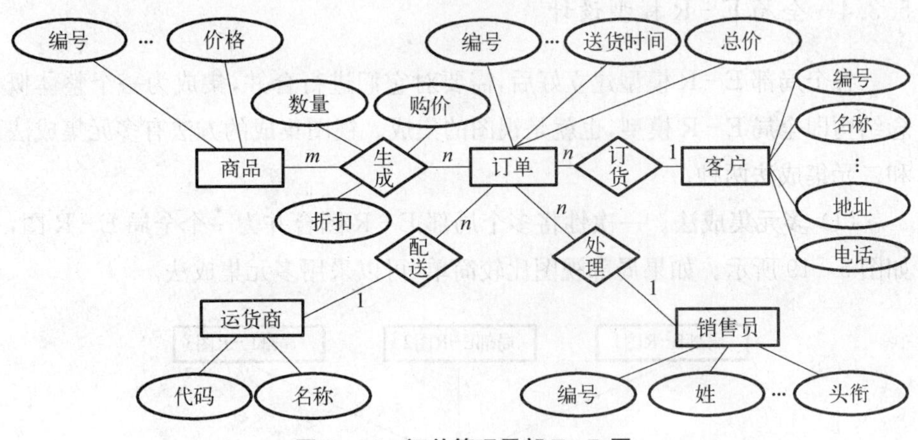

图 5-16 订单管理局部 E-R 图

(3) 与员工管理相关的语义。

① 每个区域可以拥有多名员工,每名员工也可以隶属于不同的销售区域,因此销售区域和员工之间是多对多的联系。

② 每个地区可以拥有多个销售区域,每个销售区域只属于一个地区,因此地区和销售区域之间是一对多的联系。

员工管理局部 E-R 图如图 5-17 所示。

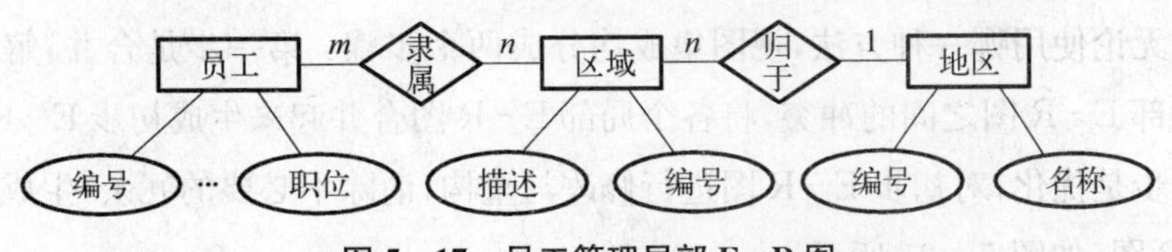

图 5-17 员工管理局部 E-R 图

(4) 与客户管理相关的语义。

每种客户类别包含多个客户，每个客户也可归属于不同的客户分类，因此客户分类和客户之间是多对多的联系。

客户管理局部 E-R 图如图 5-18 所示。

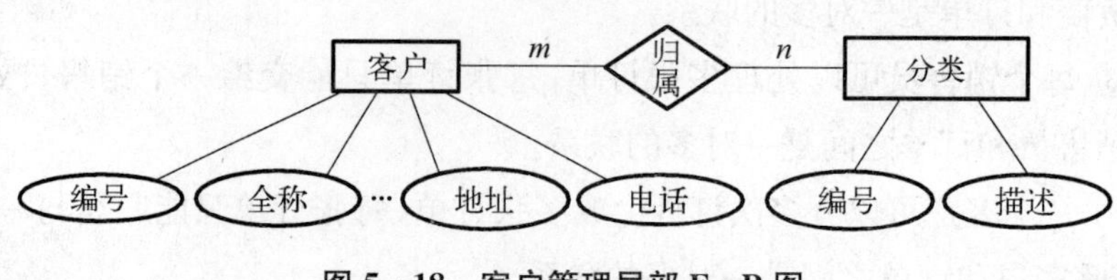

图 5-18 客户管理局部 E-R 图

5.3.4 全局 E-R 模型设计

各个局部 E-R 模型建立好后，需要对它们进行合并，集成为一个整体概念结构即全局 E-R 模型，也就是视图的集成。视图集成的方法有多元集成法和二元集成法两种。

(1) 多元集成法。一次性将多个局部 E-R 图合并为一个全局 E-R 图，如图 5-19 所示。如果局部视图比较简单，可以采用多元集成法。

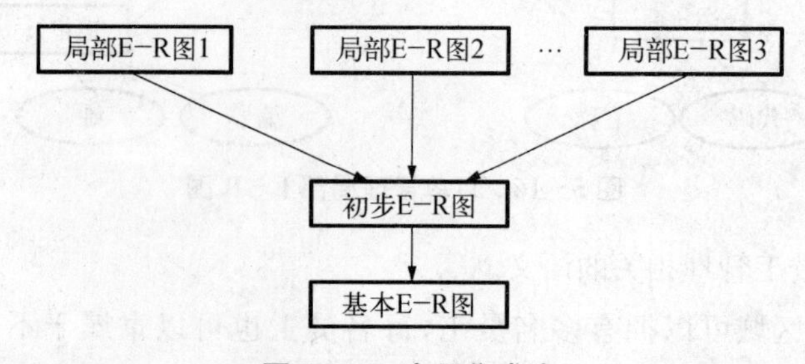

图 5-19 多元集成法

(2) 二元集成法。首先集成两个比较关键的局部视图，以后每次将一个新的视图集成进来，如图 5-20 所示。二元集成法是比较常用的一种视图集成的方法，即每次只综合两个视图，这样可降低难度。

无论使用哪一种方法，视图集成均分成两个步骤：第一步是合并，解决各个局部 E-R 图之间的冲突，将各个局部 E-R 图合并起来生成初步 E-R 图；第二步是优化，对初步 E-R 图进行修改与重构，消除不必要的冗余，生成基本 E-R 图，如图 5-21 所示。

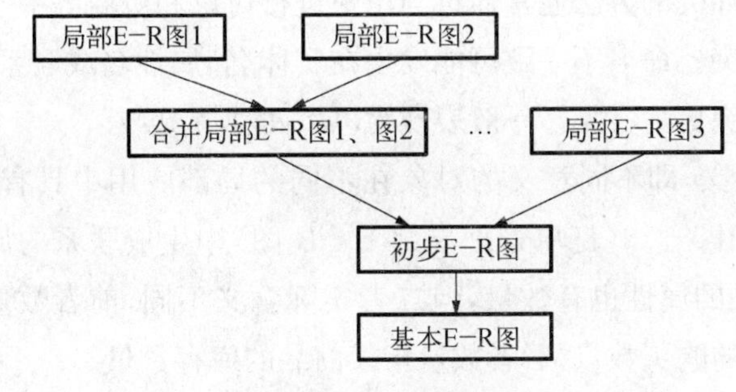

图 5-20 二元集成法

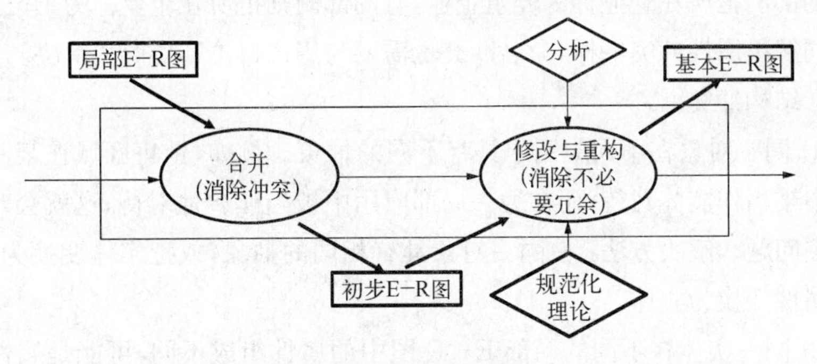

图 5-21 视图集成

视图的集成将所有的局部 E-R 图集成全局概念结构。全局概念结构不仅要支持所有的局部 E-R 图，而且必须合理地完成一个完整、一致的数据库概念结构。由于各个局部应用所面向的问题是不同的，而且通常是由不同的设计人员进行不同局部的视图设计，这样各个局部 E-R 图之间不可避免会存在许多不一致的地方，即冲突。由于各局部 E-R 图存在冲突，所以不能简单把它们画到一起，必须先消除各个局部 E-R 图之间不一致的地方，形成一个能被系统所有用户共同理解和接受的统一的概念模型，再进行合并。合理消除各个局部 E-R 图之间的冲突是进行合并的主要工作和关键所在。

局部 E-R 图之间的冲突主要有 3 种：属性冲突、命名冲突和结构冲突。

- 属性冲突。属性冲突主要有以下两种情况：

① 属性域冲突，即属性值的类型、取值范围或取值集合不同。比如员工工号，有些部门将其定义为数值型，而有些部门将其定义为字符型。

② 属性取值单位冲突。如池塘的长度，有的以米为单位，有的以厘米为单位，有的以尺为单位。

解决属性冲突的方法通常通过与用户进行讨论和协商等手段进行解决。

• 命名冲突。命名不一致可能发生在实体名、属性名或联系名之间，其中属性的命名冲突更为常见。一般表现为以下两种情况：

① 同名异义，即不同意义的对象在不同的局部应用中具有相同的名字。如局部 E－R 图 5－16（订单管理局部 E－R 图）中生成联系的属性之一为数量，而实体商品的属性也有数量，但二者实际含义不同，前者数量指每次生成订单时某商品的购买数量，后者数量指某商品的库存数量。

② 异名同义，即同一意义的对象在不同的局部应用中具有不同的名字。如有的部门把所在企业称为养殖企业，有的部门则把所在企业称为单位。

同解决属性冲突一样，命名冲突也需要与用户讨论和协商去解决。

• 结构冲突。

① 同一对象在不同应用中具有不同的抽象。例如，销售区域在某一局部应用中被当作实体对待，而在另一局部应用中被当作属性对待，这就会产生抽象冲突问题。解决方法：使同一对象具有相同的抽象，或把实体变换为属性，或把属性变换为实体。

② 同一实体在不同的局部 E－R 图中的属性组成不同，可能是属性个数或属性次序不同。此类冲突是由于不同的局部应用所关心的实体的侧面不同而造成的。解决方法：使该实体的属性取各局部 E－R 图中属性的并集，再适当调整属性的次序，使之兼顾到各种应用。

③ 实体之间的联系在不同局部视图中呈现不同的类型。比如，E1 和 E2 在某一应用中是多对多联系，而在另一应用中可能是一对一或一对多联系，也可能是在 E1、E2、E3 三者之间的联系。解决方法：根据应用的语义对实体联系的类型进行综合或调整。

以下以 Northwind 数据库系统中的四个局部 E－R 图为例，来说明如何消除各个局部 E－R 图之间的冲突，进行局部 E－R 模型的合并，从而生成初步 E－R 图。

首先，这两个局部 E－R 图中存在着命名冲突，产品管理局部 E－R 图中的实体“产品”与订单管理局部 E－R 图中的实体“商品”，都是指“产品”，即所谓的异名同义，合并后统一改为“产品”。同理，订单管理局部 E－R 图中的实体“销售员”与员工管理局部 E－R 图中的实体“员工”，都是指“销售员”，合并后统一改为“销售员”。订单管理局部 E－R 图中的实体“客户类别”与客户管理局部 E-R 图中的实体"分类",都是指"客户类别",合并后统一改为"客户类别"。另外,产品管理局部 E-R 图中的实体"产品"的属性"单价"与订单管理局部 E-R 图中的实体"商品"的属性"价格",都是指单件产品的价格,合并后统一改为"单价"。订单管理局部 E-R 图中的实体"销售员"的属性头衔与员工管理局部 E-R 图中的实体"员工"的属性"职位",都是指销售员的职位级别,合并后统一改为"头衔"。

其次,还存在着结构冲突,实体"运货商"和实体"销售员"均在两个不同应用中的属性组成不同,合并后这两个实体的属性为原来局部 E-R 图中的同名实体属性的并集。解决上述冲突后,合并四个局部 E-R 图,生成图 5-22 所示的初步的全局 E-R 图。

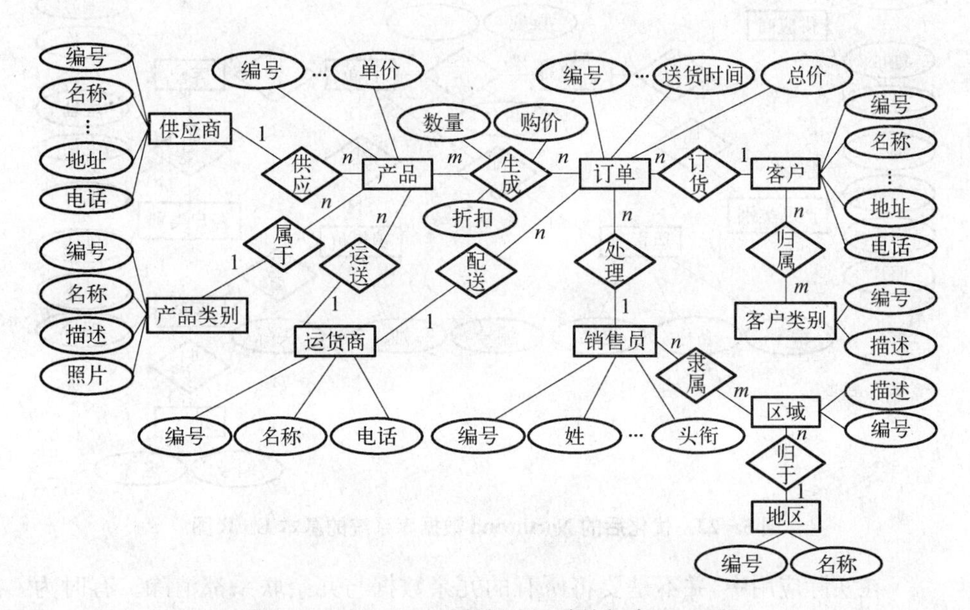

图 5-22 Northwind 数据库系统的初步 E-R 图

5.3.5 全局 E-R 模型的优化

在初步 E-R 图中可能存在冗余的数据和实体间冗余的联系。冗余数据是指可由基本数据导出的数据,冗余的联系是由其他联系导出的联系。冗余的存在破坏数据库的完整性,给数据库维护增加困难,应当消除。消除了冗余的初步 E-R 图称为基本 E-R 图。分析方法是消除冗余的主要方法。分析方法消除冗余是以数据字典和数据流程图为依据,根据数据字典中关于数据项之间逻辑关系的说明来消除冗余。其中,数据字典是分析冗余数据的依据,数据流程图可以分析出冗余的联系。

例如,在图 5-22 所示的初步 E-R 图中,“订单”实体的属性“总价”可由“生成”这个产品与订单之间的联系导出,所以“订单”实体中的“总价”属于冗余数据。另外,“运货商”和“产品”之间的联系“运送”,可以由“运货商”和“订单”之间的“配送”联系与“产品”和“订单”之间的“生成”联系推导出来,所以“运货商”和“产品”之间的联系“运送”属于冗余联系。这样在消除冗余数据和冗余联系后,便可得到基本的 E-R 模型,如图 5-23 所示。

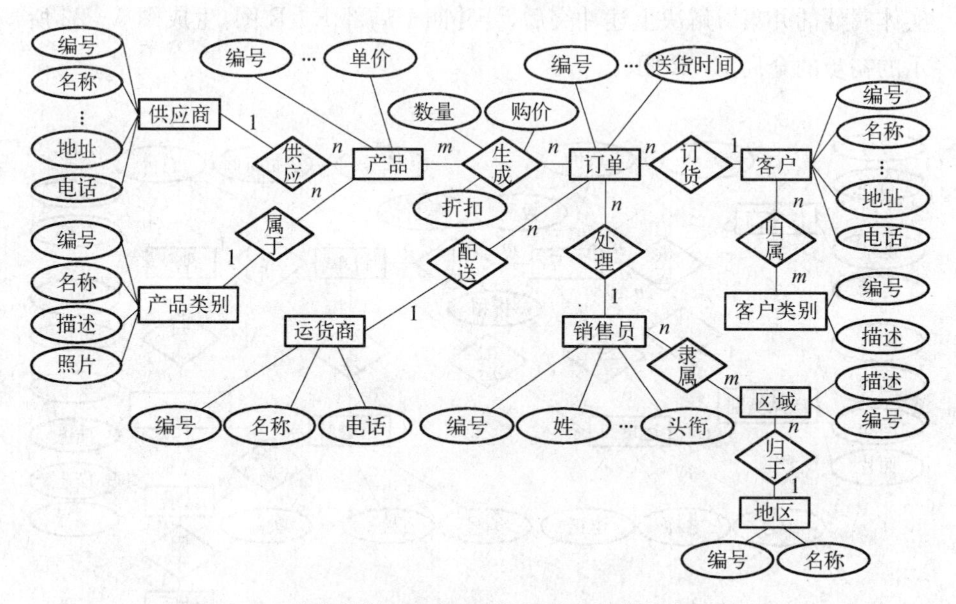

图 5-23　优化后的 Northwind 数据库系统的基本 E-R 图

在实际应用中,并不是要将所有的冗余数据与冗余联系都消除。有时为了提高数据查询效率,减少数据存取次数,在数据库中就设计了一些数据冗余或联系冗余。因而,在设计数据库结构时,冗余数据的消除或存在要根据用户的整体需求来确定。如果需要存在某些冗余,则应该在数据字典的数据关联中进行说明,并把保持冗余数据的一致性作为完整性约束条件。

最终得到的基本 E-R 模型是企业的概念模型,它代表了用户的数据要求,决定了数据库的总体逻辑结构,是成功建立数据库的关键。如果设计不好,就不能充分发挥数据库的功能,无法满足用户的处理要求。因此,用户和数据库人员必须对这一模型反复讨论,在用户确认这一模型已正确无误地反映了他们的要求后，才能进行下一阶段的逻辑结构设计工作。

5.3.6　虾苗苗种投放管理系统的 E－R 模型设计

1. 局部 E－R 模型设计

在虾苗苗种投放管理系统中，有如下语义约束：

1）与池塘投放苗种相关的语义

- 每个养殖企业可以拥有多个池塘，每个池塘只能属于一个养殖企业，因此养殖企业和池塘之间是一对多的联系。
- 每个池塘都会投放很多的水产品苗种，规定每个批次的苗种只能投放在一个池塘中，因此池塘和苗种是一对多的联系。

池塘投放苗种 E－R 图如图 5－24 所示。

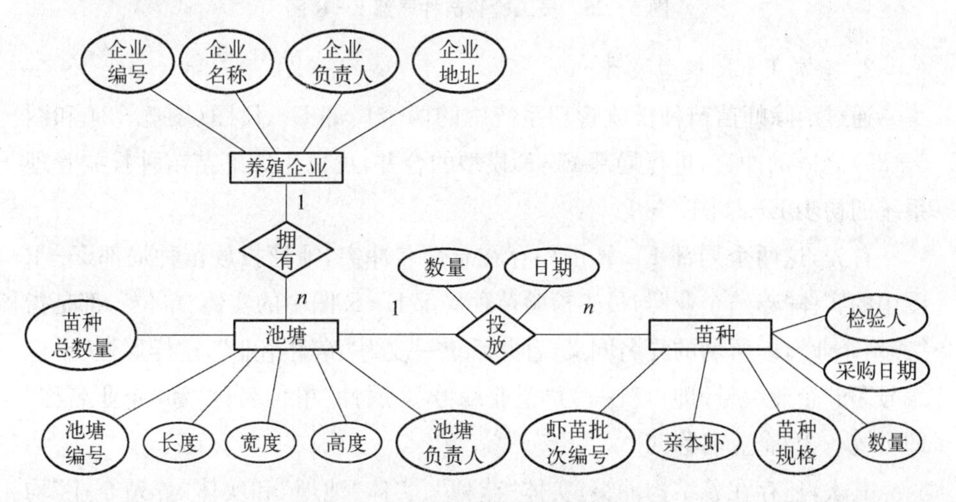

图 5－24　池塘投放苗种局部 E－R 图

2）与员工检验苗种相关的语义

- 每个养殖企业可以拥有多名员工，每名员工只能属于一个养殖企业，因此养殖企业和员工之间是一对多的联系。
- 每名员工负责多个池塘，每个池塘只能由一名员工负责，因此员工和池塘之间是一对多的联系。
- 一个员工可以检验多个批次的苗种，而一个批次的苗种也需要经历多个检验人的检验，因此员工和苗种之间是多对多的联系。

员工检验苗种的 E－R 图如图 5－25 所示。

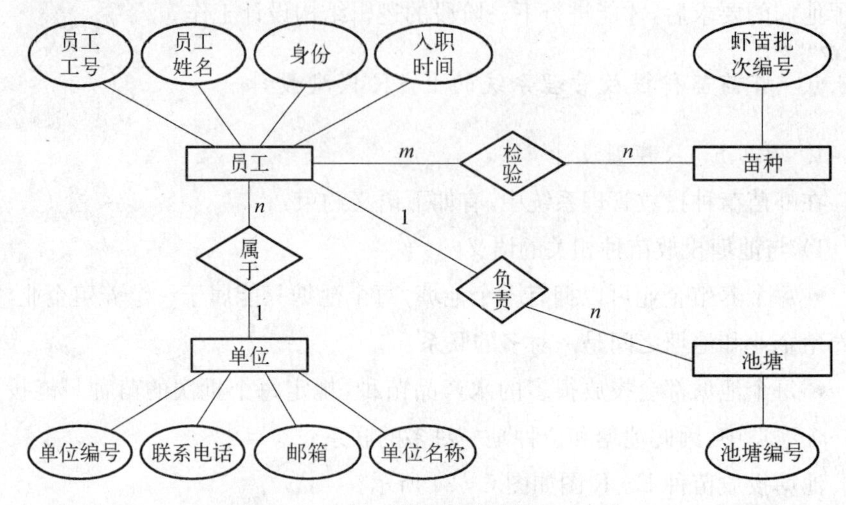

图 5-25　员工检验苗种局部 E-R 图

2. 全局 E-R 模型设计

通过消除虾苗苗种投放管理系统中的两个局部 E-R 图(图 5-24 和图 5-25)之间的冲突,进行局部 E-R 模型的合并,可以生成虾苗苗种投放管理系统的初步 E-R 图。

首先,这两个局部 E-R 图中存在着命名冲突,池塘投放苗种局部 E-R 图中的实体"养殖企业"与员工检验苗种局部 E-R 图中的实体"单位",都是指"养殖企业",即所谓的异名同义,合并后统一改为"养殖企业",这样属性"单位编号"和"企业编号"即可统一为"企业编号",属性"单位名称"和"企业名称"即可统一为"企业名称"。

其次,还存在着结构冲突,实体"苗种"、实体"池塘"和实体"养殖企业"均在两个不同应用中的属性组成不同,合并后这三个实体的属性组成为原来局部 E-R 图中的同名实体属性的并集。解决上述冲突后,合并两个局部 E-R 图,生成图 5-26 所示的虾苗苗种投放管理系统初步 E-R 图。

3. 全局 E-R 模型的优化

在图 5-26 所示的虾苗苗种投放管理系统初步 E-R 图中,"苗种"实体的属性"检验人"可由"检验"这个员工与苗种之间的联系导出,而池塘的苗种总数量可由"投放"联系中的属性"数量"计算出来,所以"苗种"实体中的"检验人"和"池塘"实体中的"苗种总数量"均属于冗余数据。另外,"养殖企业"和"员工"之间的联系"属于",可以由"养殖企业"和"池塘"之间的"拥有"联系与"员工"和"池塘"

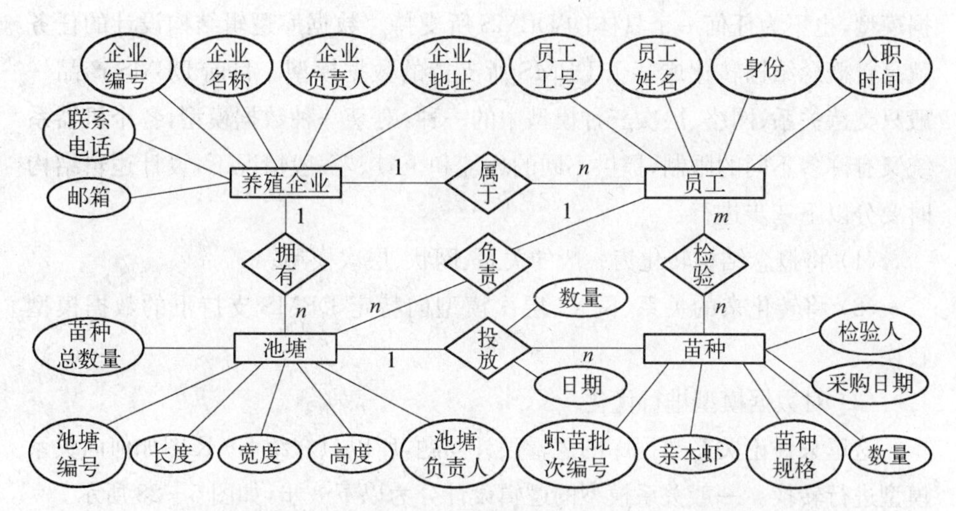

图 5-26　虾苗苗种投放管理系统的初步 E-R 图

之间的“负责”联系推导出来，所以“养殖企业”和“员工”之间的联系“属于”属于冗余联系。这样，图 5-26 所示的初步 E-R 图在消除冗余数据和冗余联系后，便可得到虾苗苗种投放管理系统的基本 E-R 模型，如图 5-27 所示。

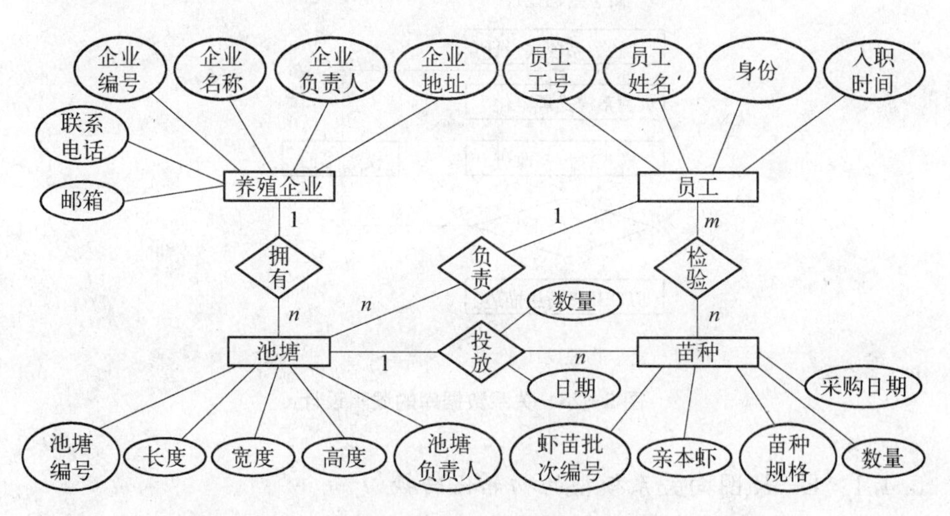

图 5-27　优化后的苗种投放管理系统的基本 E-R 图

5.4　数据库概念模型到逻辑模型的转换

概念设计阶段得到的 E-R 模型体现了用户的需求，它独立于任何一种数据模型，也不为任何一个具体的 DBMS 所支持。数据库逻辑结构设计的任务就是将概念结构转化成某个 DBMS 所支持的数据模型。目前 DBMS 产品一般只支持关系、网络、层次三种模型中的一种，对某一种数据模型，各个机器系统又有许多不同的限制，提供不同的环境和工具。一般情况下，设计逻辑结构时要分以下三步进行：

(1) 将概念结构转化为一般的关系、网状、层次模型。

(2) 将转化来的关系、网状、层次模型向特定 DBMS 支持下的数据模型转换。

(3) 对数据模型进行优化。

这里只讨论关系数据库的逻辑设计问题，所以只介绍 E－R 图如何向关系模型进行转换。一般关系模型的逻辑设计分为以下 3 步，如图 5－28 所示。

(1) 初始关系模式设计。

(2) 关系模式规范化。

(3) 模式的评价与改进。

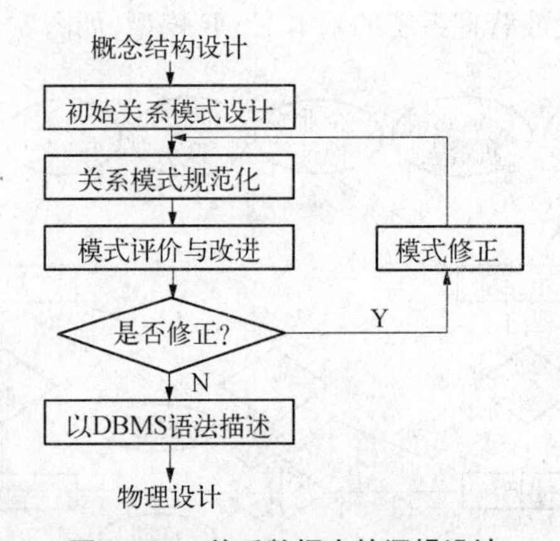

图 5－28　关系数据库的逻辑设计

5.4.1　E－R 图向关系模型的初始化转换

概念结构设计中得到的 E－R 图式由实体、属性和联系组成的，而关系数据库逻辑结构是一组关系模式的集合。所以将 E－R 图转换为关系模型实际上就是将实体、属性和联系转化为关系模式。在转换中要遵循以下五个原则：

(1) 一个实体转换为一个关系模式，实体的属性就是关系的属性，实体的键就是关系的键。

例如，以图 5-23 所示的 Northwind 数据库基本 E-R 图为例，10 个实体分别转换成 10 个关系模式：

- 产品(产品编号，名称，单价，单位数量，实际库存量，警戒库存量，订购量，是否断货)。
- 订单(订单编号，订单日期，约定送货时间，发货时间，运费，收货商名称，收货商地址，收货商城市，收货商区域，收货商邮编，收货商国籍)。
- 供应商(供应商编号，名称，姓名，联系人职务，地址，所在城市，所在地区，邮政编码，国家，电话，传真，主页)。
- 产品类别(产品类别编码，名称，描述，照片)。
- 运货商(运货商编码，名称，电话)。
- 销售员(销售员编号，姓，名，头衔，尊称，上级主管编号，出生日期，雇佣日期，地址，城市，区域，邮政编码，国家，住宅电话，分机号码，照片，备注，照片路径)。
- 区域(销售区域编号，描述)。
- 地区(销售地区编号，名称)。
- 客户(客户编号，名称，联系人姓名，联系人头衔，地址，城市，区域，邮政编码，国家，电话，传真)。
- 客户类别(客户类别编号，描述)。

其中，有下划线者表示主键。

(2) 两个实体间联系转换成关系模式：

① 一个 1∶1 联系可以转换为一个独立的关系模式，也可以与任意一端对应的关系模式合并。一般情况下，减少系统中的关系个数可以降低数据库设计的复杂度，所以更倾向于后者。与某一端对应的关系模式合并时，合并后关系的码不变，需加入对应联系中另一端实体的码和联系本身的属性。

② 一个 1∶n 联系可以转换为一个独立的关系模式，也可以与 n 端对应的关系模式合并。为了降低数据库设计的复杂度，一般采取后者转换原则。与 n 端对应的关系模式合并时，n 端关系的码不变，并在 n 端关系中加入 1 端关系的码和联系本身的属性。

③ 一个 m∶n 联系转换为一个关系模式。关系的码为两端实体码的组合，关系的属性为与该联系相连的两端实体的码以及联系本身的属性。

在图 5-23 所示的 Northwind 数据库基本 E-R 图中，9 个联系中有 6 个

1∶n联系(供应、属于、配送、处理、订货、归于)转换成关系模式时与n端对应的关系模式合并,并在n端关系中加入了1端关系的码。另外3个m∶n联系(生成、隶属、归属)各自转换成一个关系模式,关系的码为两端实体码的组合,并将联系本身的属性也加入到了关系模式属性中。

- “供应”联系与产品关系合并:产品(产品编号,名称,单价,单位数量,实际库存量,警戒库存量,订购量,是否断货,供应商编号)
- “属于”联系与产品关系合并:产品(产品编号,名称,单价,单位数量,实际库存量,警戒库存量,订购量,是否断货,产品类别编号)
- “配送”联系与订单关系合并:订单(订单编号,订单日期,约定送货时间,发货时间,运费,收货商名称,收货商地址,收货商城市,收货商区域,收货商邮编,收货商国籍,运货商编号)
- “处理”联系与订单关系合并:订单(订单编号,订单日期,约定送货时间,发货时间,运费,收货商名称,收货商地址,收货商城市,收货商区域,收货商邮编,收货商国籍,销售员编号)
- “订货”联系与订单关系合并:订单(订单编号,订单日期,约定送货时间,发货时间,运费,收货商名称,收货商地址,收货商城市,收货商区域,收货商邮编,收货商国籍,客户编号)
- “归于”联系与区域关系合并:区域(销售区域编号,描述,地区编号)
- 生成(产品编号,订单编号,折扣,数量,购价)
- 隶属(销售员编号,销售区域编号)
- 归属(客户编号,客户类别编号)

(3) 三个或三个以上实体间的一个多元联系转换为一个关系模式。与该多元联系相连的各实体的键以及联系本身的属性均转换为关系的属性。而关系的键为各实体键的组合。

例如,图5-8中,三个实体间的一个多元联系,即供应商、产品和零件之间的E-R图,转换成一个关系模式,即供应(供应商号,产品号,零件号,数量)。

(4) 同一实体集的实体间的联系,即自联系,也可按上述原则2中1∶1、1∶n和m∶n三种情况分别处理。

例如,如果职工实体集内部存在领导与被领导的1∶n自联系,此时可以将该联系与职工实体合并,这时主码职工号将多次出现,但作用不同,可用不同的属性名加以区分，比如在合并后的关系模式中，主码仍为职工号，再增设一个“上级主管”属性，存放相应上级主管的职工号。

(5) 具有相同码的关系模式可合并。

为了减少系统中的关系个数，如果两个关系模式具有相同的主码，可以考虑将它们合并为一个关系模式。合并方法是将其中一个关系模式的全部属性加入到另一个关系模式中，然后去掉其中的同义属性(可能同名也可能不同名)，并适当调整属性的次序。

例如，下面的两个关系模式：

- 产品(产品编号，名称，单价，单位数量，实际库存量，警戒库存量，订购量，是否断货，供应商编号)
- 产品(产品编号，名称，单价，单位数量，实际库存量，警戒库存量，订购量，是否断货，产品类别编号)

因为这两个关系模式具有相同的码—“产品编号”，所以可以将第一个关系模式的所有属性合并到第二个关系模式，合并后的关系模式为：

- 产品(产品编号，名称，单价，单位数量，实际库存量，警戒库存量，订购量，是否断货，供应商编号，产品类别编号)

又如，下面三个关系模式：

- 订单(订单编号，订单日期，约定送货时间，发货时间，运费，收货商名称，收货商地址，收货商城市，收货商区域，收货商邮编，收货商国籍，运货商编号)
- 订单(订单编号，订单日期，约定送货时间，发货时间，运费，收货商名称，收货商地址，收货商城市，收货商区域，收货商邮编，收货商国籍，销售员编号)
- 订单(订单编号，订单日期，约定送货时间，发货时间，运费，收货商名称，收货商地址，收货商城市，收货商区域，收货商邮编，收货商国籍，客户编号)

因为这三个关系模式具有相同的码—“订单编号”，所以可以将第一个和第二个关系模式的所有属性合并到第三个关系模式，合并后的关系模式为：

- 订单(订单编号，订单日期，约定送货时间，发货时间，运费，收货商名称，收货商地址，收货商城市，收货商区域，收货商邮编，收货商国籍，运货商编号，销售员编号，客户编号)

5.4.2 关系模式的规范化

规范化理论是数据库逻辑设计的指南和工具。应用规范化理论对上述产生的关系逻辑模式进行初步优化，以减少直至消除关系模式中存在的各种异常，改善完整性、一致性和存储效率。规范化过程可分为两个步骤：确定规范化级别和实施规范化处理。

1. 确定范式级别

考查关系模式的函数依赖关系；确定范式等级，逐一分析各关系模式，考查是否存在部分函数依赖和传递函数依赖等，确定它们分别属于第几范式。

2. 实施规范化处理

确定范式级别后，利用规范化理论，逐一考察各个关系模式，根据应用要求，判断它们是否满足规范要求，可用已经介绍过的规范化方法和理论将关系模式规范化。

综合以上数据库的设计过程，规范化理论在数据库设计中有如下几方面的应用：

(1) 在需求分析阶段，用数据依赖概念分析和表示各个数据项之间的联系。

(2) 在概念结构设计阶段，以规范化理论为指导，确定关系键，消除初步E-R图中冗余的联系。

(3) 在逻辑结构设计阶段，从E-R图向数据模型转换过程中，用模式合并与分解方法达到规范化级别。

5.4.3 关系模式的评价与改进

关系模式的规范化不是目的而是手段，数据库设计的目的是最终满足应用需求。因此，为了进一步提高数据库应用系统的性能，还应该对规范化后产生的关系模式进行评估和改进，经过反复多次地尝试和比较，最后得到优化的关系模式。

1. 模式的评价

模式评价的目的是检查所设计的数据库模式是否满足用户的功能要求、效率，确定加以改进的部分。模式评价包括功能评价和性能评价。

1) 功能评价

功能评价指对照需求分析的结果，检查规范化后的关系模式集合是否支持用户所有的应用要求。关系模式必须包括用户可能访问的所有属性。在涉及多个关系模式的应用中,应确保连接后不丢失信息。如果发现有的应用不被支持,或不完全被支持,则应该改进关系模式。发生这种问题的原因可能在逻辑设计阶段,也可能是在需求分析或概念结构设计阶段。是哪个阶段的问题就返回到哪个阶段去,因此有可能对前面两个阶段再进行评审,以解决存在的问题。

在功能评价的过程中,可能会发现冗余的关系模式或属性,这时应对它们加以区分,搞清楚它们是为未来发展预留的,还是某种错误造成的,比如名字混淆。如果属于错误处置,进行改正即可,而如果这种冗余来源于前两个设计阶段,则也要返回重新进行评审。

2) 性能评价

对于目前得到的数据库模式,由于缺乏物理设计所提供的数量测量标准和相应的评价手段,所以性能评价是比较困难的,只能对实际性能进行估计,包括逻辑记录的存取数、传送量以及物理设计算法的模型等。逻辑记录访问(Logical Record Access, LRA)方法是一种常用的模式性能评价方法。LRA方法对网络模型和层次模型较为实用,对于关系模型的查询也能起到一定的估算作用。

2. 模式的改进

根据模式评价的结果,对已生成的模式进行改进。如果因为系统需求分析,概念结构设计的疏忽导致某些应用不能支持,则应该增加新的关系模式或属性。如果因为性能考虑而要求改进,则可以使用合并或分解的方法。

(1) 合并。如果若干个关系模式具有相同的主键,且对这些关系模式的处理主要是查询操作,而且经常是多关系的查询,那么可对这些关系模式按照组合频率进行合并。这样便可以减少连接操作而提高查询效率。

(2) 分解。为了提高数据操作的效率和存储空间的利用率,通常对关系模式进行水平分解或垂直分解。

水平分解是指把关系的元组分为若干子集合,定义每一个子集合为一个子关系,以提高系统效率。

例如,有产品类别关系(<u>产品类别编码</u>,名称,描述,照片),其中描述包括大家电和小家电。如果多数查询只涉及其中的一类产品,就应该把整个产品类别关系水平分割为大家电产品和小家电产品 2 个关系。

垂直分解是指把关系模型 R 的属性分解为若干个子集,形成若干个子关系模式。垂直分解的原则是经常在一起使用的属性从 R 中分解出来形成一个子关系模式,其优点是可以提高某些事物的效率,其缺点是可能使另一些事务不得不执行连接操作,从而降低了效率。

例如,有销售员关系(销售员编号,姓,名,头衔,尊称,上级主管编号,出生日期,雇佣日期,地址,城市,区域,邮政编码,国家,住宅电话,分机号码,照片,备注,照片路径),如果经常使用前 6 项,而后 12 项很少使用,则可以将销售员关系进行垂直分解,得到两个销售员关系:

- 销售员关系 1(销售员编号,姓,名,头衔,尊称,上级主管编号)
- 销售员关系 2(销售员编号,出生日期,雇佣日期,地址,城市,区域,邮政编码,国家,住宅电话,分机号码,照片,备注,照片路径)

经过多次的模式评价和模式改进之后,最终得到全局逻辑数据库结构。对于关系数据库系统来说,就是一组符合一定规范的关系模式组成的关系数据库模型。数据库系统的数据物理独立性的特点消除了由于物理存储的改变而引起的对应用程序的修改。标准的 DBMS 程序应适用所有的访问,查询和更新事务的优化应该在系统软件上实现。因此,在确定逻辑数据库之后,就可以开始进行应用程序设计了。

5.4.4 虾苗苗种投放管理系统的关系模型设计

根据 E-R 图转换为关系模型的转换原则,可以得到虾苗苗种投放管理系统的关系模型。

1. 实体转换为关系模式

在图 5-27 所示的虾苗苗种投放管理系统基本 E-R 图中,4 个实体分别转换成 4 个关系模式:

- 养殖企业(企业编号,企业名称,企业负责人,企业地址,联系电话,邮箱)
- 池塘(池塘编号,长度,宽度,高度,池塘负责人)
- 苗种(虾苗批次编号,亲本虾,苗种规格,数量,采购日期)
- 员工(员工工号,员工姓名,身份,入职时间)

2. 实体间联系转换成关系模式

1) 1∶n 联系转换成关系模式

在图 5-27 所示的虾苗苗种投放管理系统基本 E-R 图中,3 个 1∶n 联系转换成关系模式时与 n 端对应的关系模式合并，因此得到下面的关系模式：

- 池塘(池塘编号，长度，宽度，高度，池塘负责人，企业编号)
- 池塘(池塘编号，长度，宽度，高度，池塘负责人，员工工号)
- 苗种(虾苗批次编号，亲本虾，苗种规格，数量，采购日期，池塘编号，投放数量，投放日期)

2) $m:n$ 联系转换成关系模式

在图 5-27 所示的虾苗苗种投放管理系统基本 E-R 图中，1 个 $m:n$ 联系转换成关系模式如下：

- 检验(员工工号，虾苗批次编号)

3. 具有相同的码的关系模式合并

因为步骤 2(1)中得到的池塘关系模式具有相同的码，因此可以合并成一个池塘关系模式如下：

- 池塘(池塘编号，长度，宽度，高度，池塘负责人，企业编号，员工工号)

经过以上 3 个步骤的分析，最终得到如下 5 个虾苗苗种投放管理系统的关系模式：

- 养殖企业(企业编号，企业名称，企业负责人，企业地址，联系电话，邮箱)
- 池塘(池塘编号，长度，宽度，高度，池塘负责人，企业编号，员工工号)
- 苗种(虾苗批次编号，亲本虾，苗种规格，数量，采购日期，池塘编号，投放数量，投放日期)
- 员工(员工工号，员工姓名，身份，入职时间)
- 检验(员工工号，虾苗批次编号)

5.5 物理设计

数据库最终要存储在物理设备上。对于给定的逻辑数据模型，选取一个最合适应用环境的物理结构的过程，称为数据库物理设计。物理设计的任务是为了有效地实现逻辑模式，确定所采取的存取策略。此阶段是以逻辑设计的结果作为输入，结合具体的 DBMS 的特点与存储设备特性来进行设计，选定数据库在物理设备上的存储结构和存取方法。

数据库的物理设计可分为两步：

(1) 确定物理结构，在关系数据库中主要指存取方法和存储结构。

(2) 评价物理结构,评价的重点是时间和空间效率。

5.5.1 确定数据库的物理结构

为确定数据库的物理结构,设计人员必须了解下面的几个问题。

(1) 详细了解给定的 DBMS 的功能和特点,特别是该 DBMS 所提供的物理环境和功能。

(2) 熟悉应用环境,如频率、对响应时间的要求等。了解所设计的应用系统中各部分的重要程度、处理,并把它们作为物理设计过程中的平衡时间和空间效率的依据。

(3) 了解外存设备的特性,如分块原则、块因子大小的规定、设备的特性等。

在对上述问题进行全面了解以后,就可以进行物理结构的设计了。

1. 数据库存取方式的选择

确定数据库存储结构时要综合考虑存取时间、存储空间利用率和维护代价三方面的因素。这三个方面常常是相互矛盾的,例如消除一切冗余数据虽然能够节约存储空间,但往往会导致检索代价的增加,因此必须进行权衡,选择一个折中方案。

存取方法是快速存取数据库的关键技术。物理设计的关键任务之一就是确定选择哪些存取方法。常用的存取方法有索引方法和聚簇方法。

(1) 索引存取。该方法就是根据应用要求确定对关系的哪些属性列建立索引、哪些属性列建立组合索引、哪些索引要设计为唯一索引等。索引建立在单个关系上,关系上定义的索引并不是越多越好,系统为维护索引要付出代价,查找索引也要付出代价。一般的 DBMS 都在主键的基础上建立索引。

(2) 聚簇存取。为了提高某个属性或属性组的查询速度,把这个或这些属性(称为聚簇键)上具有相同值的元组集中存放在连续的物理块称为聚簇。创建聚簇可以提高按聚簇键进行查询的效率,一个数据库可以建立多个聚簇,但一个关系只能有一个聚簇。聚簇可以建立在单表上,也可以建立在进行连接操作的多个表上。SQL 中与聚簇有关的操作有 ORDER BY, GROUP BY, UNION, DISTINCT 等。

假设用户经常要按商品类别查询顾客的购买数量,这一查询涉及商品关系和购买关系的连接操作,即需要按照商品编号连接这两个关系,为提高连接操作的效率，可以把具有相同商品编号的商品元组和购买元组在物理上聚簇在一起。

值得注意的是，聚簇只能提高某些应用的性能，而且建立与维护聚簇的开销是相当大的。对已有关系建立聚簇，将导致关系中元组移动其物理存储位置，并使此关系的存储位置也要做相应移动。聚簇键值要相对稳定，以减少修改聚簇键值所引起的维护开销。

2. 数据库存储结构的确定

确定数据库的物理结构主要指确定数据的存放位置和存储结构。

(1) 确定数据的存放位置。为了提高系统性能，应根据应用情况将数据的易变部分与稳定部分、经常存取部分和存取频率较低部分分开存放。有多个磁盘的计算机，可以采用下面几种存取位置的分配方案。

① 将表和索引放在不同的磁盘上，这样在查询时，由于两个磁盘驱动器并行工作，可以提高物理 I/O 读写效率。

② 将比较大的表分别放在两个磁盘上，以加快存取速度，这在多用户环境下特别有效。

③ 将日志文件、备份文件与数据库对象(表，索引等)放在不同的磁盘上，以改进系统的性能。

④ 对于经常存取或存取时间要求高的对象(如表、索引)应放在高速存储器(如硬盘)上，对于存取频率小或存取时间要求低的对象(如数据库的数据备份和日志文件备份等只有在故障恢复时才使用)，如果数据量很大，可以存放在低速存储设备上。

(2) 确定数据的存储结构。许多 DBMS 都提供了一些存储分配参数供设计者使用。例如，缓冲区的个数和大小、块的长度、块因子的大小等。设计者必须规定其中的一些参数的设置。数据库的配置也是确定数据库的存储结构的重要内容，包括数据库空间的分配、日志文件的大小、数据存储空间的确定以及相关参数设置等。DBMS 产品也提供了存储分配的参数，供设计者使用。例如 Oracle 在为对象(Object)分配空间时，它将为数据对象分配多个连续的块(Block)，对于 Oracle 9i，默认的块的大小为 8 KB，默认的区(Extent)的大小为 64 KB。

由于各个系统所能提供的对数据进行物理安排的手段、方法差异很大，因此设计人员应仔细了解给定的 DBMS 提供的方法和参数，针对具体应用环境的要求，对数据进行适当的物理安排。

5.5.2 数据库物理结构的评价

和前面几个设计阶段一样，在确定了数据库的物理结构之后，要对其进行评价，重要是时间和空间的效率，其结果可以产生多种方案。数据库设计人员对这些方案进行细致的评价，从中选择一个较优的方案作为数据库的物理结构。评价物理结构的方法完全依赖于所选用的DBMS，主要是从定量估算各种方案的存储空间、存取时间和维护代价入手，对估算结果进行权衡和比较，选择出一个较优的、合理的物理结构。

如果评价结果满足设计要求，则可进行数据库实施。如果该结构不符合用户的要求，则需要重新设计。实际上，往往需要经过反复测试才能优化物理设计。

5.6 数据库的实施和运行维护

5.6.1 数据库实施

数据库实施是指根据逻辑设计和物理设计的结果，在计算机上建立起实际的数据库结构、装入数据、编制与调试应用程序、数据库试运行和整理文档的过程。

1. 建立实际数据库结构

DBMS提供的数据定义语言(DDL)可以定义数据库结构。可使用SQL定义语句中的CREATE TABLE语句定义所需的基本表，使用CREATE VIEW语句定义视图。

2. 装入数据

数据库结构建立好后，可以向数据库中装载数据(Loading)，又称为数据库加载，是数据库实施阶段的主要工作。对于数据量不是很大的小型系统，可以通过人工方法完成数据的入库，具体步骤如下：

(1) 筛选数据。需要装入数据库中的数据通常分散在各个部门的数据文件或原始凭证中，所以首先必须把需要入库的数据筛选出来。

(2) 数据格式转换。筛选出来的需要入库的数据，其格式往往并不符合数据库要求，于是需要进行转换。这种转换可以通过编程实现。

(3) 录入数据。将转换好的数据录入计算机中。

(4) 核对数据。为了保证数据的正确性,通常需要对已输入的数据进行核对。

对于大中型系统,由于数据量极大,用人工方式组织数据入库将会耗费大量的人力物力,而且很难保证数据的正确性。因此,需要借助 DBMS 提供的工具或开发一个数据输入程序来完成数据的入库工作。

3. 编制与调试应用程序

数据库应用程序的设计应该与数据设计并行进行。在数据库实施阶段,当数据库结构建立好后,就可以开始编制与调试数据库的应用程序。也就是说,编制与调试应用程序是与组织数据入库同步进行的。调试应用程序时由于数据入库尚未完成,可先使用模拟数据。

4. 数据库试运行

应用程序调试完成,并且已有一小部分数据入库后,就可以开始数据库的试运行。数据库试运行,也称为联合调试,其主要工作包括:

(1) 功能测试。即实际运行应用程序,执行对数据库的各种操作,测试应用程序的各种功能。

(2) 性能测试。即测量系统的性能指标,分析是否符合设计目标。

因为在数据库试运行阶段,系统是不稳定的,容易给数据库中的数据造成破坏,所以在数据库的试运行过程中,应经常对数据库中的数据进行备份。同时,还应注意在整个系统基本运行正常以前,不要将所有的原始数据载入到数据库中。

5. 整理文档

在程序的编码调试和试运行中,应该将发现的问题和解决方法记录下来,将它们整理存档作为资料,供以后正式运行和改进时参考。全面的调试工作完成之后,应该编写应用系统的技术说明书和实用说明书,在正式运行时随系统一起交给用户。完整的文件资料是应用系统的重要组成部分,但这一点常被忽视。必须强调这一工作的重要性,引起用户与设计人员的充分注意。

5.6.2 数据库运行维护

数据库试运行结果符合设计目标后,数据库就投入正式运行,进入运行和维护阶段。数据库系统投入正式运行,标志着数据库应用开发工作的基本结束,但并意味着设计过程已经结束。由于应用环境不断发生变化,用户的需求和处理方式不断发展,数据库在运行过程中的存储结构也会不断变化,从而必须修改和扩充相应的应用程序。因此，对数据库设计进行评价、调整、修改等维护工作是一项长期的任务，也是设计工作的继续和提高。

数据库运行阶段，对数据库经常性的维护工作主要是由数据库管理员(DBA)完成的。数据库的维护工作主要包括以下4项。

1. 数据库的转储和恢复

数据库的转储和恢复是系统正式运行后最重要的维护工作之一。DBA要针对不同的应用要求制定不同的转储计划，以保证一旦发生故障尽快将数据库恢复到某种一致的状态，并尽可能减少对数据库的破坏。

2. 数据库的安全性、完整性控制

在数据库运行过程中，由于应用环境的变化，对安全性的要求也会发生变化。比如有的数据原来是机密的，现在变成可以公开查询了，而新加入的数据又可能是机密的了。系统中用户的密级也会变化。这些都需要DBA根据实际情况修改原有的安全性控制。同样，数据库的完整性约束条件也会变化，也需要DBA不断修改，以满足用户要求。

3. 数据库性能的监督、分析和改造

在数据库运行过程中，监督系统运行，对监测数据进行分析，并找出改进系统性能的方法，是DBA的又一重要任务。目前有些DBMS产品提供了监测系统性能的参数工具，DBA可以利用这些工具方便地得到系统运行过程中一系列性能参数的值。DBA应仔细分析这些数据，判断当前系统运行状况是否最佳，应当做哪些改进，例如，调整系统的物理参数，或对数据库进行重组织或重构造等。

4. 数据库的重组织与重构造

数据库运行一段时间后，由于记录不断增、删、改，会使数据库的物理存储情况变坏，降低了数据库的存取效率，数据库的性能下降。这时，DBA要对数据库进行重组织或部分重组织(只对频繁增加、删除数据的表进行重组织)。DBMS一般都提供数据重组织用的实用程序。在重组织的过程中，按原设计要求重新安排存储位置、回收垃圾、减少指针链等，以提高系统性能。

数据库的重组织并不修改原设计的逻辑结构和物理结构，而数据库的重构造则不同，它要部分修改数据库的模式和内模式。由于数据库的应用环境发生了变化，例如，增加了新的应用或新的实体，取消了某些应用，有的实体与实体之间的联系发生了变化等，使原来的数据库设计不能满足新的需求，就需要调整数据库的模式和内模式，例如在表中增加或删除某些数据项，改变数据项的类型，增加或删除某个表，改变数据库的容量，增加或删除某些索引等。当然，数据库的重构也是有限的，只能做部分修改。如果应用变化太多太大，重构也无济于事，说明此数据库应用系统的生命周期已经结束，应该设计新的数据库应用系统了。从头开始数据库设计工作，标志着一个新的数据库应用系统生命周期的开始。

本 章 小 结

本章介绍了数据库设计的 5 个阶段：需求分析、概念结构设计、逻辑结构设计、物理设计、数据库实施和运行维护。对每一个阶段，都分别详细讨论了其相应的任务、方法和步骤。

需求分析是整个设计过程的基础，需求分析做得不好，可能会导致整个数据库设计返工重做。需求分析所得到的用户需求抽象为信息结构即概念模型的过程就是概念设计阶段，概念设计包括局部 E－R 图，综合成初步 E－R 图，以及 E－R 图的优化。将相应的概念模型转化为相应的数据模型，是逻辑结构设计所要完成的任务。一般逻辑设计分包括初始关系模式的设计和模式的评价与改进。物理设计就是为给定的逻辑模型选取一个适合应用环境的物理结构，包括确定物理结构和评价物理结构等步骤。数据库设计的最后一个阶段是实施和运行维护，其中，实施是根据逻辑设计和物理设计的结果，在计算机上建立起实际的数据库结构，装入数据，进行应用程序的设计，试运行整个数据库系统和整理相关文档；运行维护包括数据库的转储与恢复，维护数据库的安全性与完整性，监测并改善数据库性能，必要时需要进行数据库的重新组织和构造。

本 章 习 题

一、选择题

(1) 概念模式(　　)。

A. 与 DBMS 有关　　B. 与硬件有关

C. 增加了数据库设计复杂度　　D. 独立于 DBMS 和硬件

(2) 合并局部 E－R 图时需要处理的冲突不包括(　　)。

A. 属性冲突　B. 概念冲突　C. 命名冲突　D. 结构冲突

(3) 概念结构设计阶段得到的结果是(　　)。

A. 数据字典描述的数据需求

B. E-R图表示的概念模型

C. 某个DBMS所支持的数据模型

D. 包括存储结构和存取方法的物理结构

(4) 在关系数据库设计中,设计关系模式是(　　)阶段的任务。

A. 需求分析　B. 概念设计　C. 逻辑设计　D. 物理设计

(5) 下面(　　)不是发生在数据库设计物理设计阶段的。

A. 确定存取方法　B. 确定存储结构

C. 数据模型的优化　D. 评价时间和空间效率

二、填空题

(1) 数据库设计内容包括________和________。

(2) 从E-R模型关系向关系模型转换时,一个$m:n$联系转换为关系模式时,该关系模式的关键字是________________________。

(3) 在数据库设计中用关系模型来表示实体和实体之间的联系。关系模型的结构是________。

(4) "为哪些表,在哪些字段上,建立什么样的索引"这一设计内容应该属于数据库设计中的________设计阶段。

(5) 数据库实施主要包括的工作有________、________、________、________和________。

三、简答题

(1) 数据库设计的步骤是什么?

(2) 数据库设计的意义是什么?

(3) 数据库设计的核心是什么?

(4) 将E-R图转化为关系模式有哪些原则?

(5) 数据库设计中如何对关系模式进行评价和改进?

四、设计题

在教务管理中,一个系可以拥有多名教师,一名教师可讲授多门课程,一门课程可为多名教师讲授也可被多名学生选修,一名学生可以选修多门课程但只能属于一个系,画出该教务管理系统的E-R图。

第6章 事务管理与数据库安全保护

本章内容包括数据库事务、并发控制,数据库安全保护以及数据库的备份与恢复等。通过本章的学习,读者能了解数据库中是如何确保数据的完整性、保密性、可用性、可控性和可审查性;如何通过事务管理进行并发控制以及备份和恢复来进行故障恢复。

6.1 事务

事务是并发控制的基本单位。所谓事务就是一个操作序列,这些操作要么都执行,要么都不执行,它是一个不可分割的工作单位。事务用单一逻辑单元来执行一系列相关操作,必须呈现出四种属性,即原子性(atomicity)、一致性(consistency)、隔离性(isolation)与持久性(durability),称为ACID,同时具备这四种属性,才能成为一个事务。

如果某一事务成功,则在该事务中进行的所有数据修改均会被提交,成为数据库中的永久组成部分。如果事务遇到错误且必须取消或回滚,则所有数据修改均被清除。

6.1.1 事务的特性

原子性:事务必须是原子的工作,数据要么全部被修改,要么全部不被修改。

一致性:事务完成时,全部的数据必须维持一致的状态。

隔离性:同时执行的事务所进行的修改,必须与其他任何并行的事务所进行的修改隔离。

持久性：事务完成之后，其作用便永远存在于系统之中。

6.1.2 事务的分类

(1) 自动提交事务：每条单独的语句都是一个事务。

(2) 显式事务：每个事务均以 BEGIN TRANSACTION 语句显式开始，以 COMMIT 或 ROLLBACK 语句显式结束。

(3) 隐式事务：在前一个事务完成时新事务隐式启动，但每个事务仍以 COMMIT 或 ROLLBACK 语句显式完成，通过 Set Implicit Transactions On 命令。

6.2 数据库的并发控制

在多用户共享系统中，很多事务可能同时读、写同一数据，会破坏数据库的完整性。即使每个事务单独执行时，其结果是正确的，但当多个事务并发执行时，如果系统不加以控制，就会破坏数据的一致性。数据库的并发操作通常引发丢失更新、读取脏数据和不可重复读等不易解决的问题

6.2.1 并发操作引起数据的不一致性

当多个用户同时对数据库的并发操作时，会带来以下数据不一致的问题。

1. 丢失更新

如表 6-1 中，数据库中 A 的初值是 100，事务 T_1 对 A 值减去 30，事务 T_2 对 A 值乘以 2。如果执行的顺序是 T_1、T_2，结果 A 值是 140。反之，如果执行的顺序是 T_2、T_1，A 值是 170，这两个结果都应该是正确的。但是如按照表 6-1 中并发执行，A 值是 200，显然是错误的，因为时间 t_7 丢失了事务 T_1 对数据库的更新操作，导致该并发操作不正确。

表 6-1 丢失更新问题

时间	更新事务 T_1	数据库中 A 的值	更新事务 T_2
t_0		100	
t_1	READ A;		
t_2			READ A;

（续　表）

时间	更新事务 T_1	数据库中 A 的值	更新事务 T_2
t_3	A=A−30;		
t_4			A=A*2;
t_5	UPDATA　A		
t_6		70	UPDATA A
t_7		200	

2. 读取脏数据

T_1 事务修改了数据，随后 T_2 事务又读出该数据（如表 6-2 所示），但 T_1 事务因为某些原因取消了对数据的修改，数据恢复原值，此时 T_2 事务得到的数据就与数据库内的数据产生了不一致。事务 T_2 在时间 t_4 读取未提交的 A 值（70），即读取脏数据 A 值（70），而且在时间 t_8 丢失自己的更新操作，导致再次读取脏数据。

表 6-2　读取脏数据的问题

时间	更新事务 T_1	数据库中 A 的值	更新事务 T_2
t_0		100	
t_1	READ　A;		
t_2	A=A−30;		
t_3	UPDATA　A		
t_4		70	READ A;
t_5			A=A*2;
t_6			UPDATA A
t_7		140	
t_8	ROLLBACK		
t_9		100	

3. 不可重复读

A 用户借助 T_1 事务读取数据（如表 6-3 所示），随后 B 用户通过 T_2 事务读出该数据并修改，此时 A 用户再读取数据时发现前后两次的值不一致。事务 T_1 两次读取同一数据 A，而在两次读操作的间隔中，事务 T_2 更新 A 值，因

此事务 T_1 分别两次读取 A 值，却得到不一致的数据，进而造成数据的不可重复读问题。

表 6-3 不可重复读的问题

时间	读事务 T_1	数据库中 A 的值	更新事务 T_2
t_0		100	
t_1	READ A;		
t_2			READ A;
t_3			A=A*2;
t_4			UPDATA A
t_5			COMMIT
t_6	READ A;	200	

6.2.2 并发控制措施

当多个事务在数据库中并发执行时，数据的一致性可能受到破坏。系统有必要控制各事务之间的相互作用，这是通过并发控制机制来实现的。

封锁技术是最常见的并发控制机制，主要方法是封锁。锁(Locking)是在一段时间内禁止用户做某些操作以避免产生数据不一致，防止其他事务访问指定资源，是多个用户能够同时操纵同一个数据库的数据而不发生数据不一致现象的重要保障。

封锁技术防止其他事务访问指定的资源控制、实现并发控制的一种主要手段。锁是事务对某个数据库中的资源(如表和记录)存取前，先向系统提出请求，封锁该资源，事务获得锁后，即取得对数据的控制权，在事务释放它的锁之前，其他事务是不能更新此数据的。只有当事务撤消后，释放被锁定的资源。

封锁协议是一组阐明了事务合适对数据库中的数据项加锁解锁的规则。两阶段封锁协议仅在一个事务未释放任何数据项时，允许该事务封锁新数据项。该协议保证可串行性，但不能避免死锁。在缺少有关数据项存取方式的信息是，两阶段封锁协议对保证可串行化来说不仅是必要的而且是充分的。

常用的机制是各种封锁协议，时间戳排序，有效性检查，多版本机制。

时间戳排序机制： 通过事先在每对事务之间选择一个顺序来保证可串行

性。系统中的每个事务对应一个唯一的固定的时间戳。事务的时间戳决定了事务的可串行化顺序。这样，如果事务 T_i 的时间戳小于事务 T_j 时间戳，则该机制保证产生的调度等价于事务 T_i 出现在事务 T_j 之前的一个串行调度。该机制通过回滚违反该次序的事务来保证。

Thomas 写规则： 假设事务 T_i 发出 write(Q)操作：

(1) 若 $TS(T_i) < R\text{-}timestamp(Q)$，则 T_i 产生的 Q 值是先前所需要的值，但系统已假定该值不会被产生。因此 write 操作被拒绝，T_i 回滚。

(2) 若 $TS(T_i) < W\text{-}timestamp(Q)$，则 T_i 试图写入的 Q 值已过时。因此，这个 write 操作可以忽略。

(3) 其它情况是执行 write 操作，将 W-timestamp(Q)视为 $TS(T_i)$。

有效性检查是一个适当的并发控制机制，在大部分事务是只读事务，这样事务见冲突频度较低的情形下，系统中的每个事务对应一个唯一的固定的时间戳，串行性次序是由事务的时间戳决定的。在该机制中，事务不会被延迟。不过，事务要完成必须通过有效性检查，如果事务未通过有效性检查，则回滚到初始状态。

多版本并发控制： 该机制基于每个事务写数据项时为该数据项创建一个新版本。读操作发出时，系统选择其中的一个版本进行读取。利用时间戳，并发控制机制保证确保可串行性的方式选取要读取的版本。

多版本最常用的技术是时间戳。对于系统中的每个事务 T_i，将一个静态的唯一的时间戳与之关联，即为 $TS(T_i)$。对于每个数据项 Q，有一个版本序列 $<Q_1, Q_2, \cdots Q_m>$ 与之关联。

防止死锁的一种方法是使用抢占与事务回滚；另一种方法是死锁检测与恢复机制。系统处于死锁状态当且仅当等待图中包含环。

6.2.3　锁的模式

数据库引擎使用不同的锁定资源，这些锁模式确定了并发事务访问资源的方式。根据锁定资源方式的不同，SQR SERVER 2005 提供了 4 种锁模式：共享锁、排他锁、更新锁，意向锁。

1. 共享锁

共享锁也称为 S 锁，允许并行事务读取同一种资源，这时的事务不能修改访问的数据。当使用共享锁锁定资源时，不允许修改数据的事务访问数据。

当读取数据的事务读完数据之后,立即释放所占用的资源。一般地,当使用SELECT 语句访问数据时,系统自动对所访问的数据使用共享锁锁定。

2. 排他锁

对于那些修改数据的事务,例如使用 INSERT、UPDATE、DELETE 语句,系统自动在所修改的事务上放置排他锁。排他锁也称 X 锁,就是在同一时间内只允许一个事务访问一种资源,其他事务都不能在有排他锁的资源上访问。在有排他锁的资源上,不能放置共享锁。也就是说,不允许可以产生共享锁的事务访问这些资源。只有当产生排他锁的事务结束之后,排他锁锁定的资源才能被其他事务使用。

3. 更新锁

更新锁也称为 U 锁,可以防止常见的死锁。在可重复读或可序化事务中,此事务读取数据,获取资源的共享锁,然后修改数据。此操作要求锁转换为排他锁。如果两个事务获取了资源上的共享模式锁,然后试图同时更新数据,则一个事务尝试将锁转换为排他锁。共享模式到排他锁的转换必须等待一段时间。因为一个事务的排他锁与其他事务的共享模式锁不兼容,会发生锁等待,第二个事务试图获取排他锁以进行更新,由于两个事务都要转换为排他锁,并且每个事务都等待另一个事务释放共享模式锁,因此发生死锁。

若要避免这种潜在的死锁问题,请使用更新锁。一次只有一个事务可以获得资源的更新锁。如果事务修改资源,则更新锁转换为排他锁。

4. 意向锁

数据库引擎使用意向锁来保护共享锁或排他锁放置在锁层次结构的底层资源上。之所以命名为意向锁,是因为在较低级别锁前可获取它们,因此会通知意向将锁放置在较低级别上。意向锁有两种用途:

防止其他事务以会使较低级别的锁无效的方式修改较高级别资源,提高数据库引擎在较高的粒度级别检测锁冲突的效率。

意向锁分为意向共享锁(IS)、意向排他锁(IX)、以及意向排他共享锁(SIX)。意向共享锁表示读低层次资源的事务的意向,把共享锁放在这些单个的资源上。

意向排他锁表示修改低层次的事务的意向,把排他锁放在这些单个资源上。意向排他锁包括意向共享锁,是意向共享锁的超集。

6.2.4 锁的粒度

SQL Server具有多粒度锁定，允许一个事务锁定不同类型的资源。为了使锁定的成本减至最少，SQL Server自动将资源锁定在适合任务的级别。锁定在较小的粒度(例如行)可以增加并发但需要较大的开销，因为如果锁定了许多行，则需要控制更多的锁。锁定在较大的粒度(例如表)就并发而言是相当昂贵的，因为锁定整个表就限制了其他事务对表中任意部分进行访问，但要求的开销较低，因为需要维护的锁较少。SQL Server可以锁定行、页、扩展盘区、表、库等资源。

选择多大的粒度，根据对数据的操作而定。如果是更新表中所有的行，则用表级锁；如果是更新表中的某一行，则用行级锁。行级锁是一种最优锁，因为行级锁不可能出现数据既被占用又没有使用的浪费现象。但是，如果用户事务中频繁对某个表中的多条记录操作，将导致对该表的许多记录行都加上了行级锁，数据库系统中锁的数目会急剧增加，这样就加重了系统负荷，影响系统性能。因此，在SQL Server中，还支持锁升级(Lock Escalation)。

所谓锁升级是指调整锁的粒度，将多个低粒度的锁替换成少数的更高粒度的锁，以此来降低系统负荷。在SQL Server中当一个事务中的锁较多，达到锁升级门限时，系统自动将行级锁和页面锁升级为表级锁。

特别值得注意的是，在SQL Server中，锁的升级门限以及锁升级是由系统自动来确定的，不需要用户设置。

6.2.5 死锁

在事务锁的使用过程中，死锁是一个不可避免的现象。在下列两种情况下，可能会发生死锁。

第一种情况是当两个事务分别锁定了两个单独的对象，这时每一个事务都有要求在另外一个事务锁定的对象上获得一个锁，因此第一个事务都有必须等待另一个释放占有的锁，这时就发生了死锁，这种死锁是最典型的死锁形式。

第二种情况是当在一个数据库中。有若干个长时间运行的事务执行并行的操作，当查询分析器处理一种非常复杂的查询，例如连接查询时，那么由于不能控制处理的顺序，有可能发生死锁现象。

当发生了死锁现象时，除非某个外部进程断开死锁，否则死锁中的两个事务都将无期等待下去。SQL Server 2005 的 SQL Server Database Engine 自动检测 SQL Server 中的死锁循环。数据库引擎选择一个会话作为死锁牺牲，然后终止当前事务(出现错误)来打断死锁。如果监视器检测到循环依赖关系，通过自动取消其中一个事务来结束死锁。

处理时间长的事务具有较高的优先级，处理时间较短的事务具有较低的优先级。在发生冲突时，需要保留优先级高的事务，取消优先级的事务。

6.3 数据库安全保护

6.3.1 数据库安全概念与内涵

1. 数据库面临的安全威胁

数据库受到的安全威胁主要有：硬件故障引起的信息破坏或丢失；因保护机制失效造成的信息丢失、泄露或破坏；计算机放置在不安全的地方被窃听；授权者制定了不正确或不安全的防护策略；数据错误输入或处理错误；非授权用户的非法存取，或授权用户的越权存取。

综上所述，数据库面临的安全威胁来自两个方面：一方面是指数据库运行平台的安全，任何能对该平台的软件、硬件以及网络等构成破坏的行为都可视为系统运行的安全威胁；另一方面是指数据库数据的安全，包括数据独立性、数据安全性、数据完整性、并发控制、故障恢复等几个方面。

数据库运行平台的安全涉及操作系统安全、网络安全等，这些内容在相应教材当中有更详细的讨论，所以本章主要讨论后者。

2. 数据库的安全需求

(1) 防止未授权的数据访问。数据库管理系统必须根据用户或应用的授权检查访问请求，保证仅授权用户可以访问数据库。

(2) 保证数据库的完整性。

① 数据库的物理完整性，数据库的数据文件不受停电、失火等灾难的影响，可重建被灾难破坏的数据库。

② 数据库的逻辑完整性，要保护数据库的结构定义不受到破坏。

③ 数据库元素的完整性，保证数据库元素的正确性、有效性和一致性。

(3) 数据可用性。授权的用户应该随时可进行应有的数据库访问。

(4) 数据保密性。在实际使用数据库的过程中，并不是允许所有人都能够对数据库进行信息浏览和查询，对数据库中的敏感数据要能在多种粒度上利用现有的加密技术快速高效地进行数据加密和脱密。

(5) 提供数据库的可审查性。能对违规越权操作、恶意入侵导致机密信息窃取泄漏等违反安全策略的事件进行有效追溯和审计。

3. 数据库安全概念与内涵

数据库安全(database security)是指采取各种安全措施对数据库及其相关文件和数据进行保护，防止非授权使用数据库，保证数据库系统软件和数据库中的数据不遭到破坏、更改和泄漏，确保数据的完整性、保密性、可用性、可控性和可审查性。

现代的信息系统大都基于网络而存在，开放的网络环境，跨不同硬件和软件平台通信，数据库安全问题在这个环境下变得更加复杂。因此如何有效保护数据库安全应该从多个角度、多个层次来进行讨论并实施相应的安全措施。

6.3.2　数据库的安全策略

数据库的安全策略是指导数据库管理员合理配置数据库的指导思想。它包括以下几方面：

1. 最小特权策略

最小特权策略是让用户可以在合法存取或修改数据库的前提下，分配最小的特权集，使用户恰好能够完成工作，没有赋予用户完成工作所不需要的其他权限。最小特权策略因为对用户的权限进行适当的控制，可以减少泄密的机会和破坏数据库完整性的可能性。

2. 最大共享策略

最大共享策略就是在保证数据库的完整性、保密性和可用性的前提下，最大程度地共享数据库中的数据。

3. 粒度适当策略

按实际安全需求将数据库中的数据分成不同的粒度来加以保护。

4. 按内容存取控制策略

根据数据库的内容，不同权限的用户访问数据库不同的部分。

5. 开系统和闭系统策略

数据库在开放的系统中采取的策略为开系统策略。开系统策略即除了明确禁止的项目,数据库的其他的项均可被用户访问。数据库在封闭系统中采取的策略称闭系统策略。闭系统策略即在封闭的系统中,除了明确授权的内容可以访问,其余均不可以访问。

6. 按上下文存取控制策略

这种策略包括两方面:一方面限制用户在其一次请求中或特定的一组相邻请求中不能对不同属性的数据进行存取;另一方面可以规定用户对某些不同属性的数据必须一组存取。这种策略是根据上下文的内容严格控制用户的存取区域。

7. 根据历史的存取控制策略

有些数据本身不会泄密,但当和其他的数据或以前的数据联系在一起时可能会泄露保密的信息。为防止这种推理的攻击,必须记录主数据库用户过去的操作历史。根据其以往执行的操作,来控制其现在提出的请求。

数据库的安全本身很复杂,并不是简单的哪一种策略就可以涵盖的,所以制订数据库的安全策略时应根据实际情况,遵循一种或几种安全策略才可以更好地保护数据库的安全。

6.3.3 数据库安全机制

1. 身份认证

信息系统中一切信息包括用户的身份信息都是用一组特定的数据来表示的,计算机只能识别用户的数字身份,所有对用户的授权也是针对用户数字身份的授权。如何保证以数字身份进行操作的操作者就是这个数字身份合法拥有者,也就是说保证操作者的物理身份与数字身份相对应,给其他安全技术提供权限管理的依据,身份认证技术可以用来解决这个问题。认证服务提供了关于某个实体身份的保证,所有其他的安全服务都依赖于该服务。

数据库的身份认证是数据库安全的第一道屏障,其目的是防止非授权用户或计算机进程进入数据库系统。目前主流的数据库系统支持以下身份认证方式:

(1) 操作系统认证。用户可以不需要额外设置用户名和密码,通过使用操作系统账户而直接连接到数据库的认证方式。这种情况下,用户对数据库的连接要靠操作系统来进行验证。

(2) 数据库系统认证。数据库用户账号和口令以加密的方式保存在数据库内部，这些账号和口令只存在于数据库内部，跟操作系统无关。当用户连接数据库时必须输入用户账户和口令，通过数据库认证后才可以登录到数据库。目前主流的数据库管理系统都同时支持操作系统认证和数据系统认证。例如在 SQL Server 中的混合认证方式，如图 6-1 所示。

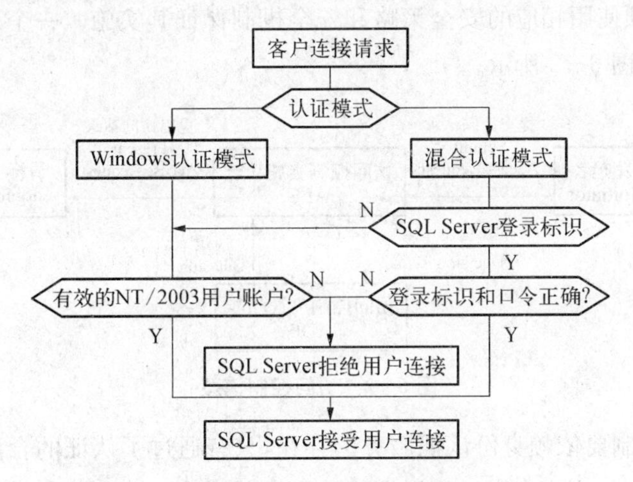

图 6-1 SQL Server 对登录标识的认证过程

无论采用以上哪种认证模式，在用户连接到 SQL Server 后，他们的操作完全相同。两种认证模式各有优劣：Windows 认证更安全；SQL Server 认证管理则较简单，它允许应用程序的所有用户使用同一登录标识。为了便于用户账户的集中管理，在 Windows NT/2003 平台下，最好选用 Windows 认证模式。

(3) 第三方认证。目前已经有许多网络安全认证系统可以用来对数据库用户进行身份认证。这主要依赖于认证和密钥分配系统。用户可以通过提供身份证明或验证令牌来响应验证请求，包括采用智能卡、安全令牌、生物识别或其组合的 PKI 技术。

本质上，认证和密钥分配系统提供的是一个应用编程界面(API)，它可以用来为任何网络应用程序提供安全服务，例如认证、数据机密性和完整性，访问控制以及非否认服务。比较常用的系统如 DCE、Kerberos、SESAME 等。

2. 数据库访问控制

数据库的安全控制技术主要有信息流向控制、推导控制、访问控制，其中应用最广且最为有效的是访问控制技术。

访问控制就是通过某种途径显式准许或限制访问的能力及范围，限制对关键资源的访问，防止非授权用户对数据的访问或者授权用户的越权操作。与操作系统当中的访问控制不同，数据库的访问控制需要更加精细的数据粒度加以控制，例如：表、视图、元组、列、元素（每个元组的字段）等。需要定义完整的访问操作，需要对访问规则进行检查。为了使用访问控制来保证数据库安全，必须使用相应的安全策略和安全机制保证其实施。一个通用的访问控制模型如图 6-2 所示。

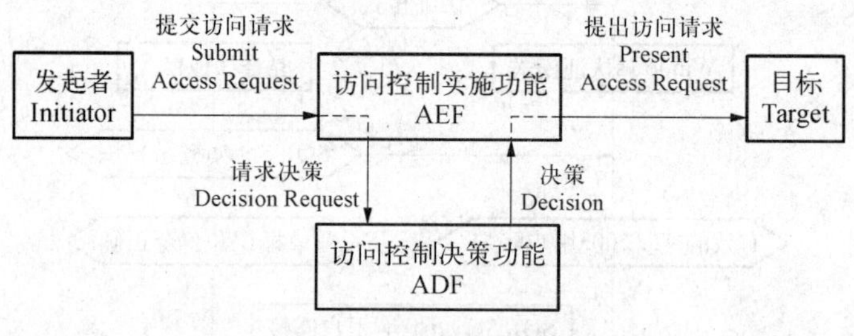

图 6-2　访问控制模型

访问控制要依赖身份认证服务的存在，只有通过了认证的合法用户才有被授权的权利，从而才能对他们实行访问控制约束。两个安全服务关系如图 6-3所示。

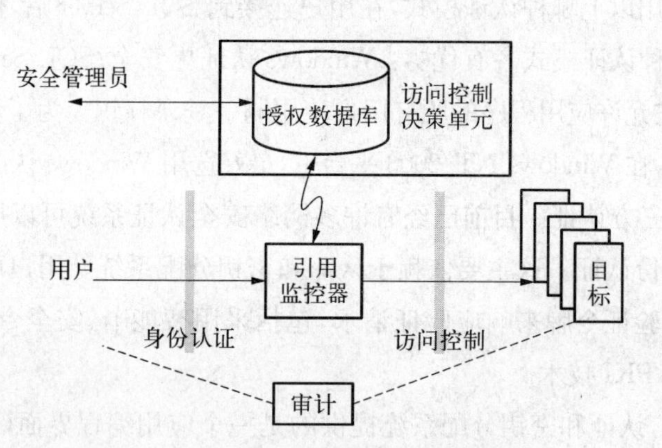

图 6-3　访问控制与身份认证服务的关系

访问控制策略（access control policy）在系统安全策略级上表示授权，是对访问如何控制，如何作出访问决定的高层指南；访问控制机制（access control mechanisms）是访问控制策略的软硬件低层实现。访问控制机制与访问控制策略独立。根据实际应用场景，我们有多种访问控制策略，访问控制的一般策略如图 6-4 所示。

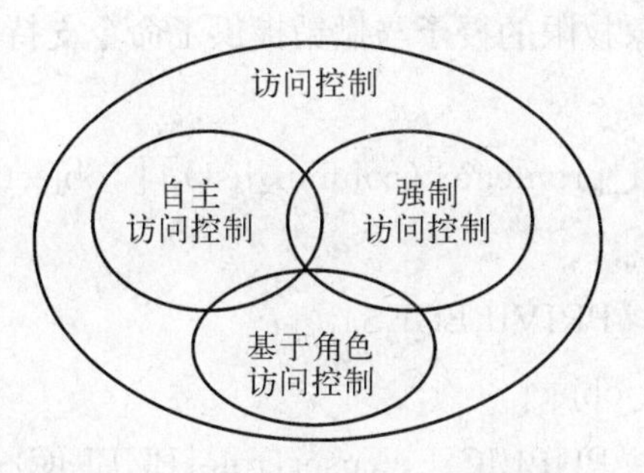

图 6-4　访问控制的一般策略

（1）自主访问控制(Discretionary Access Control，DAC)。

系统在进行访问控制时将根据主体的身份及拥有的访问权限来决策，且具有某种访问权限的主体同时又拥有将该权限授予其他用户的权利时，能够自主地将访问权限的某个子集授予其他主体；其粒度是单个用户。

例如在 SQL 中可使用 DDL 命令 GRANT 和 REVOKE 控制权限。其语法格式如下：

GRANT {system_privilege|role}[，{system_privilege|role}]...

TO {user|role|PUBLIC}[，{user|role|PUBLIC}]...[WITH ADMIN OPTION]

其中：

system_privilege：指定要授予的系统权限

Role：指定要授予的角色名

PUBLIC：将系统权限授予所有用户

WITH ADMIN OPTION：允许被授予者进一步为其他用户或角色授予权限或角色，使用 ADMIN 选项授予系统权限时应小心。这样的权限通常只限于安全管理员使用，很少授予其他用户。

例如：GRANT CREATE SESSION TO TOM

GRANT CREATE SESSION TO TOM WITH ADMIN OPTION

REVOKE CREATE SESSION FROM TOM

数据库中还存在各种对象，数据库还设置了对象权限。对象权限是一种对于特定的表、视图、序列、过程、函数或程序包执行特定操作的一种权限。不同的对象提供不同的对象权限。比如对表对象来说对象权限有 update，select，insert……但是没有 execute 权限；但是对存储过程来说就没有 update，insert 等对象权限，却存在 execute 对象权限。

SQL 中也对对象权限的授予与撤销提供了命令支持，如下：

授予对象权限

```
GRANT {object_privilege [(column_list)] [,object_privilege [(column_
        list)] ]...
        |ALL [PRIVILEGES]}
ON   [schema.]object
TO   {user|role|PUBLIC}[,{user|role|PUBLIC} ]...
     [WITH GRANT OPTION]
```

其中：

object_privilege：指定要授予的对象权限

column_list：指定表或视图列（只在授予 INSERT、REFERENCES 或 UPDATE 权限时才指定）

ALL：将所有权限授予已被授予 WITH GRANT OPTION 的对象

ON object：标识将要被授予权限的对象

WITH GRANT OPTION：使被授予者能够将对象权限授予其他用户或角色

例：GRANT UPDATE ON TOM. customs TO JACK WITH GRANT OPTION

一般自主访问控制将整个系统的用户授权状态表示为一个访问控制矩阵（如表 6-4 所示）。当用户要执行某项操作时，系统就根据用户的请求与系统的授权存取矩阵进行比较，通过则允许该用户的请求，反之则拒绝该用户的任何访问请求。

表 6-4 访问控制矩阵模型

	Object 1	Object 2	…	Object j	…
Subject 1	read, write	own, read, write	…	read	…
Subject 2	read	write	…	own, read, write	…
…	…	…	…	…	…
Subject i	own, read, write	read	…	read, write	…
…	…	…	…	…	…

授权状态用一个三元组 Q=(S,O,A)来表示。其中 S 是主体的集合;O 是客体的集合。A 中的每个元素 A(Si,Oi)表示主体 Si 对客体 Oi 的操作授权,它是访问模式的一个子集。一般在数据库管理系统中,访问模式包括读、写、执行、追加和拥有。

为了便于计算机实现和权限检查的高效执行,在实际应用中通常是用访问控制表(ACLs,如图 6-5 所示)或者访问能力表(CL,如图 6-6 所示)来代替访问控制矩阵。

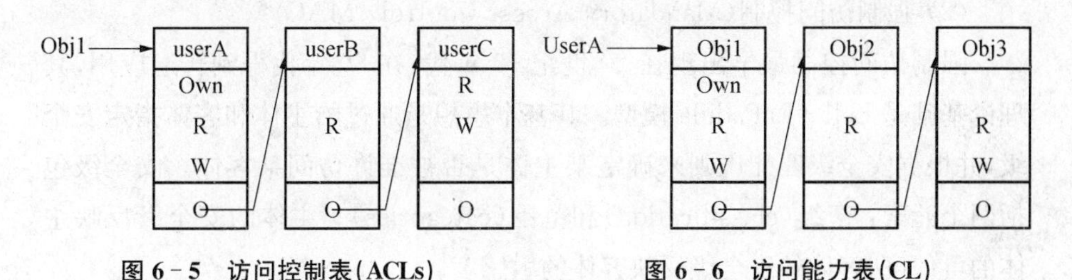

图 6-5　访问控制表(ACLs)　　图 6-6　访问能力表(CL)

① 自主访问控制的约束条件。每种命令的可选的条件语句中,可以包含对该命令执行时的以下约束关系:

- 时间约束:规定允许读写发生的时间条件。
- 数据约束:可规定所访问的数据的值的限制。
- 上下文约束:例如只读取姓名或工资是允许的,但把它们组合起来读取就需要限制。
- 历史记录约束:该约束条件的激活依赖于该操作先前的操作。

② 自主访问控制的授权管理。

- 集中式管理:只有单个管理员或组对用户进行授权和授权撤销。
- 分级式管理:一个中心管理者把管理责任分派给其他管理员,这些管理员再对用户进行授权和授权撤销;分级式管理方式可以根据组织结构来实行。
- 所属权管理:如果一个用户是一个客体的所有者,则该所有者可以对其他用户访问该客体进行授权和授权撤销。
- 协作式管理:对特定客体的访问不能由单个主体来授权决定,而必须要依赖其他客体协作授权才能决定。
- 分散式管理:客体的所有者可以把管理权限授权给其他主体。

自主访问控制，比较灵活、易用，适用于多个领域。但是缺点也是十分明显的，比如系统的授权存取矩阵可以被普通用户自主地修改，故系统初始授权定义的存取控制权限极易被旁路，这必将给数据库系统造成极大的安全隐患。再者，自主访问控制有其致命弱点：访问权限的授予是可以传递的，访问权限难以控制，管理困难；在大型系统中开销巨大，效率低下；自主访问控制不保护客体产生的副本，增加了管理难度。易遭受特洛伊木马的攻击。所以自主访问控制不适合用于安全强度要求较高的数据库系统中。

(2) 强制访问控制(Mandatory Access Control，MAC)。

强制访问控制最早出现在 20 世纪 70 年代，在 80 年代得到普遍应用，其理论基础是 Bell - LaPadula 模型。其基本思想是通过给主体和客体指定安全级，并根据安全级匹配规则来确定某主体是否被准许访问某客体。安全级包括两个元素：密级(classification)和范围(categories)。主体的安全级反映主体的可信度，客体的安全级反映客体的敏感度。

强制访问控制主要采用以下规则分别保证信息的机密性和完整性。为了保证信息的机密性，如 BLP 模型要求：无上读，主体仅能读取安全级别受此主体安全级别支配的客体的信息；无下写，主体仅能向安全级别支配此主体安全级别的客体写信息。上述规则保证了信息的单向流动。如图 6 - 7 所示。

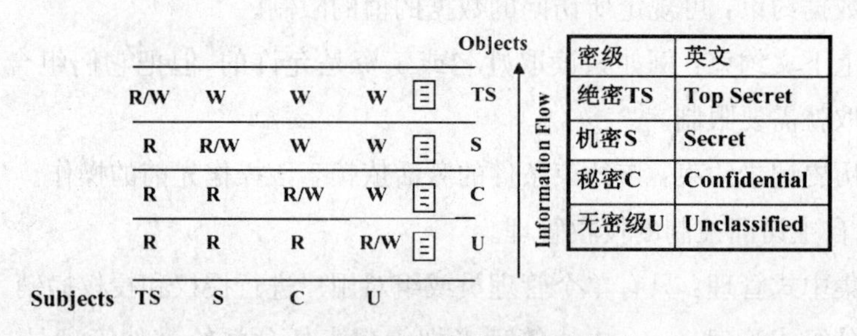

密级	英文
绝密TS	Top Secret
机密S	Secret
秘密C	Confidential
无密级U	Unclassified

图 6 - 7 BLP 模型的信息流动模式

为了保证信息的完整性，如 BIBA 模型要求不向下读、不向上写。低完整性的信息不能向高完整性的实体流动。反之可以。即如果信息能从一个实体流向另一个实体时，必须满足前者的完整性等级和实体所属类别都支配后者。

在强制访问控制下，数据库系统给所有主体和客体分配了不同级别的安全属性，主体对客体的访问操作，不但要受自身的安全属性限制，还要受客体安全属性的严格限制。形成了完整的系统授权状态，而且该授权状态一般情况下不能被改变，这是强制访问控制模型与自主访问控制模型最本质的区别。

一般用户或程序不能修改系统安全授权状态，只有特定的系统权限管理员才能根据系统实际的需要来修改系统的授权状态。

在关系数据库中，运用强制访问控制策略可以实现信息的分类管理。这样，具有不同安全级别的用户只能对其授权范围内的数据进行存取，同时也保证了敏感数据不泄漏给非授权用户，提高了数据的安全性；强制访问控制下，对数据本身进行密级标记，无论数据如何复制，标记与数据是一个不可分的整体，只有符合密级标记要求的用户才可以操纵数据。这个机制能有效防止特洛伊木马的威胁。

强制访问控制的缺点也很明显：系统的灵活性差。虽然机密性得到增强，但不能实施完整性控制，不利于在商业系统中的运用；并且它必须保证系统中不存在逆向潜信道，而在现代计算机中是难以去除的（如各种 Cache 等）。

（3）多级关系模型（Multilevel Relational Model）。

在关系型数据库中应用强制访问控制策略首先需要扩展关系模型自身的定义。这个要求目前实现比较困难，因此提出了多级关系模型，其本质是不同的元组具有不同的访问等级。关系被分割成不同的安全区，每个安全区对应一个访问等级。一个访问等级为 c 的安全区包含所有访问等级为 c 的元组。一个访问等级为 c 的主体能读取所有访问等级小于等于 c 的安全区中的所有元组，这样的元组集合构成访问等级 c 的多级关系视图。类似地，一个访问等级为 c 的主体能写所有访问等级大于或等于 c 的安全区中的元组。

（4）基于角色的访问控制（Role-based Access Control，RBAC）。

RBAC 模型与自主访问控制模型和强制访问控制模型之间最本质的区别是权限不直接赋予用户，而是指派给角色。当用户被指派到特定角色中后获得适当的权限。如图 6－8 所示。

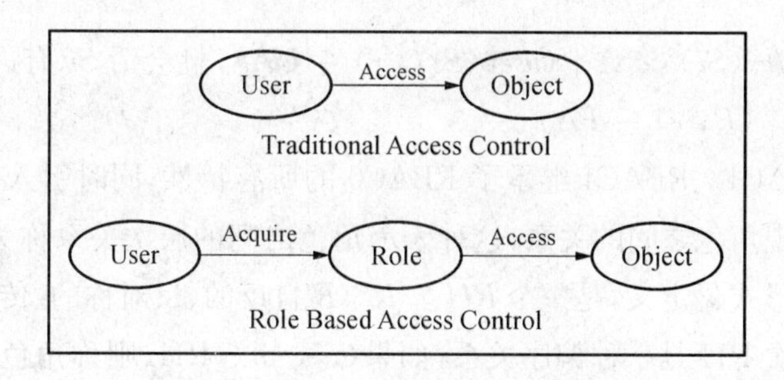

图 6－8　RBAC 与传统访问控制的区别

角色是一组用户和一组操作权限的集合，角色中所属的用户可以有权执行这些权限。用户与角色间是多对多的关系，角色与访问许可权之间也是多对多关系。当用户登录到 RBAC 系统时会得到一个会话，这个会话可能激活的角色是该用户全部角色的一个子集。角色可以根据实际的工作需要生成或取消，而且用户也可以根据自己的需要动态激活自己拥有的角色，这样就避免了用户无意间对系统安全的危害，而且容易实施最小特权原则。由于数据库应用层的角色的逻辑意义更为明显和直接，因此 RBAC 非常适用于数据库应用层的安全模型。

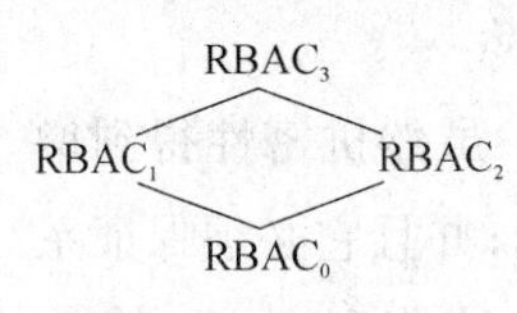

图 6－9　RBAC96 模型

RBAC 中涉及的基本元素包括用户（user）、角色（role）、访问权（permission）和会话（sessions）。RBAC96 模型提出了 RBAC 模型的层次，如图 6－9 所示。该层次可解释为：上层模型具有下层模型的全部特性。

最简单的 RBAC0 定义了 RBAC96 和基于角色的访问控制的先决特性。RBAC1 和 RBAC2 不能直接比较，前者定义角色层次的概念，后者定义了角色约束的概念。RBAC3 则包含 RBAC1 和 RBAC2 的所有特性。

（1）RBAC0。这是 RBAC96 的基本模型，其形式化定义为：

RBAC0 模型包含以下部分：角色集合（R）、用户集合（U）、许可权集合（P）和会话集合（S）。

$PA \subseteq P \times R$：是许可权和角色之间的多对多的指派关系。

$UA \subseteq U \times R$：是用户与角色之间的多对多的指派关系。

$USER: S -> U$：该函数将会话映射到用户中，每个会话 Si 映射到单个用户 user(Si)。

$Role: S -> 2^R$：该函数将会话映射到角色集合中，每个会话 Si 到角色子集 roles(Si)。

其中 $Roles(Si) \subseteq \{r \mid (user(Si),\ r) \in UA\}$，且会话 Si 有许可权 $U_r \in roles(Si)\{P \mid (P,\ r) \in PA\}$

（2）RBAC1。RBAC1 继承了 RBAC0 的所有特性，同时引入了一定的层次结构来表现角色之间的关系，这种表示角色之间的层次关系称为角色层次。角色层次的形式化定义，是一个 $RH \subseteq R \times R$ 自反的、反对称的、传递的二元关系。角色层次 RH 是一种偏序关系，如果（r’，r）∈RH，则称角色 r’是角色 r 的上级关系。

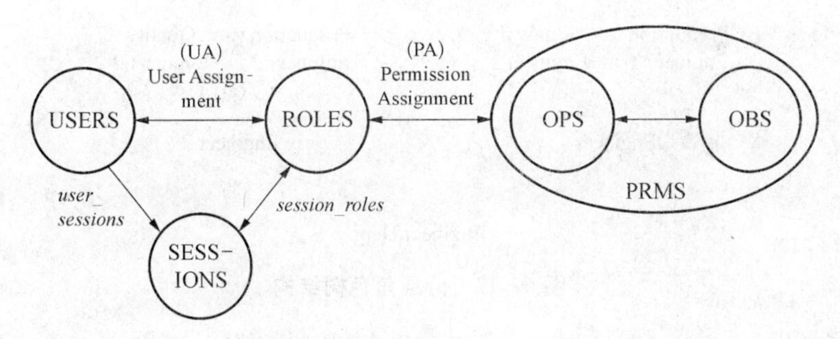

图 6-10　Core RBAC

角色层次具有两种功能：

① 权限继承：模型假设角色 r 隐含地指派了它所有下级角色的权限。

② 角色活动：模型假设如果用户 u 指派给角色 r，则用户 u 能激活角色 r 的任何下级角色，所有这些下级角色隐含地指派给用户 u。

RBAC1 模型的形式化定义如下：

U、R、P、S 分别表示用户集合、角色集合、许可权集合、会话集合

$PA \subseteq P \times R$：是许可权和角色之间的多对多的指派关系。

$UA \subseteq U \times R$：是用户与角色之间的多对多的指派关系。

$RH \subseteq R \times R$：角色集合 R 上的偏序关系，称为角色等级或角色支配关系。

$USER: S -> U$：该函数将会话映射到用户中，每个会话 Si 到单个用户 USER(Si)。

$Role: S -> 2^R$：该函数将会话映射到角色集合中，每个会话 Si 到角色子集　其中 $Roles(Si) \subseteq \{r \mid (\exists\, 'r' \geqslant r)[(user\ (Si),\ r') \in UA]\}$，并且会话 Si 具有许可权集 $U_r \in Roles\ (Si)\{P \mid (\exists\, r' \leqslant r)[(P,\ r') \in PA]\})$

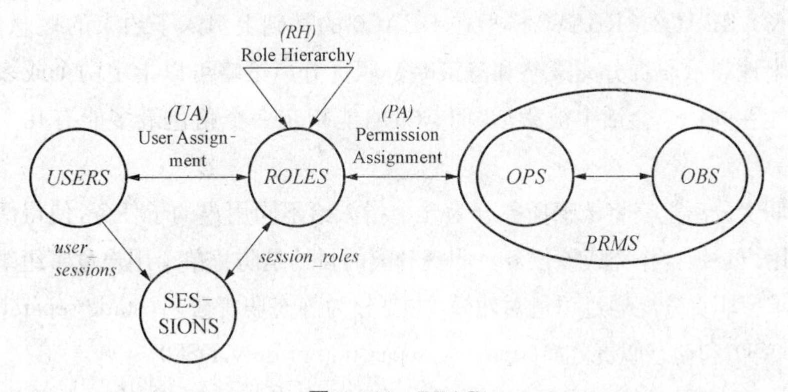

图 6-11　RBAC1

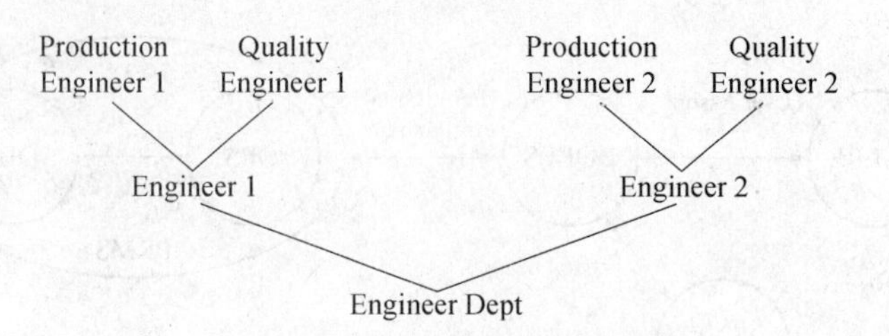

图 6-12 分层角色树结构

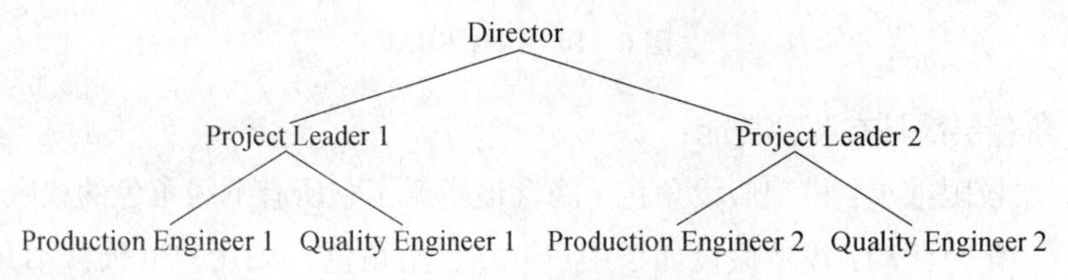

图 6-13 分层角色倒树结构

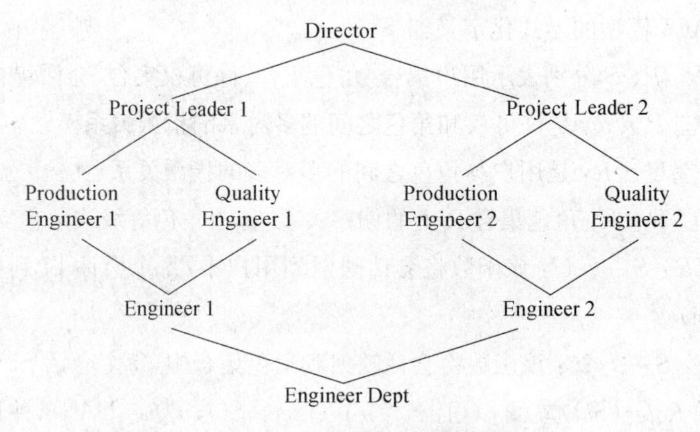

图 6-14 分层角色格结构

(3) RBAC2。RBAC2 模型在 RBAC0 的基础上引入了约束的概念,从而能清晰地表示职责分离策略和势策略。职责分离策略可以指定两个或多个角色不能在同一个会话中被激活,而势策略能指定一个角色最多能有几个活动实例。

职责分离策略将敏感任务分为几个指派给不同用户的子任务,使得两个或多个用户必须合作完成该任务。职责分离的目的是防止单个用户危害组织的安全要求。职责分离通过角色对建模,主要分为静态职责分离(static separation of duty,SSD)和动态职责分离(dynamic separation of duty,DSD)。

① 静态职责分离(SSD)。对用户分配和角色继承进行约束,如果两个角

色之间存在SSD约束，那么当一个用户被分配了一个角色后，禁止其获得另一个角色，即存在排他性。不能在已经有SSD约束关系的两个角色之间定义继承关系，因为一个角色被继承将使他拥有继承他的其他角色的全部用户，如果在SSD之间的角色存在继承关系将会违反排他性原则。

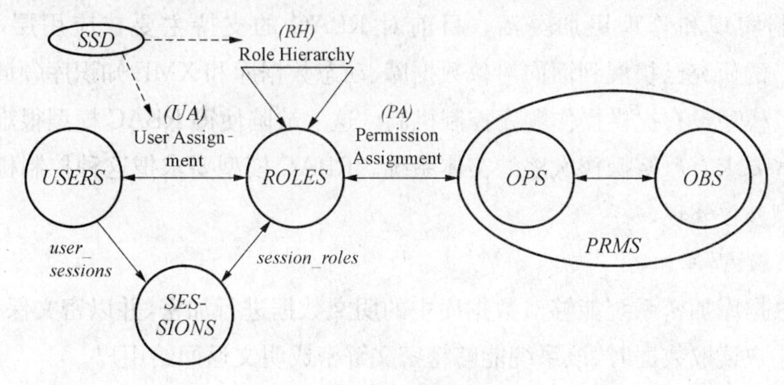

图6-15　静态职责分离SSD

② 动态职责分离(DSD)。DSD通过对用户会话过程进行约束，作用于用户会话激活角色的阶段；如果两个角色之间存在DSD约束关系，系统可以将这两个角色都分配给一个用户，但是该用户不能在一个会话中同时激活它们；对最小特权提供支持，在不同的时间拥有不同的权限。

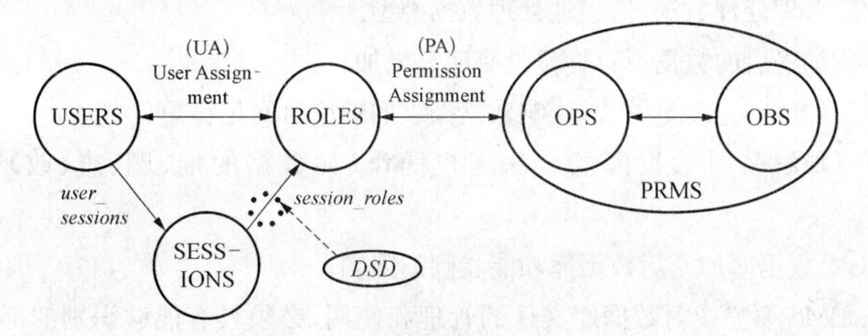

图6-16　动态职责分离DSD

RBAC实现了用户与权限关联的同时也实现了用户与权限的逻辑分离。对于一个存在大量用户和权限分配的系统来说，从大量的用户管理转为少量角色的管理，角色的变动远远少于个体的变动，这样简化了权限分配管理，提高了效率和质量；RBAC能够直接反映组织内部安全管理策略和管理模式，便于任务分担，不同的角色完成不同的任务；RBAC可以有效表达和巩固特定事务的安全策略，有效缓解传统安全管理处理的瓶颈问题，便于实现最小特权管理。

现在普遍认为RBAC比自主访问控制和强制访问控制更具发展前景，在某种程度上可以说RBAC是自主访问控制和强制访问控制在应用范围、有效性和灵活性上的扩展，利用RBAC96模型就可以实现多种自主访问控制和强制访问控制。由于使用了角色继承、约束、角色管理、授权管理等机制，使得存取控制实现和管理更加灵活。目前对RBAC的支持主要在应用层，而对RBAC的研究已扩展到面向对象数据库、动态数据库和XML知识库领域。但RBAC模型没有提供操作顺序控制机制。这一缺陷使得RBAC模型很难应用到那些要求有严格操作次序的实体系统。RBAC模型要求把这种控制机制放到模型外去实现。

3. 数据库加密

数据库加密系统能够对数据库中的明文数据进行加密，并以密文保存；当合法用户读取数据时，该系统能够将密文解密成明文返回给用户。

(1) 数据库加密的基本要求：

① 足够的加密强度，产生的密文应该频率平衡，随机无重码规律，周期很长而又不产生重复现象。攻击者很难通过对密文频率、重码等特征的分析获得成功。

② 灵活的密钥管理机制，加解密密钥存储安全，使用方便可靠。

③ 合理处理数据、恰当地处理数据类型。

④ 加密后的数据库存储量没有明显增加。

⑤ 加解密速度足够快，影响数据操纵的响应时间足够短。

⑥ 加解密对数据库的合法用户操作（如数据的增、删、查、改）是透明的。

(2) 数据库加密后数据库功能受到的限制。

DBMS要完成对数据库文件的管理和使用，必须具有能够识别的部分数据。因此，只能对数据库中数据进行部分加密。以下几种字段不能加密：

① 索引字段不能加密，为了达到提高查询速度的目的，数据库需要建立一些索引，如B树索引、HASH索引等，它们的建立和应用必须是明文状态，否则将失去索引的作用。

② 关系运算的比较字段不能加密，查询往往需要DBMS进行筛选，“条件”选择项必须是明文，否则DBMS无法进行比较筛选。

③ 表间的联接字段不能加密，比如“外键”是其中一种，外键一旦加密就

无法进行表与表之间的连接运算。

(3) 数据库加密的实现位置:

① 库内加密。

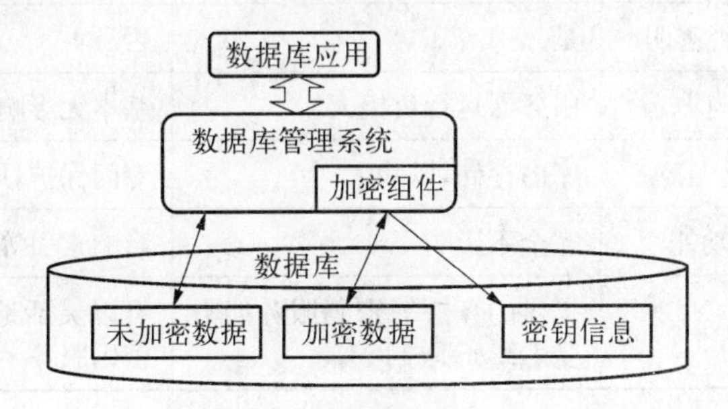

图 6－17　数据库库内加密

优点:加密功能强;加密功能集成为 DBMS 的功能,实现加密与 DBMS 的无缝耦合。

缺点:性能影响大;密钥管理风险大——加密密钥的安全保护依赖于 DBMS 访问控制机制,有权访问数据的用户也可以访问密钥。虽然可以用硬件加密器保存密钥,但同时也增加了运行成本;加密算法的选择依赖于数据库厂商的支持,自主性受限。

② 库外加密。

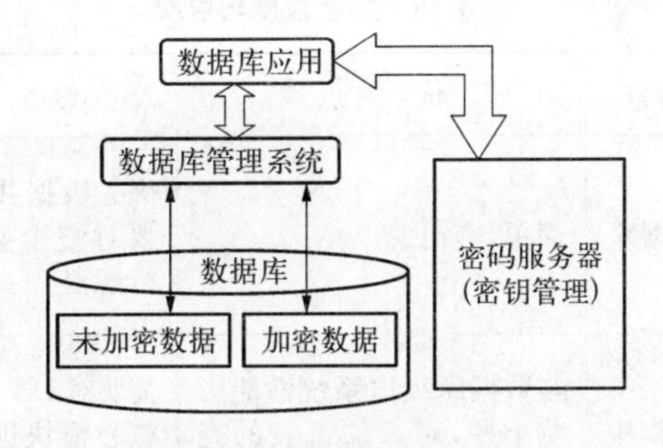

图 6－18　数据库库外加密

优点:加解密由客户端或专门的加密服务器实现,减轻了数据库服务器的运行负担;可以将加密密钥与所加密的数据分开保存,提高了安全性;

缺点:加密后数据库功能可能会受到限制。

库内加密和库外加密的对比见表 6－5。

表 6-5　库内库外加密

	库内加密模式	库外加密模式
加解密执行者	DBMS	专门的密码服务器或客户端
对数据库应用是否透明	是	否
服务器端性能影响	服务器运行负担大	基本无影响
密钥管理	库内存储，风险大	专门保护，风险小
是否影响 DBMS 功能	完全不影响	影响索引等部分功能
密码服务能力	提供的算法等密码服务能力受 DBMS 限制	可以灵活地变更，提供多种密码服务

(4) 加密的粒度与层次。

数据库级：加密对象是整个数据库。

表加密：加密对象是整个表，每个表与不同的表密钥运算，形成密文存储。

记录加密：把表中的一条记录作为加密单位。

字段级加密：即域加密或属性加密，以表中的列为单位进行加密。

字段值级加密：以记录中每个字段的值为单位进行加密。实现复杂，每个数据项使用不同的密钥，需要大量的密钥，要解决密钥的管理问题。

各层次粒度的加密对比见表 6-6。

表 6-6　加密粒度与层次

加密粒度	加密对象	优　点	缺　点	适用于
数据库级	整个数据库	简单，密钥少	失去数据共享特性，要对整个数据库进行解密	备份的数据库
表级	数据库中的表	与数据库级比系统性能影响小些，对未加密表的查询，同传统查询方法，不要解密整个数据库	需要对 DBMS 内部的核心模块进行修改，目前主流商用 DBMS 都不开放源代码	
记录级（行级）	数据表中的记录	与数据库级和表级相比，加密粒度更细，可选择灵活性更好	也需要对 DBMS 内核进行修改	

(续 表)

加密粒度	加密对象	优 点	缺 点	适用于
字段级(列级)	关系中某个字段	只需对重要数据进行加密保护,可以采用多种方式实现,可在DBMS外部完成,也可以在DBMS内部完成	密钥管理相对复杂	适合应用
数据项级(字段值级)	记录中的某个字段值,是数据库加密的最小粒度	更为灵活,实现方式同字段级	密钥管理会很复杂	适合应用

(5) 数据库加密的局限性。

① 系统运行效率受到影响。

② 难以实现对密文数据的完整性约束的定义。

③ 对数据的SQL操作及SQL函数操作受到制约。

④ 密文数据容易受到攻击。

⑤ 不能取代其他安全机制。

4. 数据库安全审计与配置

(1) 安全审计与攻击检测。目前,绝大部分数据库都有一定的安全防护措施,但仅仅只有安全防护是不够的。当攻击发生后,至少应该知道系统是怎样遭到攻击的,怎样才能恢复数据;此外还要知道系统存在什么漏洞,如何能使系统在受到攻击时有所察觉,如何获取攻击者留下的证据等。数据库安全审计(简称DBAudit)技术就是在这样的需求下被提出来的。

数据库审计就是对指定用户在数据库中的操作情况进行监控和记录的一种数据库功能。对数据库操作进行一定细粒度审计的合规性管理,对数据库遭受到的风险行为进行告警,对攻击行为进行阻断。它通过对用户访问数据库行为的记录、分析和汇报,用来帮助用户事后生成合规报告、事故追根溯源,同时加强内外部数据库网络行为记录,提高数据资产安全。审计功能在启动后,可以审查用户的相关活动。例如:数据被非授权用户删除、用户越权操作、权限管理不正确、用户获得不应有的系统权限等。通常,试图超越自身安全权限的用户(或非授权用户)可以被检测出来,在造成损失之前就对他们采取措施;或者在数据被篡改后,数据库管理员可以利用审计跟踪的信息,重现导致数据库现有状况的一系列事件，找出非法篡改数据的人、时间和内容等。因此，数据库安全审计是一个强大的安全工具，是保证数据库安全的一个必不可少的组成要素。

(2) 相关标准对安全审计的要求。目前国际上比较重要的安全标准有美国 TCSEC(橙皮书)、欧洲 ITSEC、加拿大 CTCPEC、美国联邦准则 FC、联合公共准则 CC 等等。其中，由美国国防部于 1985 年公布的《可信任计算机标准评估准则(Trusted Computer System Evaluation Criteria，TCSEC)》是安全信息体系结构中最早、影响范围最广的原则。

TCSEC 标准将安全分为四个方面：安全政策、可说明性、安全保障和文档。将计算机操作系统的安全级别划分为四档(A、B、C、D)七级(A1、B3、B2、B1、C2、C1、D)。其中以 A1 为最高安全级别，D 为最低安全级别。TCSEC 从 C2 级开始要求具有审计功能，到 B3 级提出了关于审计的全部功能要求。

C2 级要求审计以下事件：用户的身份标识和鉴别、用户地址空间中客体的引入和删除、计算机操作员/系统管理员/安全管理员的行为、其他与安全有关的事件。对于每一个审计事件，审计记录应包含以下信息：事件发生的日期和时间、事件的主体(即用户)、事件的类型、事件成功与否；对于用户鉴别这类事件，还要记录请求的来源(如终端号)；对于在用户地址空间中引入或删除客体，则要记录客体的名称；系统管理员对于系统内的用户和系统安全数据库的修改也要在审计记录中得到体现。C2 级要求审计管理员应能够根据每个用户的身份进行审计。

B1 级相对于 C2 级增加了以下需要审计的事件：对于可以输出到硬拷贝设备上的人工可读标志的修改(包括敏感标记的覆写和标记功能的关闭)、对任何具有单一安全标记的通讯通道或 I/O 设备的标记指定、对具有多个安全标记的通讯通道或 I/0 设备的安全标记范围的修改。因为增加了强制访问控制机制，B1 级要求在审计数据中也要记录客体的安全标记，同时审计管理员也可以根据客体的安全标记制定审计原则。

B2 级的安全功能要求较之 B1 级增加了可信路径和隐蔽通道分析等，因此，除了 B1 级的审计要求外，对于可能被用于存储型隐蔽通道的活动，在 B2 级也要求被审计。

B3 级在 B2 级的功能基础上，增加了对可能将要违背系统安全政策这类事件的审计，比如对于时间型隐蔽通道的利用。审计子系统能够监视这类事件的发生或积聚,并在这种积聚达到某个阈值时立即向安全管理员发出通告,如果随后这类危险事件仍然持续下去,系统应在做出最小牺牲的条件下主动终止这些事件。这种及时通告意味着 B3 级的审计子系统不像其他较低的安全级别那样只要求安全管理员在危险事件发生之后检查审计记录,而是能够更快地识别出这些违背系统安全政策的活动,并产生报告和进行主动响应。响应的方式包括锁闭发生此类事件的用户终端或者终止可疑的用户进程。

(3) 安全审计系统的主要功能。CC 通用标准中阐述的安全审计系统的主要功能包括：安全审计自动响应 (Security Audit Auto Response)、安全审计数据产生(Security Audit Data Generation)、安全审计分析(Security Audit Analysis)、安全审计浏览 (Security Audit Review)、安全审计事件选择(Security Audit Event Selection)、安全审计事件存储(Security Audit Event Storage)等。

① 安全审计自动响应。指当安全审计系统检测出一个安全违规事件(或者是潜在的违规)时采取的自动响应措施。响应包括报警或行动,例如实时报警的生成、违例进程的终止、中断服务、用户账号的失效等或及时通知管理员系统发生的安全事件,根据审计事件的不同系统将做出不同的响应,其响应方式可作增加、删除、修改等操作。

② 安全审计数据产生。指对在安全功能控制下发生的安全相关事件进行记录。它包括审计数据产生和用户相关标识两个组件定义。审计数据产生,定义了可审计事件的等级,规定了每条记录包含的数据信息。产生的审计数据有：对于敏感数据项(如口令等)的访问;目标对象的删除;访问权限或能力的授予和撤销;改变主体或客体的安全属性;标识的定义和用户授权认证功能的使用;审计功能的启动和关闭;所有可审计事件的审计等级：最小等级、基本等级、详细等级、无定义。

数据产生功能应当在每条审计记录中至少记录以下信息：事件发生的时间、事件类型、主标识、事件的结果(成功或失败);基于可审计事件功能组成的定义,对不同审计事件进行类型划分。用户相关标识,规定了将可审计事件和用户联系起来。数据产生功能能够把每个可审计事件和产生此事件的用户标识关联起来。

③ 安全审计分析。指对系统行为和审计数据进行自动分析,发现潜在的或者实际发生的安全违规。安全审计分析的能力直接关系到能否识别真正的

安全违规。它包括四个组件的定义：潜在违规分析、基于异常检测的描述、简单攻击试探法、复杂攻击试探法。

潜在违规分析：建立一个固定的、由特征信息构成的规则集合并对其进行维护（添加、修改、删除规则），以监视审计出的事件，通过累积或者合并已知的可审计事件来显示潜在的安全违规。

基于异常检测的描述：每个特征描述代表特定目的组成员使用的某个历史模式。每个特定目的组的成员分配相应的阀值，来表明此用户当前行为是否符合已建立的该用户的使用模式。这种分析可以在实时或者批处理模式分析下实现。每个用户相关的阀值表示用户当前行为是否符合已建立的该用户的使用模式，当用户的阀值已经超过临界条件时，要能够表明即将来临的违规。

简单攻击试探法：该功能应检测出代表重大威胁的特征事件的发生。对特征事件的搜索可以在实时或者批处理模式下分析实现。该功能应当能够维护特征事件（系统事件子集）的内部表示，可以表明违规事件，在对用于确定系统行为的信息检测中，能够从可辨认的系统行为记录中区别出特征事件，当系统事件匹配特征事件表明潜在违规时，能够表明即将发生的违规。

复杂攻击试探法：该功能能够描绘和检测出多步骤的入侵攻击方案，能够对比系统事件（可能是多个个体实现）和事件序列来描绘出整个攻击方案，当发现某个特征事件序列时，能够表明发生了潜在的违规。在管理上应当做好对系统事件子集的维护（删除、修改、添加）和对系统事件序列集合的维护。在细节上能够维护已知攻击方案的事件序列（系统事件的序列表，表示已经发生了已知的渗透事件）和特征事件（系统事件的子集）的内部表示，能够表明发生了潜在的违规，在对用于确定系统行为的信息的检测中，能够从可辨认的系统行为记录中区别出特征事件和事件序列，当系统事件匹配特征事件或者事件序列表明潜在违规时，能够表明即将发生的违规。

④ 安全审计浏览。指经过授权的管理人员对审计记录的访问和浏览。安全系统需要提供审计浏览的工具，通常审计系统对审计数据的浏览有授权控制，审计记录只能被授权的用户有选择地浏览。有些审计系统提供数据解释和条件搜索等功能，帮助管理员方便地浏览审计记录，它包括：一般审计浏览、受限审计浏览、可选审计浏览。

一般审计浏览：提供从审计记录中读取信息的能力。系统为授权用户提供审计记录信息,并且能够做出相应翻译。当个人需要时,授权用户从审计记录中读取审计信息列表,信息将显示成个人能够理解的表达方式;当其他外部信息技术实体需要时,就必须清楚的以电子方式表示出来。

受限审计浏览:除了经过鉴定的授权用户,没有其他任何用户可以读取信息。

可选审计浏览:可以通过审计工具按照一定标准来选择审计数据进行浏览。系统应当对审计数据提供逻辑关系上的查询、排序等能力。

⑤ 安全审计事件选择。指管理员可以从可审计的事件集合中选择接受审计的事件或者不接受审计的事件。一个系统通常不可能记录和分析所有的事件,因为选择过多的事件将无法实时处理和存储,所以安全审计事件选择的功能可以减少系统开销,提高审计的效率。此外,因为不同场合的需求不同,所以需要为特定场合配置特定的审计事件选择。安全审计系统应该能够维护、检查、修改审计事件的集合,能够选择对哪些安全属性进行审计,如:与目标标识、用户标识、主机标识或事件类型有关的属性。

⑥ 安全审计事件存储。指对安全审计跟踪记录的建立、维护,并保证其有效性。审计系统需要对审计记录、审计数据进行严密的保护,防止未授权的修改,还需要考虑在极端情况下保护审计数据有效性。审计系统在审计事件存储方面遇到的通常问题是磁盘用尽。单纯采用的覆盖最老记录的方法是不足的。审计系统应当能够在审计存储发生故障时或者在审计存储即将用尽时采取相应的动作。它包括:受保护的审计跟踪存储、审计数据有效性的保证、可能丢失数据情况下的措施、预防审计数据丢失。

受保护的审计跟踪存储:需要存储好审计跟踪记录,防止未授权删除或修改或者检测出对审计记录的删除修改。

审计数据有效性的保证:在极端条件下,保证审计数据的有效性。维护好控制审计存储能力的参数,防止未授权删除修改,当存储介质异常、失效、系统受到攻击时,应该保证审计记录的有效性。

可能丢失数据情况下的措施:当审计记录数目超过预设值时,为了防止可能出现的审计数据丢失,需要采取一定措施防止可能的存储失效。

预防审计数据丢失:在审计跟踪记录用尽系统资源(一般情况下是硬盘存储容量)时,需要做出选择以预防审计数据的丢失:除了具有特殊权限的用户操作外,忽略一些审计事件。禁止可审计事件覆盖旧的存储的审计记录,或者其他存储失效的措施。

现有的依赖于数据库日志文件的审计方法，存在诸多的弊端，比如：数据库审计功能的开启会影响数据库本身的性能、数据库日志文件本身存在被篡改的风险，难以体现审计信息的有效性和公正性。此外，对于海量数据的挖掘和迅速定位也是任何审计系统必须面对和解决的核心问题之一。

(4) 对数据库审计的新需求。伴随着数据库信息价值以及可访问性提升，数据库面对来自内部和外部的安全风险大大增加，对数据库审计功能也提出了更高的要求，主要围绕以下方面来进行完善。

① 多层业务关联审计。通过可针对 WEB 层、应用中间层、数据层等进行多层业务关联审计。应用层访问和数据库操作请求进行，实现访问者信息的完全追溯，包括：操作发生的 URL、客户端的 IP、请求报文等信息，通过多层业务关联审计更精确地定位事件发生前后所有层面的访问及操作请求，使管理人员对用户的行为一目了然，真正做到数据库操作行为可监控，违规操作可追溯。

② 细粒度数据库审计。细粒度的审计规则、精准化的行为检索及回溯、全方位的风险控制。通过对不同数据库的 SQL 语义分析，提取出 SQL 中相关的要素(用户、SQL 操作、表、字段、视图、索引、过程、函数、包……)实时监控来自各个层面的所有数据库活动，包括来自应用系统发起的数据库操作请求、来自数据库客户端工具的操作请求以及通过远程登录服务器后的操作请求等。通过远程命令行执行的 SQL 命令也能够被审计与分析，并对违规的操作进行阻断系统不仅对数据库操作请求进行实时审计，还可以对数据库返回结果进行完整的还原和审计，同时可以根据返回结果设置审计规则。

③ 精准化行为回溯。一旦发生安全事件，提供基于数据库对象的完全自定义审计查询及审计数据展现，可以回放整个相关过程，彻底摆脱数据库的黑盒状态。

④ 灵活的策略定制。满足各类内控和外审的需求，有效控制误操作、越权操作、恶意操作等违规行为，进行全方位风险控制。

(5) 系统安全配置。数据库系统中存在的安全漏洞和不当的配置通常会造成严重的后果，而且都难以发现。数据库应用程序通常同操作系统的最高管理员密切相关。大多数数据库又是属于“端口”型的数据库，这就表示任何人都能够用分析工具试图连接到数据库上，从而绕过操作系统的安全机制，进而闯入系统、破坏和窃取数据资料，甚至破坏整个系统。因此做好系统和数据库的安全配置也是数据库安全中一个非常重要的工作。

数据库系统的安全配置可以从硬件和软件两个方面来考虑，硬件方面主要应该保证正确的硬件架构设计，机房安全控制，物理网络的安全控制；本小节重点讨论数据库系统软件方面的安全配置。

① 数据库系统配置管理责任。数据库系统配置管理的主要责任人员是数据库系统管理员，根据《计算机信息系统管理标准》要求，负责对所管辖的数据库系统进行安全配置；数据库系统管理员应定期对所管辖的数据库系统的配置进行安全检查；数据库系统管理员负责定期对所管辖的数据库系统安全配置方法的修订和完善，并负责进行规范化和文档化。

② 数据库环境安全配置：

物理环境安全。数据库服务器应当置于单独的服务器区域，任何对这些数据库服务器的物理访问均应受到控制；数据库服务器所在的服务器区域边界应部署防火墙或其他逻辑隔离设施。

宿主操作系统安全。操作系统是安装数据库服务的基础，数据库系统的宿主操作系统除提供数据库服务外，不应提供其他网络服务，如：WWW、FTP、DNS等，尽量减少端口的开放数量和访问量；应在宿主操作系统中设置本地数据库专用账户，并赋予该账户除运行各种数据库服务外的最低权限；对数据库系统安装目录及相应文件访问权限进行控制，如：禁止除专用账户外的其他账户修改、删除、创建子目录或文件。这部分内容读者可以参阅操作系统安全与配置。

③ 数据库系统安装、启动与更新：

系统安装，应注意生产数据库系统须与开发数据库系统物理分离；确保没有安装未使用的数据库系统组件或模块。

系统启动，应注意确保没有开启未使用的数据库系统服务。

系统更新，应将数据库产品升级到最新的版本；应为数据库系统安装最新修补程序。

系统完整性，要求数据库系统管理员应定期或不定期检查数据库系统完整性。

④ 账户安全和口令策略：

账户设置。严禁不同的数据库系统使用相同的账户与口令；重新命名数据库管理员账号，并删除或停用不需要的默认账号以及空账号；数据库用户账户与数据库管理员账号分离。数据库系统至少应设置下述分离的几类用户：系统管理员：能够管理数据库系统中的所有组件及数据库；应用数据库管理员：能够管理本数据库中的账户、对象及数据；数据库用户：只能以特定的权限访问特定的数据库对象，不具有数据库管理权限。

针对每个数据库账户按最小权限原则设置其在相应数据库中的权限。包括如下几种权限：系统管理权限：包括账户管理、服务管理、数据库管理等；数据库管理权限：包括创建、删除、修改数据库等；数据库访问权限：包括插入、删除、修改数据库特定表记录等。很多数据库应用只需做查询、修改等简单功能，根据实际需要分配账号，并赋予仅仅能够满足应用要求和需要的权限。

数据库账户口令应为无意义的字符组，长度至少 8 位，并且至少包括数字、英文字母两类字符；应定期或不定期修改数据库管理员口令，在下述几种情况下应修改数据库管理员口令：数据库系统或相关的应用系统遭到入侵；数据库管理员轮换；数据库管理员口令泄露；其他修改口令要求。

鉴别方式/方法：使用数据库系统分配账户的方式；鉴别数据库用户，不可使用宿主操作系统的账户鉴别代替数据库账户鉴别。

服务及端口限制，在外围防火墙或其它隔离设施上控制从互联网到数据库系统的直接访问；修改数据库系统默认监听端口。

⑤ 数据库连接：

应该使用加密协议。应用程序的数据库连接字符串中不能出现数据库账户口令明文。如 SQL Server 2000 使用 Tabular Data Stream 协议进行网络数据交换，包括密码，数据库内容等交换。这是一个潜在的安全威胁，可以考虑采用 SSL/TLS 协议。

禁止未授权的数据库系统远程管理访问，对于已经批准的远程管理访问，应采取安全措施增强远程管理访问安全。

对网络连接进行 IP 限制。

加强数据库日志的记录，比如审核数据库登录的“失败和成功”，可在实例属性中选择“安全性”，将其中的审核级别选定为“全部”，这样在数据库系统和操作系统日志里面，就详细记录了所有账号的登录事件。

(6) 数据库对象安全配置。数据库中存在各种对象，根据不同对象自身属性应该采取不同的配置方案。比如对数据文件访问权限进行控制，禁止除专用账户外的其他账户访问、修改、删除数据文件；删除不需要的示例数据库，在允许存在的示例数据库中严格控制数据库账户的权限；过多的存储过程容易被人用于提升权限或进行测试，在多数应用中不需要使用太多的系统存储过程应注意删除或禁用不需要的数据库存储过程；对于数据库中的敏感字段，如口令等，要加密保存。

6.3.4　数据库安全管理的集中控制与分散控制

数据库安全管理分集中控制和分散控制两种方式。集中控制由单个授权者来控制系统的整个安全维护，分散控制则采用可用的管理程序控制数据库的不同部分来实现系统的安全维护。

集中控制的安全管理可以更有效、更方便实现安全管理。安全管理机制可采用数据库管理员、数据库安全员、数据库审计员各负其责，相互制约的方式，通过自主存取控制、强制存取控制实现数据库的安全管理。数据管理员必须专门负责每个特定数据的存取，DBMS 必须强制执行这条原则，应避免多人或多个程序来建立新用户，应确保每个用户或程序有唯一的注册账户来使用数据库。安全管理员能从单一地点部署强大的控制、符合特定标准的评估，以及大量的用户账号、口令安全管理任务。数据库审计员根据日志审计跟踪用户的行为和导致数据的变化，监视数据访问和用户行为是最基本的管理手段，这样如果数据库服务出现问题，可以进行审计追查。

6.3.5　提升数据库系统安全的实现途径

目前对数据库系统的安全改造主要有两个发展趋势：一是对数据库系统本身进行安全改造，建立多级安全数据库系统；二是对数据库系统运行的平台进行安全改造。

1. 数据库系统自身的安全改造

(1) 采用对数据库驱动程序进行安全扩展的方法在数据库存取接口上，通过扩展标准的 SQL 语句，透明地实现对数据库中敏感信息的加密和完整性保护，对关系数据库的操作可以采用 SQL DDL 和 SQL DML 语言，通过 ODBC、JDBC、BDE 等数据库驱动程序实现对数据库中表格、记录或字段的存取控制；并对用户操作进行日志记录和审计，从内部增强关系数据库的存储和存取安全。这种方式具有通用性，并且不会对数据库系统的性能造成大的影响。该模型在常规数据库驱动程序中增加密钥管理、审计日志管理、完整性验证和数据加解密等安全扩展模块,通过附加的安全属性如数据库存储加密密钥和审计日志等与安全相关的信息来加强数据库的安全;同时,增加数据库主密钥设置、更新和加密算法设置等安全属性来提高 SQL 语句的安全性。

(2) 采用基于视图的数据库安全模型。通用安全模型的特点是将权限赋予表,用户要查询数据、更改数据或对数据库进行其他操作时,直接存取表,用户只要有对表的 Select 权限,就可以检索表中所有的信息。但是,现实世界中大多数的应用都要求将信息本身划分为不同的保密级别,如军队中对信息的分类就不能简单地划分为公开和保密两类,而是需要更加细致的分类,可能对同一记录内的不同字段都要划分为不同的保密级别。甚至同一字段的不同值之间都要求划分为不同的保密级别。多级保密系统中,对不同数据项赋予不同的保密级别,然后根据数据项的密级,向存取本数据项的操作赋予不同的级别。通用安全模式显然不能将不同的字段和同一字段的不同值分为不同的保密级别,这是因为用户直接存取存储数据的数据库表。采用基于视图的数据库安全模型,这个问题就可迎刃而解。利用视图限制对表的存取和操作:通过限制表中的某些列来保护数据;限制表中的某些行来保护数据。创建一个视图后,必须给视图授予对象权限,用户才能存取和操作视图中的数据,不必给作为视图表的基础表授予权限。

2. 数据库系统运行平台的安全改造

采用安全级别更高的操作系统或安全的通信平台,如 VPN(虚拟专用网)。该方式对所有的数据库系统透明,通用性强,但保护的粒度不足。

3. 采用增强数据库安全的应用服务器(DSAS)

在现有的 C2 级安全的 DBMS 基础上,采用增强数据库安全的应用服务器,从而可达到所期望的 B 类安全标准。DSAS 作为数据库服务器的特种安全保障软件,用以增强抵御来自系统内外的对数据库安全攻击的内在能力,使计算机信息系统在更安全的数据库环境中运行。它具有如下特征:

(1) 强制存取控制:实现基于敏感度标记的强制存取控制。

(2) 双向身份认证:提供用户与安全应用服务器 DSAS 之间的双向身份认证。

(3) 加密通信:提供安全通信的密钥,保障信道上数据的保密性与完整性。

(4) 增强的安全审计跟踪：增加跟踪记录与安全性有关的操作，以辨清安全责任。

6.3.6 数据库安全的发展趋势

数据库安全不仅要关心敏感数据的保护，也要研究新的机制来确保用户在一个受约束的方式下可以找到他应得到的信息，要在确保可用性的前提下研究数据库安全。数据库安全将继续是一个重要的研究目标，随着计算机技术的发展和数据库技术应用范围的扩大，将会有以下发展趋势：

(1) 数据库系统的弱点和漏洞可以被轻易地利用，因此数据库安全要和入侵检测系统、防火墙等其他安全产品应配套研究使用。

(2) 数据库系统安全不是孤立的，其他应用系统通过接口可以存取数据库，因此对应用系统和数据库连接部分的程序本身的安全研究也是广义数据库系统安全研究的范围。

(3) 数据库加密技术的研究应用是今后数据库在金融、商业等其他重要应用部门研究和推广的重点。

(4) 推理问题将继续是数据库安全面临的问题。推理问题指由不敏感信息推导出敏感性信息。敏感信息指保密的不公开的信息，它取决于信息隐藏的含义。当一个数据库既含有敏感信息，又含有不敏感信息时，问题就比较复杂。敏感信息可能受到直接攻击、间接攻击、追踪攻击或利用线形系统弱点的攻击。

6.4 备份与恢复

数据库管理员(DBA)的主要职责之一就是确保数据库可用。DBA 可以采取预防措施来尽量减少系统故障。尽管有预防措施，但期望永远不出现故障只能是一种幼稚的想法。数据库出现故障后，DBA 必须尽快使之恢复运行，尽量减少数据损失。

为了保护数据免受各种可能发生的故障(语句故障、用户进程故障、用户错误、网络故障、例程故障、介质故障)的影响，每种类型的故障都要求 DBA 不同程度地介入以便有效地进行恢复。在某些情况下，恢复取决于已实施的备份策略的类型。例如，语句故障几乎不需要 DBA 干预，而介质故障则要求 DBA 使用经过测试的恢复策略。所以 DBA 必须定期备份数据库。如果没有最新的备份，一旦发生文件损失，DBA 就不可能在不损失数据的情况下使数据库恢复运行。

6.4.1 数据库备份恢复机制

数据库管理系统提供了多种备份和恢复机制来保证数据的完整性、可用性。常见的有以下机制：

1. 逻辑备份恢复与物理备份恢复

逻辑备份恢复主要是对数据库结构定义进行备份以便日后完成结构的重建，通常用导入/导出命令或工具来完成。

导出：与目标数据库相连接，将包含在数据库中的数据连同数据库的逻辑结构（即重建表、索引和其他数据库对象所必须的结构信息）写入一个操作系统文件（导出转储文件）的过程。

导入：与目标数据库相连接，读取导出文件中的数据，在目标数据库中进行重建。如重建表，从导出文件中读取行并将它们导入到这些表中、重建索引、导入表触发器并在表中重新启用完整性约束。

导入/导出可以在数据库不同粒度上完成，如某个表、某个用户模式甚至于整个数据库。

物理备份与恢复是将数据库中的文件通过 DBA 使用命令或专门的工具进行操作系统层面上的拷贝，以便在数据库出现故障的时候进行恢复。

2. 整体备份恢复与部分备份恢复

整体数据库备份恢复：在目标数据库可能是打开的，也可能是关闭的情况下备份所有数据文件、控制文件、日志文件等。

部分数据库备份恢复：只对部分数据文件，控制文件或日志文件等进行备份与恢复。

3. 一致备份和不一致备份

一致备份：在数据库关闭后进行的整体备份称为一致备份。在这种备份中，所有数据库文件的标头均与控制文件一致，完全还原后，数据库不需任何恢复即可打开。

不一致备份：如果数据库打开并且可操作也可以进行备份，但是因为数据文件的标头与控制文件不一致，这种状态下的数据库备份称为不一致备份。不一致备份需要通过恢复才能使数据库进入一致状态。如果数据库需要每周 7 天、每天 24 小时都使用，则只能使用不一致备份。

4. 全备份、增量备份、差异备份

（1）全备份(Full Backup)。与整体数据库备份不同，全备份可能只包含一个或多个数据文件、控制文件或日志文件。在执行全备份时，数据库服务器进程读取整个文件，并将所有的块复制到备份集内，只跳过从未使用过的数据文件块。在备份日志或控制文件时，服务器会话不会跳过任何块。

这种备份方式的好处就是很直观，容易被人理解。恢复时间短，操作方便。不足之处：首先由于对数据库进行全备份，在备份数据中有大量数据是重复的，占用了大量的备份空间，这就意味着增加成本；其次，由于需要备份的数据量相当大，因此备份所需时间较长。对于那些业务繁忙，备份窗口时间有限的单位来说，选择这种备份策略无疑是不明智的。

（2）增量备份(Incremental Backup)。仅备份自上次增量备份以来更改过的数据，须将全备份作为增量策略的基础备份。

每次备份的数据只是相当于上一次备份后增加的或修改过的数据。这种备份的优点很明显：没有重复的备份数据，即节省空间，又缩短了备份时间；提供多个恢复点，且每个恢复点归档大小不会持续增长，因为归档仅包含上次备份以来的变化。但它的缺点在于当发生灾难时，恢复数据比较麻烦，要求全备份和整个增量备份链才可以恢复到的一个合适的点，如图 6 - 19 所示。

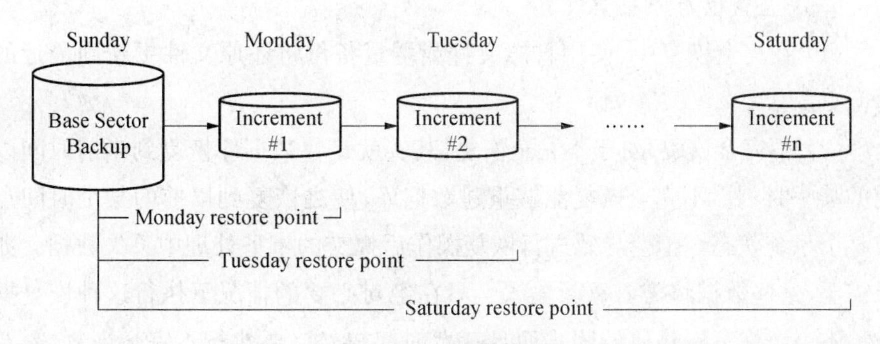

图 6 - 19　增量备份

（3）差异备份(Differential Backup)。每次备份的数据是相对于上一次全备份之后新增加的或修改过的数据。

这种备份的优点有：提供多个恢复点；仅需要基础归档即可完成恢复，如图 6－20 所示。缺点是归档大小持续增长；数据重复（下一个归档包含之前的所有变化）。

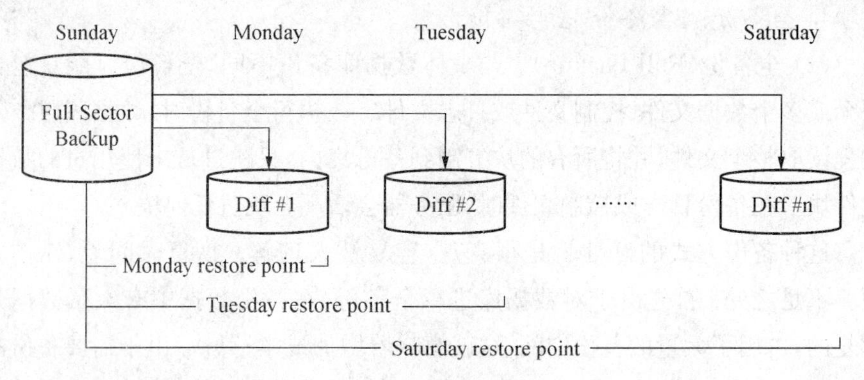

图 6－20　差异备份

5. 联机备份(Online Backup)和脱机备份(Offline Backup)

联机备份又称热备份(Hot Backup)是指数据库处于打开的状态下进行的备份。在数据库不能关闭但需要备份时只能采用联机备份方式。

脱机备份又称冷备份(Cold Backup)是指在数据库正常关闭情况下进行的备份，是所有备份策略中最可靠的一种，因为数据库被正常关闭后，已经将所有的脏缓冲刷新到磁盘；回退了所有不完整的事务；向所有数据文件头发送了校验点。日后数据库恢复只能到备份时的状态。

6. 完全恢复与不完全恢复

(1) 在完全恢复中，使用日志文件或增量备份将还原文件更新到最近的时间点。

(2) 不完全恢复，对于不完全恢复，其实就是将数据库恢复到当前时间以前的某一时刻。不完全恢复能够重建数据库，使之恢复到以前的某个时间点或某个系统状态。但会导致进行恢复操作后提交的事务处理中丢失数据。如果需要，这些数据将需要重新输入。只在绝对必要的情况下执行这种恢复操作。不完全恢复操作比较困难而且耗费时间较长。要执行不完全恢复，需要恢复时间点之前制作的所有数据文件的有效脱机或联机备份；截止到指定的恢复时间之前，备份中生成的所有日志。

① 需要进行不完全恢复的常见情况：

丢失归档：由于归档日志损坏或丢失，完全恢复操作失败。数据库只能恢复到应用归档日志之前的过去的某一时间的状态。

丢失重做日志：未镜像重做日志，并且重做日志在归档之前丢失，数据文件也丢失。恢复无法继续到丢失的重做日志之后。

用户错误：用户错误地删除了某个表，提交了用错误的 WHERE 子句更新的数据等等。

丢失控制文件：未镜像控制文件，不知道数据库的结构，但有旧的二进制副本的备份。

② 不完全恢复原则：

认真按照所有恢复步骤进行操作很重要，因为不完全恢复的大多数问题都是由恢复过程中的 DBA 错误造成的。

事务活动只能前滚至期望的时间，而不能回退至期望的时间。这就是对要及时恢复的数据库必须还原所有数据文件的原因。如果没能还原所有数据文件，将无法打开(非同步)数据库。

开始不完全恢复之前应执行整体关闭数据库备份。这样做的好处有：允许从错误中恢复。如果恢复失败(例如，恢复超出了期望的恢复点)，可以节省时间。在这种情况下，可以从新备份中还原数据文件，而不是从需要应用归档的上一次备份中还原。

恢复成功后，执行关闭的数据库的整体备份。如果需要进行恢复才能完成下一次排定的备份，则建议使用这种方法。

在允许用户访问系统之前一定要验证故障是否已经修复，以防止恢复失败而需要再次进行恢复。

从系统中备份(以后删除)归档日志，以避免混合不同数据库复本中的归档。

6.4.2　影响备份与恢复策略的主要因素

1. 业务要求

应该了解停机时间将对业务产生的影响。管理层和 DBA 必须量化停机时间及数据损失的代价，并将其与减少停机时间及尽量减少数据损失所需的成本进行比较。

(1) 平均恢复时间(MTTR)。数据库的可用性是 DBA 要考虑的一个主要问题。出现故障后，DBA 应努力减小 MTTR。此策略可确保数据库的不可用时间尽可能地最短。通过预测可能发生的故障的类型并采取有效的恢复策略,DBA 可以最终达到缩短 MTTR 的目的。

(2) 平均故障间隔时间(MTBF)。保护数据库以防止出现各种类型的故障也是 DBA 的一个重要任务。要做到这一点,DBA 必须延长 MTBF。DBA 必须了解数据库环境中备份和恢复的结构,并对数据库进行相应配置,才不会经常发生故障。

(3) 演变过程。备份及恢复策略随着业务要求、操作要求和技术要求的变化而逐渐发展。DBA 和相应的管理层都应定期对备份和恢复策略的有效性进行检查,这一点至关重要。

2. 操作要求

(1) 是否需要数据库 7 * 24 小时操作。备份和恢复总是受到所提供的业务操作类型的影响,在数据库必须一周 7 天、一天 24 小时连续运行的情况下更是如此。正确的数据库配置对于支持这样的操作要求是必需的,因为它们直接影响数据库环境的技术层面。

(2) 测试和验证备份。DBA 可以通过制定计划定期测试备份的有效性,来确保他们的策略可以缩短 MTTR 并延长 MTBF。有效的恢复取决于有效的备份。在选择备份策略时,应考虑以下一些问题:

① 当您需要帮助时,是否可以求助于系统管理员、供应商、后备 DBA 以及其他关键人员?

② 是否可以按安排的时间间隔经常测试备份和恢复策略?

③ 备份副本是否存储在其他地方?

④ 计划是否被详细记录并得到良好的维护?

(3) 数据库易变性。影响操作要求的其他问题包括数据的易变性和数据库的结构。在选择备份策略时,应考虑以下一些问题:

① 表是否要经常更新?

② 数据是否频繁变更?如果是这样,就必须比那些数据相对稳定的业务更频繁地进行备份。

③ 数据库结构是否经常改变?

④ 添加数据文件的频率如何?

3. 技术方面的考虑因素

(1) 资源:硬件、软件、人力和时间。

(2) 操作系统文件的物理映像副本。某些技术要求由所要求的备份类型决定。例如，如果需要数据文件的物理映像副本，这将显著影响可用存储空间。

(3) 数据库中各对象的逻辑副本。创建数据库中对象的逻辑副本对存储要求的影响没有物理映像副本那么显著；然而，由于用户访问数据库时执行逻辑副本，系统资源可能会受到影响。

(4) 数据库配置。数据库的配置影响执行备份的方式和数据库的可用性。根据数据库配置，系统资源(如支持备份及恢复策略所需的磁盘空间)可能会受到限制。

(5) 事务处理量。这将影响需要备份的频率，也会影响系统资源。如果24小时(全天候)操作要求定期备份，则会增加系统资源的负担。

4. 管理上的协作

5. 灾难恢复问题

在出现严重灾难的情况下，如地震、水灾或火灾、完全丢失计算机、存储硬件或软件故障、失去重要人员，如数据库管理员等，业务会受到什么样的影响？因此如何构建有效的灾难恢复计划也是制定备份和恢复策略时应该考虑的问题。

本章小结

本章介绍了数据库事务以及事务的并发控制；针对数据库安全保护，介绍了数据库身份认证技术，访问控制策略与机制，数据库加密技术，数据库审计与安全配置，数据库安全的未来发展趋势等方面的内容；对于如何保障数据库的可用性，本章对数据库的备份与恢复也进行了简单的讨论。

本章习题

一、简答题

1. 事务的属性有哪些？
2. 为什么对事务的执行要进行并发控制？
3. 简述锁的种类与应用场景。

4. 简述数据库面临的安全威胁及其安全需求。

5. 简述身份认证与其他安全服务的关系。

6. 强制访问控制是如何保护数据的机密性和完整性?

7. 角色和组的区别是什么? 基于角色的访问控制有哪些优点?

8. 对数据库加密存在什么局限性?

9. 数据库安全审计和安全配置需要遵守的基本原则有哪些?

10. 影响备份与恢复策略的主要因素有哪些?

二、思考题

如何综合应用本章所学的安全技术与措施构建数据库的多层次安全防御体系?

第7章 数据库应用案例

随着信息化的发展,数据库的应用正日益广泛,各行各业都需要使用数据库以帮助储存和管理信息。从企业信息管理系统到电子商务系统,从银行、电信、医疗、教育等各行业到日常生活,数据库可以说是无处不在。然而普通用户一般不会直接与数据库打交道,甚至不知道数据库的存在。用户使用电子邮箱时,因为有数据库保存了的用户名和密码,从而可以验证用户身份;当用户在网上购物时,因为数据库保存了商品的名称、价格和其他信息,所以可以浏览这些信息、订购商品并结算,一旦生成订单,订单信息又被保存在数据库中,便于今后的跟踪和查看;就连智能手机的通讯录,大多也是保存在数据库中的。对于关系型数据库来说,主要靠 SQL 语言来操纵它,但在大多数情况下最终用户都不必写 SQL 语句就能操纵数据库,比如上述各个场景中,普通用户只是点点鼠标或触摸屏就完成了对数据库的访问。那么,是什么使得用户对数据库的访问变得如此简单,甚至说是"透明"呢? 是数据库应用程序。

所谓数据库应用程序是基于某种应用场景,以数据的收集、存储与处理为目标,以数据库作为数据存储工具的应用程序。它一般通过一种或几种程序设计语言编写,使用专门的数据库访问组件和数据库查询语言(如 SQL 语言)实现与数据库的交互。可以说,数据库应用程序是用户与数据库的中介。数据库应用程序能够对业务逻辑进行有效的控制,同时又能对数据进行验证、收集、封装与处理,具有良好的人机界面,能够将复杂的数据库操作转化为简单的数据录入与人机交互工作,大大方便了用户对数据或信息的管理。

本章通过一个实际的数据库应用程序《基于 WebGIS 的物流协同溯源系统——虾苗苗种投放管理系统》介绍数据库应用程序开发的一般步骤和知识。读者通过本章的学习能够大致了解数据库应用程序开发的全貌。本章将从几个方面介绍数据库应用程序的开发，首先介绍数据应用程序开发的一般流程和技术，使读者对数据库应用程序的开发有一个大致的了解；接着介绍常用的数据库访问技术，对案例中主要使用的 ADO.NET 技术做重点介绍；然后结合案例介绍在.NET 应用程序中访问数据库的一般方法；最后分别介绍案例 C/S 和 B/S 部分的实现。案例基于微软.NET 框架 4.0，使用 C# 语言作为应用程序的主要实现语言，在 B/S 部分还涉及 HTTP 协议、HTML 语言、JavaScript 语言、CSS 样式表等内容，限于篇幅，只提及必需的知识与概念，不作进一步讨论；对于数据库应用程序开发过程中的安全、性能等问题，同样无法详细阐述，需要进一步学习的读者可以参阅其他资料。

阅读本章内容，需要读者具备基本的程序设计语言知识，掌握至少一门面向对象的程序设计语言，最好对 C# 程序设计语言有所了解。

7.1 案例概述

7.1.1 案例背景与需求

为保障水产品的安全，越来越多的水产品已经提供了对应的溯源信息，消费者可以根据附在购买来的水产品包装上的溯源代码，跟踪查询该水产品从养殖到运输、加工、销售等各个环节上的检验数据，了解该产品的安全与品质等信息。

这样的溯源涉及多个环节的大量信息。为了描述的简便，仅以其中的水产品养殖前的苗种投放溯源为例，向读者展示单个点上的溯源信息管理是如何规划和实现的。

在水产品养殖前的苗种投放环节中，涉及以下一些管理需求：

水产品养殖涉及许多养殖企业，每个养殖企业有唯一的编号，每个养殖企业需要存储其企业名称、负责人、地址、联系电话和邮箱。而每个养殖企业拥有多个池塘，池塘通过池塘编号来标识，每个池塘需要描述池塘的长度、宽度、高度、面积和负责人。

每个池塘都会投放很多的水产品苗种，苗种用虾苗批次编号来标识，而一个池塘会投放多个批次的苗种。在投放中要记录投放苗种的数量、投放日期、苗种的亲本虾和规格等信息。每一批次的苗种在投放池塘前还需要检验并记录检验信息，包括检验日期、合格率、基本安全指标是否通过以及检验人等。一个检验人可以检验多个批次的苗种。本系统设置的用户分为两种，分别是管理员和检验人。管理员负责对企业信息、池塘信息和虾苗信息进行维护并对检验合格的虾苗投放到具体的池塘做记录；检验人负责在苗种投放前进行检验并将检验数据录入到系统中。管理员和检验人必须是不同的人。用户的维护由统一的系统管理员进行，本案例不涉及。

7.1.2　案例开发采用的技术路线

本案例以.NET 框架 4.0 和 SqlServer2008 为主要实现技术，以 Visual Studio .NET 2013 为主要开发工具，以 C# 作为程序设计语言编写，将全部功能模块的实现分为 C/S(Client/Server)和 B/S(Browser/Server)两个部分，即在统一的数据库环境下，根据实际应用的需求采用两种模式编写应用程序。实际上，不论是 B/S 还是 C/S 架构(关于 C/S 和 B/S 架构的差异将在 7.4 节详细讨论)都可以实现全部的功能，在此之所以同时采用两种架构，是为了展示两种架构在实现细节上的差异。读者也可以尝试将全部模块转换为 C/S 或 B/S 架构。

7.1.3　案例的数据库设计

根据 7.1.1 的需求，绘制出数据库设计的 E-R 图(如图 7-1 所示)，并在此基础上设计了数据库的表(见表 7-1 到表 7-5)。

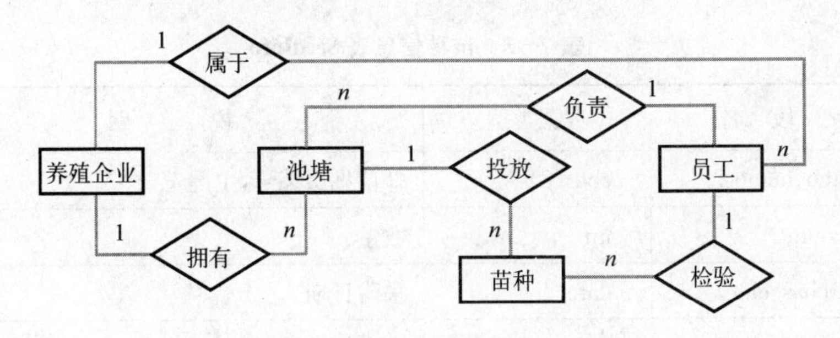

图 7-1　苗种投放系统 E-R 图

表 7-1　养殖企业表 AquaEnter

字段名	数据类型	说明
enter_ID	char(4)	养殖企业编号,主键
enter_name	varchar(40)	企业名称
enter_chief	varchar(16)	企业负责人
enter_address	varchar(100)	企业地址
tel_number	varchar(20)	联系电话
email	varchar(50)	邮箱
is_del	bit	删除标记,必填,默认值为 0,即 false

表 7-2　池塘信息表 PondInfo

字段名	数据类型	说明
pond_ID	varchar(12)	池塘编号,主键
pond_length	float	长度
pond_width	float	宽度
pond_high	float	高度
pond_size	varchar(4)	规格。存放长度的单位,如"米"等
pond_chief	varchar(16)	池塘负责人,必须是管理人员
enter_ID	char(4)	养殖企业编号,外键,关联到养殖企业表中的养殖企业编号
is_del	bit	删除标记,必填,默认值为 0,即 false

表 7-3　苗种信息表 SeedInfo

字段名	数据类型	说明
batch_number	char(8)	虾苗批次编号,主键
amount	int	数量
purchas_date	date	采购日期
parent_shrimp	varchar(10)	亲本虾种类
seed_size	varchar(4)	苗种规格。存放数量的单位,如"只"等

（续　表）

字　段　名	数据类型	说　　明
pond_ID	char(4)	池塘编号，外键，关联到池塘信息表中的池塘编号
in_pond_date	date	投放日期
is_ready	bit	如果为1，表示可以提交给检验人员检验。默认0，必填

表7-4　苗种检验信息表 SeedCheck

字　段　名	数据类型	说　　明
batch_number	char(8)	虾苗批次编号，主键，同时也是外键，关联到虾苗信息表中的虾苗批次编号
check_date	datetime	检验日期
pass_percent	float	规格合格率
safety_index	bit	安全指标是否通过
is_ok	bit	检验是否通过，必填。默认为0，即 false
emp_ID	char(12)	检验人，外键，关联到员工表，必须是检验人员

表7-5　员工表 Employee

字　段　名	数据类型	说　　明
emp_ID	char(10)	员工工号，主键
emp_name	varchar(16)	员工姓名
position	nvarchar(10)	身份。分“池塘管理员”和“检验人员”两种
employ_date	date	入职时间
emp_pwd	varchar(50)	员工的登录密码(已加密)
emp_ID	char(12)	所属企业，外键
is_del	bit	删除标记，必填，默认值为0，即 false

7.2　数据库应用程序开发概述

本节将对数据库应用程序开发的一般流程和数据库应用系统的体系结构

进行介绍，另外对本案例开发所采用的.NET技术进行简要介绍，以方便读者阅读后续内容。

7.2.1 数据库应用程序的开发流程

数据库应用程序的开发遵循软件工程的基本思想，其经典流程是按照瀑布模型一步步推进。瀑布模型的核心思想是按工序将问题化简，将功能的实现与设计分开，便于分工协作，即采用结构化的分析与设计方法将逻辑实现与物理实现分开。但是瀑布模型也有明显的缺点，比如文档多、周期长、发现问题晚、成本高以及难以应对需求不明确或者需求变化的情况等，所以在瀑布模型的基础上又产生了许多更加现代化的模型，如迭代模型、螺旋模型、增量模型、快速原型模型等等。本章案例系统的开发流程基本上遵循瀑布模型的思想，即“分析”→“设计”→“编码”→“测试”（“测试”部分未做介绍），但限于篇幅，不能详述各个过程，考虑到本章的主要目的是教会读者在应用程序中访问数据库（更加侧重于技术实现），所以对整个流程做了简化。比如没有进行详细的需求分析，而是对“案例背景与需求”简单做了介绍；没有画数据流图，自然也省略了系统分析部分；在系统设计部分也没有区分总体设计和详细设计等等。取而代之的是将流程隐含在章节的体系中，并通过语言叙述的方式进行贯穿，请读者留意。

数据库应用程序的开发除遵循基本的软件工程方法和流程外，重点要解决数据库设计和数据访问技术的问题。有关数据库设计方法请参考本书第5章，这里仅给出设计的结果，参见7.1.3节。在7.3节将详细讨论数据访问技术。

7.2.2 数据库应用系统的体系结构

所谓系统的体系结构主要是指系统之间组件（或构件）之间的连接关系。从系统的部署角度来看，主要有C/S(Client/Server)结构和B/S(Browser/Server)两种结构，以及由此两种结构衍生出的其他结构，比如基于智能手机或云平台的数据库应用程序。

C/S (Client/Server)结构，即客户机和服务器结构。这种结构将核心的数据库及管理系统放在服务器端，将用户界面和一部分业务逻辑处理等放在客户端。此种结构可以将任务合理分配到客户端和服务器端，能够充分利用客户端和服务器端的计算机资源，降低系统通信的开销。但是C/S结构也有其缺点，主要有二：① 必须针对不同的客户端环境开发不同的客户端应用程序，比如针对 windows 系统需要开发一个应用程序，针对 Linux、OSX 系统要开发不同的应用程序。如此一来，随着此类应用程序的增多，客户端安装的应用程序也就越来越多，所以客户端的系统会变得越来越臃肿，因此称此类客户端程序为“胖客户端”；② 系统升级维护成本较高。更新维护时必须要对多个平台的多个客户端应用程序进行更新，如果部署客户端的主机众多，那么升级维护的成本就会比较高。

B/S(Browser/Server)结构即浏览器和服务器结构。它是随着 Internet 技术的兴起，对 C/S 结构的一种变化或者改进的结构。与 C/S 结构类似，数据库仍然放在服务器端，但客户端不使用专用的客户端应用程序，而是统一使用 Web 浏览器，也就是说，不管有多少个数据库应用系统，客户端程序只有浏览器一种而已，因此也被称为“瘦客户端”。因为采用浏览器作为客户端程序，因此服务器端必须返回 HTML(Hypertext Markup Language，超文本标记语言，用以组织多媒体网页)代码、CSS(Cascading Style Sheet，层叠样式表，用来规定 HTML 元素的格式)和 JavaScript(一种由浏览器执行的脚本程序，主要用来操控 HTML 和 CSS 代码、进行数据验证和事件处理或者与服务器通信)代码，以便在浏览器上显示用户界面。由于 HTML 语言的标准化和跨平台性，使用 B/S 架构的应用程序通常只需要开发一个版本就能用于不同的操作系统和浏览器，这大大减轻了系统开发和维护的工作量及成本。B/S 结构的缺点在主要是：① HMTL 的表现力不如胖客户端程序好，应用程序界面不能做得很漂亮；② 浏览器渲染 HTML 页面的效率不高，执行速度较慢；③ 尽管 HTML、CSS 和 JavaScript(实际上应该叫做 ECMAScript，由 ECMA (European Computer Manufacturers Association，欧洲计算机制造商协会)通过 ECMA－262 标准化，JavaScript 是其中一种实现，应用较为广泛)都有相应的标准，但不同浏览器对标准的理解不同，造成了一些兼容性问题，服务器端必须小心处理这些差异，以便在不同种类和版本的浏览器上都能呈现出大体一致的效果；④ 服务器端的运算和处理压力较大。因为 B/S 结构将大部分的计算放在了服务器端(就连产生用户界面的 HTML 代码也在服务器端生成并返回给浏览器端)，所以当大量并发时，服务器端可能无法及时响应。尽管 B/S 架构有上述缺点，但因为其瘦客户端的特点，显著降低了系统开发和维护的成本，所以越来越多的数据库应用系统采用 B/S 结构。随着技术的进步，B/S 结构造成的上述问题基本上都得到了较好的解决。可以说，除了少数对实时性要求较高和运算量巨大的程序外(如自动控制系统、大型 3D 游戏等),其余的系统都可以采用 B/S 结构获得满意的解决方案。

7.2.3 .NET 框架与 C#程序设计语言

.NET框架是微软公司于 2002 年发布的新一代编程框架,是微软为了应对 Java 语言竞争而推出的战略性产品,也标志着微软向互联网方向的转型。从发布至今,.NET框架已经经历了 7 次版本升级(最新版本是 4.6)。.NET框架不仅仅一个类库或者是一种技术,实际上它是一个庞大的体系,在以 CLR (Common Language Runtime,公共语言运行时)为基础构建的托管环境上,承载着微软的多项重大技术,其与 Windows 的集成也日益加强。

.NET 框架包含以下几部分内容:

① 公共语言运行时。位于框架的底层,是架构在操作系统上的核心程序,提供了一个程序执行的托管环境。程序不是直接在操作系统中执行,而是由 CLR 负责将.NET 程序的代码翻译成特定的机器码(本地代码)由 CPU 执行,CLR 还负责类型检查以及自动回收内存(垃圾回收)。

② .NET 类库。.NET 为程序员提供了大量的可重用的高质量类库,以便程序员将精力集中在自己的业务上。这些类库包括一些基础类库(如字符串处理、IO、线程、安全性等)、数据和 XML 类(最主要的是 ADO. NET)、面向具体应用的大型组件(ASP. NET 组件、Windows 窗体组件、Web 服务组件等)和其他高级组件(如 WPF、WCF、WF、CardSpace 等)。

③ 公共语言规范和公共类型系统。这一部分的主要作用是统一各种.NET程序设计语言的差异。在公共语言规范和公共类型系统的支持下,所有. NET 语言编写的应用程序在编译后的结果都是一样的,统一的格式叫做 MSIL(Microsoft Intermediate Language,微软中间语言)。

④ 程序设计语言。

⑤ Visual Studio .NET集成开发环境。

此外,在. NET Framework4. 0 以上版本中还多加了一个动态语言运行时 (Dynamic Language Runtime,DLR),它将一组适用于动态语言的服务添加到 CLR,DLR 的目的是允许动态语言系统在 . NET Framework 上运行,并为动态语言提供 . NET 互操作性。借助于 DLR,可以更轻松地开发要在 . NET Framework 上运行的动态语言,而且向静态类型化语言添加动态功能也会更容易。

简单而言，微软基于. NET 框架构建了一个与硬件（设备）、操作系统无关的程序运行环境，并提供了大量的组件帮助用户快速开发跨平台应用程序。.NET Framework 的结构如图 7－2 所示。

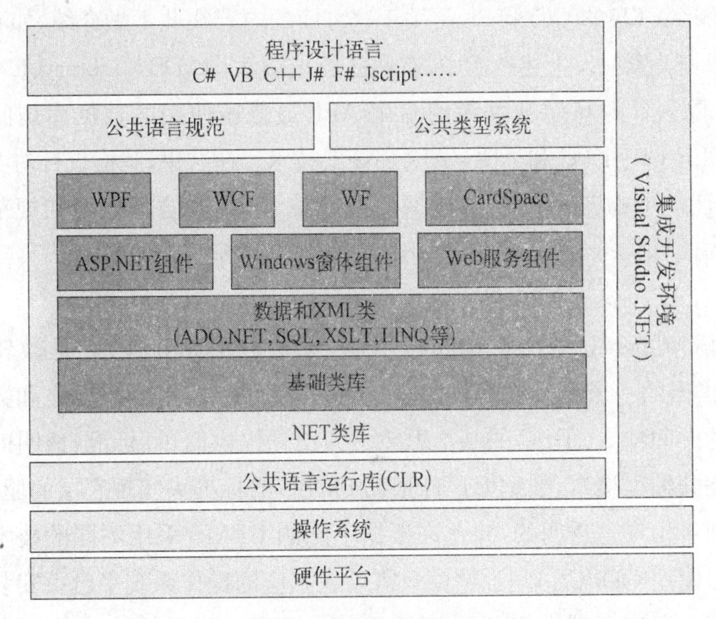

图 7－2　.NET 框架

C＃是随着. NET 发布的一款新的编程语言，可以说是为. NET 量身打造，是. NET 编程的首选语言。C＃与 Java 有许多相似之处，比如：语法、垃圾回收、单一继承、跨平台等等，但其实与 Java 不同，C＃与 COM 组件能够更好地交互。它吸收了 C＋＋、Visual Basic、Delphi、Java 等语言的优点，体现了当今最新的程序设计技术的功能和精华。C＃继承了 C/C＋＋语言的许多特性，但 C＃简单、类型安全并且完全面向对象，因为这种继承关系，C＃与 C/C＋＋具有极大的相似性，熟悉类似语言的开发者可以很快地转向 C＃。

7.3　数据库访问技术

7.3.1　数据库访问技术概述

在应用程序中访问关系型数据库，需要有专门的组件或者 API 的支持。不同厂商针对不同平台开发出了各种数据库访问技术和组件。微软针对 windows

平台的技术有：DB-Library、ESQL、DAO、Microsoft 数据访问组件（MDAC）（包括 ODBC、ADO 和 OLE DB）、ADO.NET 和 SQL Native Client 等；Java 方面主要是 JDBC 技术；还有一类是针对某种数据库直接提供的 API，如 MySQL 的 C 语言 API、ORACLE 的 OCI 接口等，关于这方面的内容在此不做介绍，如有需要请读者查阅相关资料。上述技术中，有些已经被淘汰，如 DB-Library、E-SQL 和 DAO 等，除去针对特定数据库的专用 API，最普遍使用的数据库访问技术是 ODBC、OLE DB、JDBC 和 ADO/ADO.NET 技术。在这里，我们仅针对关系型数据库，而且仅考虑基本的通用数据库访问技术，数据访问框架和规范（Entity Framework、Hibernate、iBatis、JDO、JPA 和 EJB 等）不在讨论范围。

1. ODBC

ODBC（Open Database Connectivity，开放数据库互连）它是微软公司于 1991 年提出的一个用于访问数据库的统一界面标准，是应用程序和数据库系统之间的中间件。ODBC 的基本思想是为用户提供简单、标准、透明的数据库连接的公共编程接口，数据库厂商根据 ODBC 的标准去实现底层的驱动程序，这个驱动对用户是透明的，并允许根据不同的 DBMS 采用不同的技术加以优化实现。使用 ODBC 访问数据库只需要在相应的操作系统平台上安装对应数据库的驱动程序并进行简单的配置即可。ODBC 提供标准的数据库访问接口，避免了在应用程序中直接执行与数据库相关的操作，从而提供了数据库的独立性。值得指出的是，ODBC 作为一种标准，不仅可以在 Windows 平台使用，在 Linux 等 Unix-like 平台同样可以使用（需要安装像 unixODBC 之类的包）。实际上，ODBC 是专门为 C/C++程序员设计的 API，在脚本语言、Web 和 Visual Basic 中无法使用。为了解决 ODBC 接口在上述情景下的使用问题以及改善 ODBC 接口的易用性，先后出现了 DAO（Data Access Object，数据访问对象）、RDO（Remote Data Objects，远程对象调用）以及在 SQL SERVER 上使用的 ODBC Direct 等技术。

2. JDBC

JDBC（Java Database Connectivity）是一种用于执行 SQL 语句的 Java API，可以为多种关系数据库、电子表格、文本文件提供统一访问接口。JDBC 与 ODBC 的工作原理类似，也需要加载某种数据库的驱动。但 JDBC 是纯 Java 的技术，JDBC 本身的组件是用 Java 编写的，其用于访问数据库的驱动包也是用 Java 编写的（一般为 Jar 包）。

3. OLE DB

OLE DB技术在1998年作为微软Visual Studio 6.0平台的一个部件而引入，是一个全面的COM接口集，这些接口可用于访问多种数据存储区中的多种多样的数据。OLE DB提供程序可用于访问数据库、文件系统、消息存储区、目录服务、工作流和文档存储区中的数据。OLE DB架构将数据的访问分为消费者(consumer)和提供者(provider)两部分：使用数据的应用程序是消费者，负责访问数据并暴露OLE DB接口的是提供者。数据提供者又分为服务提供者和数据提供者，前者封装一个服务，该服务通过OLE DB接口产生和消费数据，它并没有自己的数据，而是通过数据提供者获得数据，实际上服务提供者既是提供者(对上层消费数据的应用程序来说)，也是消费者(对数据提供者来说)，服务提供者还可以和其他服务提供者或者组件进一步构成服务组件(service component)；后者拥有自己的数据并以表格形式暴露数据，它不依赖于其他提供者(数据或服务)为消费者提供数据。作为一个COM接口集，OLE DB在C++里相对容易实现数据库访问，但在Visual Basic和Active Server Pages (ASP)程序中是不可能实现的。为此，又出现了ADO技术，由ADO处理底层的OLE DB机制，实际上ADO是真正的数据消费者，而非用户的应用程序。

4. ADO和ADO. NET

ADO(ActiveX Data Objects)通过OLE DB系统接口为开发者以编程方式访问、编辑和更新来自大量不同类型数据源的数据提供了一个强大的逻辑对象模型。通过ADO可以使用SQL语句查询和显示结果、访问储存在Internet上的文件、操作e-mail系统中的消息和文件夹、将数据库中的数据保存成XML文件、执行XML描述的命令和检索一个XML流、以二进制形式或者XML流保存数据、允许用户在数据表中查看和更改数据、创建和重用参数化数据库命令、执行存储过程、动态创建可以暂存、导航和操纵数据的Recordset(数据集)柔性结构、处理事务性数据库操作、对基于运行时标准的数据库信息的本地拷贝进行过滤和排序、创建和操纵从数据库返回的层次化结果、绑定数据字段到数据识别组件、创建远程断开式的数据集。

ADO. NET是对传统ADO的改进，可用于创建分布式的数据共享应用程序。它是一种高级的应用程序编程接口，面向支持对数据进行断开连接访问的松耦合的、n层的、基于Internet的应用程序。它是Microsoft .NET

Framework 的核心组件。ADO. NET 是基于. NET Framework 的组件，在.NET环境下是最佳的数据库访问组件，它提供了两大块高级别对象：数据容器和数据提供者。数据容器类构成了一系列内存数据库模型。像 DataSet、DataTable、DataView 等类数组的数据容器类可以被填入任何数据（包括从数据库中检索到的数据）。除此之外，这些类支持存放于内存的断开式数据模型，以支持一些诸如表、关系、约束和主键等高级特性。托管的提供者对应 ADO 下的 OLE DB 数据提供者，它与后者至少有两点不同：① 它们是托管对象（OLE DB 是 COM 对象）；② 它们是简单对象。托管提供者的另一个好处是它们直接返回高级的框架级别的对象，完全不需要转换就可以填入托管容器。.NET 应用程序使用托管提供者打开和关闭数据库连接、准备和运行命令、分析查询的结果。同时，ADO. NET 容器类（尤其是 DataSet 类）将会用在查询结果必须要缓存并断开式访问的情况下。DataSet 也是一个批量更新数据库的基本工具。

.NET 框架在 SQL Server 7.0 及以上版本支持托管提供者，这是目前在.NET应用程序中最有效的访问 SQL Server 的方法。一般来说，.NET 应用程序可以通过两种方式访问 SQL Server 数据库：通过 SQL Server 托管提供者（推荐）或者 OLE DB 托管提供者。后一种情况下，OLE DB 托管提供者透过基于 COM 的 OLE DB 提供者完成数据访问，在没有专用托管提供者的情况下，可以透过 OLE DB 托管提供者使用本机的 OLE DB 提供者来访问数据（例如在.NET 中访问 Access 数据库就使用这种方式），但这样一来效率就有所下降。

事实上，主流数据库如 Oracle、Sybase、DB2、MySQL、PostgreSQL、SQLite 等都有基于.NET 的第三方提供程序可供下载，所以通过.NET 访问这些数据库是非常方便的。

在下一节，将详细介绍 ADO. NET 数据访问组件。

7.3.2 ADO. NET 数据访问组件

1. ADO. NET 的结构

ADO. NET 3.0 用于访问和操作数据的两个主要组件是.NET Framework 数据提供程序和 DataSet。每个.NET 数据提供程序都具有其特定类型的 Connection、Command、DataReader 和 DataAdapter 对象。Connection 对象提供到数据源的连接。使用 Command 对象可以访问用于返回数据、修改数据、运行存储过程以及发送或检索参数信息的数据库命令。DataReader 可从数据源提供高性能的数据流。最后，DataAdapter 在 DataSet 对象和数据源之间起到桥梁作用。DataAdapter 使用 Command 对象在数据源中执行 SQL 命令以向 DataSet 中加载数据，并将对 DataSet 中数据的更改同步回数据源(如图 7-3 所示)。

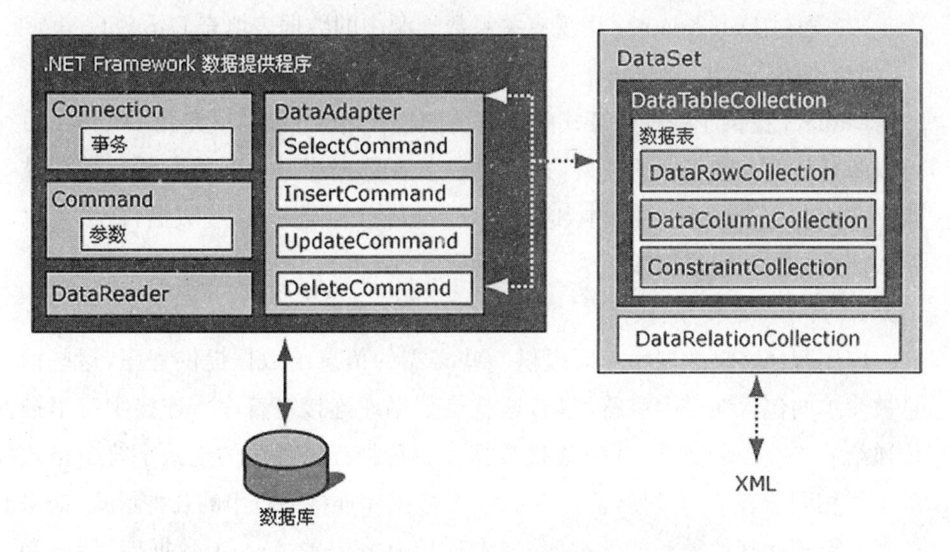

图 7-3　ADO. NET 结构

2. NET Framework 数据提供程序

NET Framework4. 0 默认有 3 组提供程序，分别是 SQLServer 提供程序、OLE DB 提供程序和 ODBC 提供程序。使用这些提供程序需要分别引入 System. Data. SqlClient、System. Data. OleDb 和 System. Data. Odbc 命名空间。提供程序不同，所使用的 ADO. NET 对象也有所不同，一般来说，这些对象的命名方式是"提供程序类型"+ADO. NET 对象名，以 Connection 对象为例，在上述三种提供程序下对应的对象为 SqlConnection、OleDbConnection 和 OdbcConnection。不管使用哪种提供程序，访问数据库的总体方式是一致的。

3. DataSet

DataSet 是数据的一种内存驻留表示形式，无论它包含的数据来自什么数据源，都会提供一致的关系编程模型，是专门为独立于任何数据源的数据访问而设计的。DataSet 包含一个或多个 DataTable 对象的集合，这些对象由数据行和数据列以及有关 DataTable 对象中数据的主键、外键、约束和关系信息组成。

使用 DataSet 的方法有若干种，这些方法可以单独使用，也可以结合使用。

(1) 以编程方式在 DataSet 中创建 DataTable、DataRelation 和 Constraint，并使用数据填充表。

(2) 通过 DataAdapter 用现有关系数据源中的数据表填充 DataSet。

(3) 使用 XML 加载和保持 DataSet 内容。

DataSet 提供了一种断开式的数据访问模型，即将数据填充到 DataSet 后可以断开与原来数据库的连接(这样可以节省数据库服务器的资源)，数据被保存在内存的 DataSet 对象中，应用程序可以使用和修改这些数据，最后可以将数据批量更新回数据库。

4. 数据库连接字符串

应用程序连接数据库需要提供一些必需的信息给数据提供程序，这些信息被简单的包含在一个字符串里，这就是数据库连接字符串。连接字符串被传递给 Connection 对象，由它连接数据库。每种提供程序的连接字符串格式都不尽相同。表 7-6 列出了 ADO.NET 数据库连接字符串的几种形式，如果读者需要连接其他类型的数据库，或者连接有密码的 Access 数据库，请参阅其他资料。

表 7-6 ADO.NET 数据库连接字符串

数据提供程序	连接字符串举例
OleDb Provider	连接 access(97-2003) mdb 格式数据库： Provider = Microsoft. Jet. OLEDB. 4. 0; Data Source = C:\mydatabase. mdb;User Id=admin;Password=; 连接 access(2007-2013) accdb 格式数据库： Provider=Microsoft. ACE. OLEDB. 12. 0;Data Source=C:\mydatabase. accdb;Persist Security Info=False;
SqlClient Provider	Windows 集成身份验证方式： data source = myServerAddress; initial catalog = Northwind; integrated security=SSPI; SQLServer 身份验证方式： data source = myServerAddress; Database = Northwind; uid = sa; pwd=;

(续 表)

数据提供程序	连接字符串举例
Odbc Provider	DSN方式： DSN=myDsn;Uid=myUsername;Pwd=; 文件DSN： FILEDSN=c:\myDsnFile.dsn;Uid=myUsername;Pwd=; 连接access数据库： Driver={Microsoft Access Driver (*.mdb)};Dbq=C:\mydatabase.mdb;Uid=Admin;Pwd=;

连接字符串可以通过两种方式传递给Connection对象：

(1) 通过Connection的构造方法传递

string connString = " data source = myServerAddress; initial catalog = Northwind;integrated security=SSPI;";

SqlConnection conn=new SqlConnection(connString);

(2) 通过Connection的ConnectionString属性设置

string connString = " data source = myServerAddress; initial catalog = Northwind;integrated security=SSPI;";

SqlConnection conn=new SqlConnection();

Conn.ConnectionString=connString;

7.3.3 .NET应用程序中的数据库读写

1. 准备工作

(1) 建立项目。

打开Visual Studio .Net 2013，选择菜单"文件"→"新建"→"项目"打开"新建项目"对话框选择项目模板创建项目(如图7-4所示)。注意选择好对应的.NET Framework和项目类型。在"名称"文本框内输入项目名称，选择好项目的保存位置，按确定后，Visual Studio会自动创建好项目的基本框架并打开这个项目。

图7-4创建了一个名为MyFirstDbApp的Windows窗体应用程序项目。读者也可以尝试创建其他类型的项目，比如Web项目，在此不再赘述。

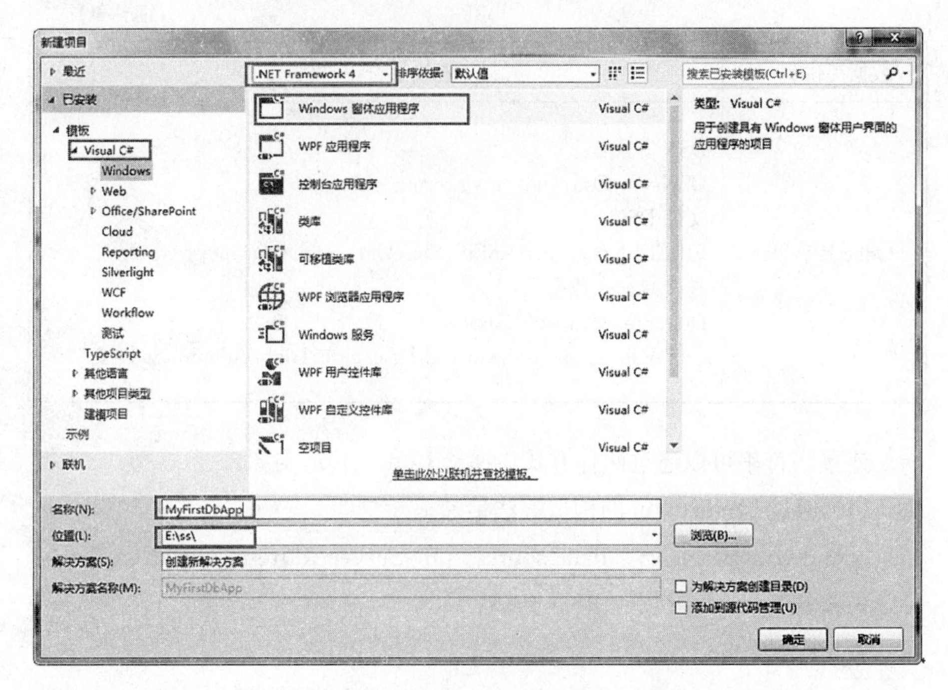

图 7-4　使用 Visual Studio 创建项目

(2) 引入命名空间。

ADO.NET 的功能被封装在 System.Data 及其子命名空间的类库内，因此要使用这些类，最方便的办法是在源文件开头处引入这些命名空间。主要的命名空间包括 System.Data、System.Data.SqlClient、System.Data.OleDb、System.Data.Odbc 和 System.Data.Common 命名空间。其中 System.Data 是必需引用的，其他的依据具体情况引用。如果要访问 Sqlserver 数据库至少需要再引入 System.Data.SqlClient 命名空间。

2. 使用 ADO.NET 读写数据库

使用 ADO.NET 读写数据库的基本方法有两种：通过使用 Command 对象和 DataReader 对象读写数据库；通过使用 DataAdapter 和 DataSet 读写数据库。前者开销小、效率高，但不提供断开式的数据访问；后者提供断开式数据访问，开销稍大。

(1) 使用 Command 对象和 DataReader 对象读写数据库(参见程序 7.1)。

① 使用 DataReader 检索数据的一般步骤：

- 创建 Connection 对象；

- 创建 Command 对象；
- 打开数据库连接，调用 ExecuteReader() 返回 DataReader 对象；
- 使用 DataReader 的 Read() 方法逐行读取数据，如果要读取某列的数据，可以使用(type)DataReader 对象[列序号]的方式读取(其中 type 代表某列的数据类型，因为 DataReader 返回的数据是 Object 类型，所以需要类型转换)，也可以使用 GetXXX(XXX 表示某种数据类型的字母，如 GetString(int)方法)方法读取；
- 关闭 DataReader 对象和 Connection 对象。

如果查询的结果只有一个值(比如 Sql 语句"select count(*) from 表名"的返回结果)，则无需使用 DataReader 对象，直接调用 Command 对象的 ExecuteScalar()方法即可。

```
//程序 7.1：使用 Command 对象和 DataReader 对象读取数据
/* 通过 SqlClient 数据提供程序对本机上的 SqlServer 数据库
 * "ShrimpSeedManage"的表"Employee"进行读取。
 */
string ConnString = " data source=. ;initial
catalog=ShrimpSeedManage;Integrated Security=SSPI ";
SqlConnection conn = new SqlConnection(ConnString);
SqlCommand cmd = new SqlCommand(" select * from Employee ", conn);
conn.Open();
var reader = cmd.ExecuteReader();
while (reader.Read())//读取所有记录
{
  this.lsbEmployee.Items.Add(" ID: " + (string)reader[0] + ",NAME: " +
reader.GetString(1));
//读取员工 ID 和姓名，并将它加入 ListBox 控件中
}
reader.Close();
conn.Close();
```

② 使用 Command 对象更新数据库的一般步骤(参见程序 7.2)。

- 创建 Connection 对象；
- 创建 Command 对象并设置用于更新的 SQL 语句和参数；
- 打开数据库连接，调用 Command 对象的 ExecuteNoQuery()方法执行

更新,它将返回一个 int 型值,表明受影响的行数;
- 关闭数据库连接。

```
//程序 7.2:使用 Command 对象更新数据
/* 通过 SqlClient 数据提供程序对本机上的 SqlServer 数据库
 * "ShrimpSeedManage"的表"Employee"进行更新,更改某员工的姓名为新的值。
 */
string ConnString = " data source=. ;initial catalog=ShrimpSeedManage;Integrated
Security=SSPI ";
SqlConnection conn = new SqlConnection(ConnString);
SqlCommand cmd = new SqlCommand ( " update Employee set emp_name = @
empName where emp_ID=@empID ",conn);
cmd.Parameters.Add(" empID ", SqlDbType.Char);
cmd.Parameters.Add(" empName ", SqlDbType.Char);
cmd.Parameters[" empID "].Value = this.lblEmployeeID.Text;//员工 ID
cmd.Parameters[" empName "].Value = this.txtEmployeeName.Text;//新的员工
姓名
conn.Open();
cmd.ExecuteNonQuery();
conn.Close();
```

(2) 使用 DataAdapter 和 DataSet 读写数据库。

① 使用 DataAdapter 和 DataSet 检索数据的一般步骤(参见程序 7.3):
- 创建 Connection 对象;
- 创建 DataAdapter 对象,设置好一个查询语句以便创建 DataAdapter 对象的 SelectCommand 对象,并与前面创建的 Connection 对象关联;
- 创建 DataSet 对象,并使用 DataAdapter 对象填充 DataAdapter 对象;
- 使用 DataSet 对象中的数据。

```
//程序 7.3:使用 DataAdapter 和 DataSet 对象读取数据
string ConnString = " data source=. ;initial
catalog=ShrimpSeedManage;Integrated Security=SSPI ";
SqlConnection conn = new SqlConnection(ConnString);
SqlDataAdapter adapter = new SqlDataAdapter(" select * from Employee ", conn);
DataSet dataset = new DataSet();
adapter.Fill(dataset);//DataAdapter 会自动打开连接,使用后自动关闭。
```

```
foreach(DataRow r in dataset. Tables[0]. Rows) //读取所有行
{
this. lsbEmployee. Items. Add(" ID: " + (string)r[0] + ",NAME: " + (string)r
[1]);
}
```

② 使用DataAdapter和DataSet更新数据的一般步骤(参见程序7.4):

- 创建Connection对象;
- 创建DataAdapter对象,设置好一个查询语句以便创建DataAdapter对象的SelectCommand对象,并与前面创建的Connection对象关联;
- 设置DataAdapter对象的InsertCommand、UpdateCommand和DeleteCommand属性以便执行对应的更新逻辑或者使用CommandBuilder对象自动生成;
- 创建DataSet对象,并使用DataAdapter对象填充DataAdapter对象;
- 在DataSet对象中查找需要更新的行,找到后直接更改其对应的列的值;
- 使用DataAdapter对象的Update方法将更新保存到数据库。

```
//程序7.4: 使用DataAdapter和DataSet更新数据
string ConnString = " data source=.;initial catalog=ShrimpSeedManage; Integrated
Security=SSPI ";
SqlConnection conn = new SqlConnection(ConnString);
SqlDataAdapter adapter = new SqlDataAdapter(" select * from Employee ", conn);
adapter. MissingSchemaAction = MissingSchemaAction. AddWithKey;
SqlCommandBuilder builder = new SqlCommandBuilder ( adapter );  //使用
CommandBulider自动生成更新、插入、删除语句
DataSet dataSet = new DataSet();
adapter. Fill(dataSet, " Employee ");
DataRow row = dataSet. Tables[0]. Rows. Find(this. lblEmployeeID. Text);//通过主
键查找要更新的行
row[" emp_name "] = this. txtEmployeeName. Text;//在DataSet对象中修改
adapter. Update(dataSet," Employee ");//将更改保存回数据库
```

程序7.1到7.4演示了使用ADO. NET访问Sqlserver数据库的一般方

法和步骤，只涉及单张表的简单查询和更新，其目的在于帮助读者理解 ADO. NET 各组件的基本使用方法，实际项目中会稍复杂一些，还会涉及诸如性能、安全性、软件健壮性、可扩展性、可移植性等一系列问题，限于篇幅，笔者无法进一步展开。完整的示例程序见本书附光盘中的 MyFirstDbApp 项目，请读者自行查阅。

(3) 使用表现层综合数据访问组件访问数据库。

前面介绍了.NET 中访问数据库的基本方法，只涉及到数据本身，没有考虑数据的呈现问题。试想一下，从数据库中获得的数据如何呈现给用户？如何才能让用户方便地修改数据呢？这就是应用程序用户界面设计的问题了，也就是常说的表现层的事情。数据库应用程序表现层的作用是对数据进行组织，一方面将数据以直观的方式呈现给用户，另一方面提供给用户简单快捷的修改数据的接口。用户只需要点击鼠标按钮就可以检索、更新数据，而不需要了解数据库的工作原理和编写 SQL 语句。

简单的表现层用户界面可以由一般的可视化控件如 Label、TextBox、Button 等组成，就像我们在 MyFirstDbApp 所做的那样，但是这些只能应付简单的情况，稍微复杂一点的情况光靠这些简单的控件就不行了。比如在典型的数据库应用程序中，常常需要提供一个用户浏览数据的界面，实现这类功能一般需要通过表现层综合数据访问组件快速绑定数据并完成数据库的读写。.NET Framework4.0 提供的这些组件主要有：BindingSource、SqlDataSource、XmlDataSource、GridView、DataGridView 等等。这些组件封装了数据读写的许多功能并提供了十分友好的用户界面，使用起来十分方便。通过与 Visual Studio 可视化开发环境结合，开发者只需要编写少量代码就能实现数据的增删改；同时，这些组件使用数据绑定方法，能够使用数据源的数据快速填充用户界面，并提供及时的数据查询、分页、导航和更新功能。限于篇幅，笔者在此无法详细介绍每一种数据访问组件，在本章 7.5 节示例程序实现部分会使用到部分组件，请读者参阅。

7.4 系统设计

根据 7.1 节的需求，将系统划分为两个部分实现：即池塘管理员部分和检验人员部分，分别采用 C/S 和 B/S 结构实现。系统的功能结构如图 7-5 所示。

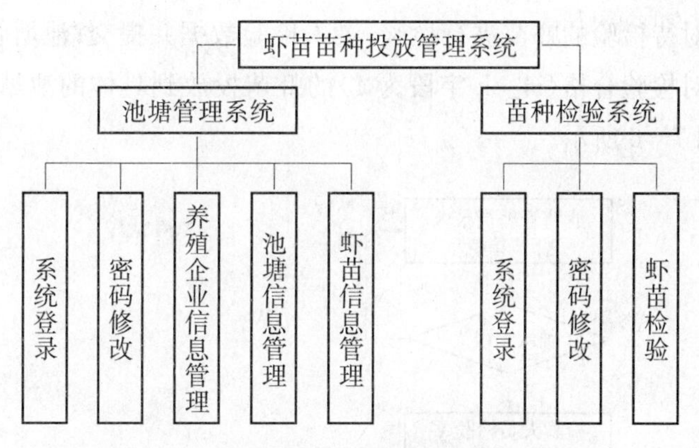

图7－5　虾苗苗种投放管理系统功能结构图

7.4.1　模块功能说明

池塘管理系统分为5个功能模块。系统登录模块负责验证用户的身份，只有职位为“池塘管理员”的用户才可以登录；当前登录用户可以通过密码修改模块修改自己的密码，密码使用MD5算法加密后存放到数据库中；养殖企业信息管理主要是对本企业的信息进行维护，只涉及更新，不涉及新增和删除(这些功能在溯源系统的更高一级系统实现)；池塘信息管理的主要功能是对池塘信息进行查看、添加、更新和删除(为了保证数据可追溯性及一致性，在实现时并不真的从数据库中删除记录，而只是将is_del字段设置为1，表示删除)；虾苗信息管理模块的功能是对虾苗信息进行添加、更新和删除(如果is_ready字段为0时，池塘管理员可以修改和删除数据，如果为1表示该信息已经提交给检验人员，则不可以修改和删除数据)。

苗种检验系统分为3个模块。本子系统只能由职位为“检验人员”的用户使用。其中系统登录模块、密码修改模块与池塘管理系统的相应模块的功能一致；虾苗检验模块实现检验信息的录入和提交。

7.4.2　虾苗检验和投放流程

在溯源系统中，苗种的检验和投放是其核心的业务，其业务流程非常重要。只有业务流程规范合理才能保证整个系统的可信和可靠。在这里，业务流程的设计是这样的：虾苗被采购回来后，先由池塘管理员将虾苗信息录入到系统，确认数据无误后将信息提交给虾苗检验人员；虾苗检验人员登入苗种检验系统，对待检验的虾苗进行检验，录入检验数据并提交；池塘管理员查看检验结果，对检验合格（is_ok 字段为 1）的虾苗投放到具体的池塘进行养殖。流程图见图 7-6 所示。

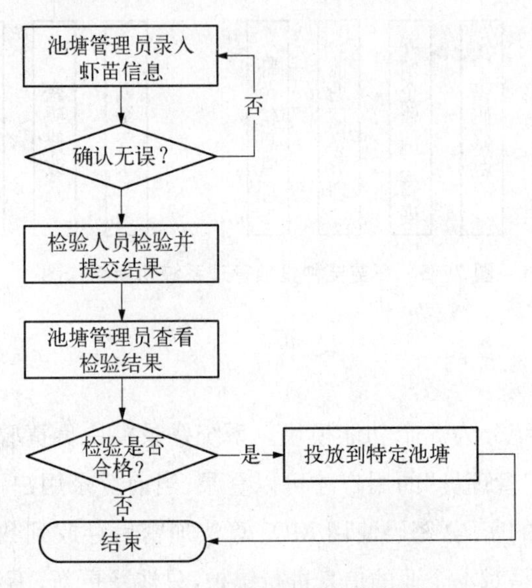

图 7-6　虾苗检验与投放流程图

7.5 应用程序的实现

本部分将详细介绍本系统的实现方法，将分为 C/S 和 B/S 两部分介绍。限于篇幅 C/S 部分只介绍池塘管理模块的实现，B/S 部分只介绍虾苗检测模块的实现，其余部分的实现请读者查看随书光盘中的项目源程序。

在编写应用程序前请确保本机的 Sqlserver 实例已经启动，并且已经导入"ShrimpSeedManage"数据库，数据库导入方法见本书所附光盘中的说明。

7.5.1　C/S 应用程序的实现

1. 项目建立与设置

(1) 建立基本 Windows 窗体。

打开 Visual Studio . Net 2013，新建基于. Net Framework4. 0 的 C# Windows 窗体应用程序项目，命名为 ShrimpSeedManage(项目建立方法见7. 3. 3 节)。将默认

建立的名为“Form1”的窗体改名为“FrmLogin”(修改方法为：在解决方案资源管理器里对应文件上单击鼠标右键，然后选择“重命名”，如图 7－7 所示)，Visual Studio 会弹出提示(如图 7－8 所示)，单击“是”。在项目里添加一个名为“FrmMain”的新窗体(方法为：在解决方案资源管理器中黑色字体显示的项目名称上单击鼠标右键，在弹出的菜单中选择“添加”→“Windows 窗体”，如图 7－9 所示)。用同样的方法再添加两个窗体，命名为“FrmPondAdd”和“FrmPondMan”，分别用作“添加池塘信息”和“维护池塘信息”两个模块的用户界面。

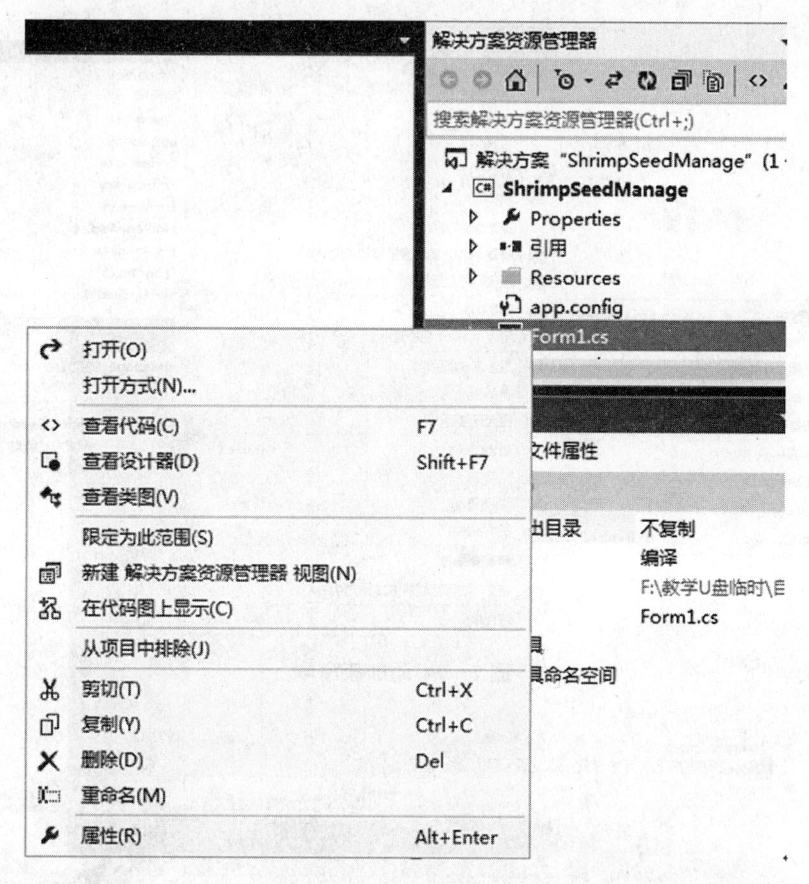

图 7－7　重命名窗体对象

(2) 设置“FrmLogin”窗体。“FrmLogin”窗体是默认的启动窗体，是用户看到的第一个窗体，用于实现系统的登录功能。设置其用户界面如图 7－10 所示，设置方法略。双击“登录”按钮，在其 Click 事件处理程序中添加程序 7.5 的代码用于验证用户。

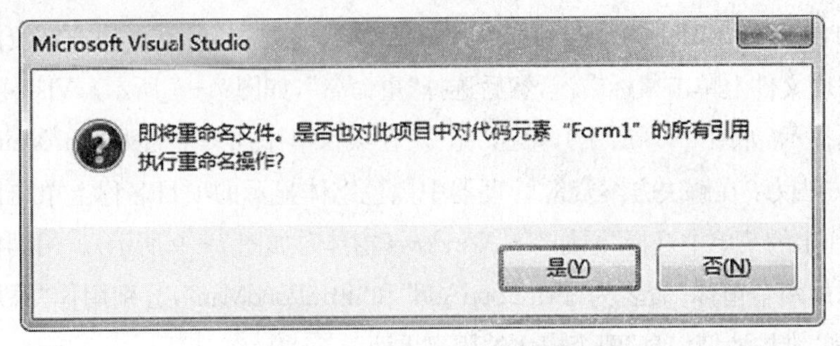

图 7-8　Visual Studio 提示重命名

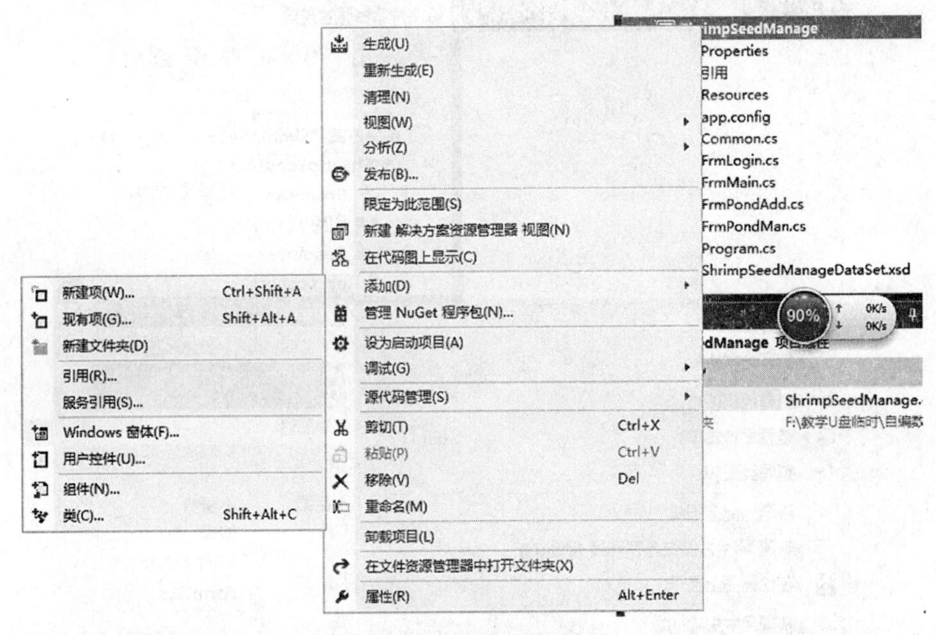

图 7-9　添加新窗体

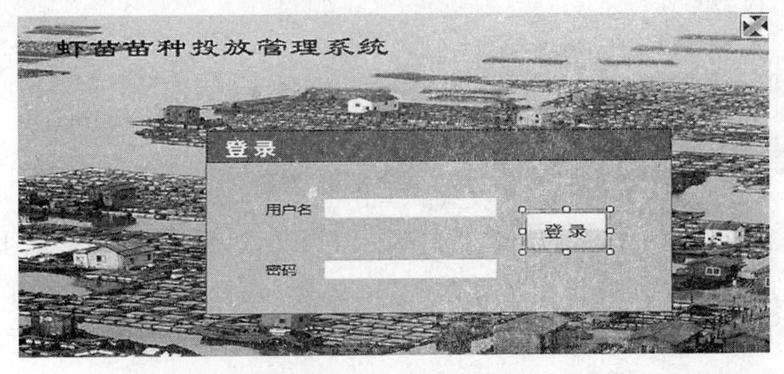

图 7-10　FrmLogin 窗体

(3) 设置“FrmMain”窗体。在“FrmMain”窗体中添加一个 MenuStrip 控件，设置好相应菜单(如图 7－11 所示)，设置其“IsMdiContainer”属性为“true”。

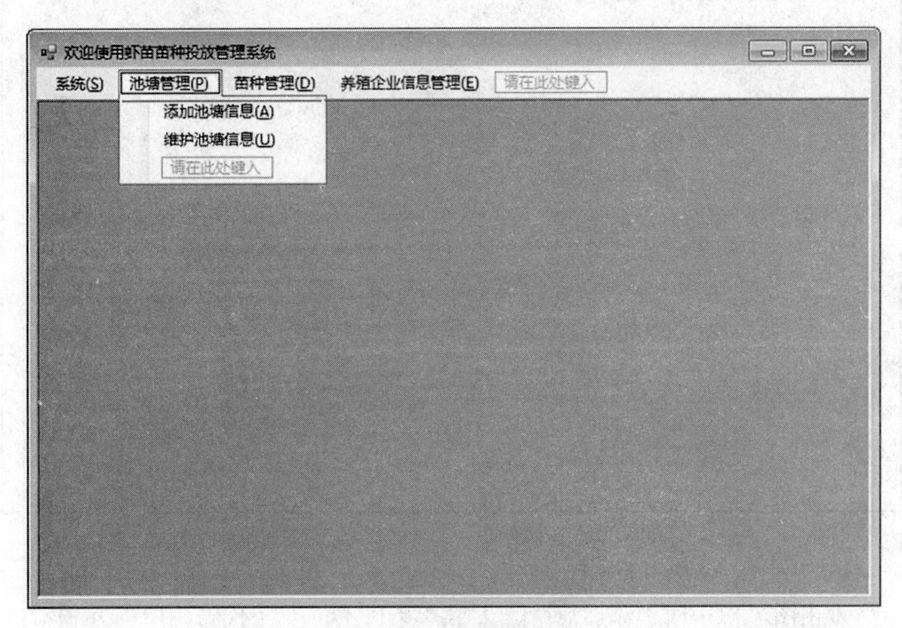

图 7－11　FrmMain 窗体

按 F7 键切换到代码视图，在 FrmMain 类的开始处添加下面两行代码：

```
FrmPondAdd pondAdd = new FrmPondAdd();
FrmPondMan pondMan = new FrmPondMan();
```

在其构造函数中添加以下两行代码：

```
pondAdd.MdiParent = this;
```

```
//程序 7.5 验证用户权限
using (SqlConnection conn = new SqlConnection(Common.GetConnectString())){
string sql = " select count( * ) from Employee where emp_ID=@uid and emp_pwd=
@pwd and position='池塘管理员'";
SqlCommand cmd = new SqlCommand(sql, conn);
cmd.Parameters.AddRange(new SqlParameter[] { new SqlParameter(" uid ",
SqlDbType.Char), new SqlParameter(" pwd ", SqlDbType.VarChar) });
cmd.Parameters[" uid "].Value = this.txtUserName.Text.Trim();
cmd.Parameters[" pwd "].Value = Common.EncryptWithMd5(this.txtPwd.
Text);//对密码进行加密后验证
```

```
conn.Open();
var r = cmd.ExecuteScalar();
if ((int)r > 0)
{
Common.CurrentUserID = this.txtUserName.Text.Trim();//保存当前用户
frmMain = new FrmMain();
frmMain.Show();//显示主窗体
this.Hide();//隐藏登录窗体
}
else{
MessageBox.Show("对不起,不能登入。可能原因:\r\n 您没有权限\r\n 用户名或者
密码错误。\r\n 请重试! ", "提示", MessageBoxButtons.OK, MessageBoxIcon.
Information);
    }
}
```

pondMan.MdiParent = this;

双击图 7-11 中的"添加池塘信息"菜单条目,添加如下代码,用于显示窗口:

```
if (pondAdd.IsDisposed)
    pondAdd = new FrmPondAdd();
pondAdd.Show();
```

同理可以添加"维护池塘信息"菜单条目的事件处理程序。

(4) 设置"FrmPondAdd"窗体。在"FrmAdd"窗体中添加控件,最终效果如图7-12所示。其中"度量单位"和负责人采用 ComboBox 控件,其他都是 TextBox 控件。这里说一下变量的命名规则。在本系统中,类成员变量采用匈牙利命名法,在变量的最前面有一个表示其类型的前缀,在这里,所有的 TextBox 控件,都以"txt"开头,所有的 ComboBox 控件都以"cmb"开头,所有的 Button 控件都以"btn"开头。因为在数据库 PondInfo 表中负责人一项保存的是"员工编号",这对用户是不友好的,所以,在这里需要做一些处理。为保证用户在单击负责人这个选项的时候看到的是具体负责人的姓名,而不是编号;而在更新数据库的时候,向数据库中写入的是用户编号。实现这个功能需要如下步骤进行设置:

① 设置控件"cmbPondChief"的 DropDownStyle 属性值为 DropDownList。

② 按 F7 进入代码视图,添加 BindChiefName 函数,用来为 cmbPondChief 执

图 7-12　FrmPondAdd 窗体

行数据绑定，如程序 7.6 所示。

```
//程序 7.6 BindChiefName 函数
private void BindChiefName ()
{
  SqlConnection conn = new SqlConnection(Common.GetConnectString());
  SqlCommand cmd = new SqlCommand(" select emp_ID,emp_name from Employee
where enter_ID=@enterID and position='池塘管理员'", conn);
  cmd.Parameters.Add(" enterID ", SqlDbType.Char);
  cmd.Parameters[" enterID "].Value = Common.GetEnterID();
  SqlDataAdapter adpter = new SqlDataAdapter(cmd);
  DataSet dataset = new DataSet();
  adpter.Fill(dataset);
  this.cmbPondChief.DataSource = dataset.Tables[0];
  this.cmbPondChief.DisplayMember = " emp_name ";//显示字段为 emp_name
  this.cmbPondChief.ValueMember = " emp_ID ";//值字段为 emp_ID
}
```

③ 在窗体 FrmPondAdd 的 FromLoad 事件处理函数中添加如下代码：

BindChiefName();

this.cmbPondChief.SelectedIndex = 0;

(5) 设置 FrmPondMan 窗体。在 FrmPondMan 窗体添加控件，最终效果如图 7-13 所示，位于窗体中央的是 DataGridView 控件。

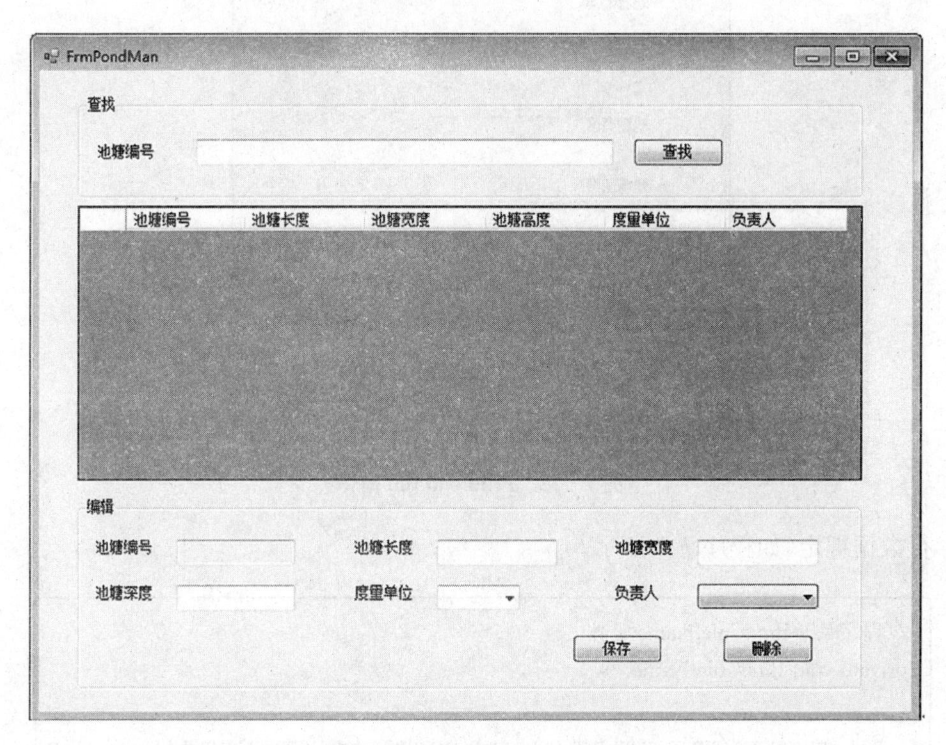

图 7-13　FrmPondMan 窗体

① 设置 DataGridView 数据源。单击 DataGridView 控件右上角的下拉箭头，打开 DataGridView 任务面板(如图 7-14 所示)，单击“选择数据源”旁的下拉列表，然后单击“添加项目数据源”，打开“数据源配置向导”，选择数据源类型为“数据库”，单击下一步，选择数据库模型为“数据集”，继续单击下一步，在数据连接配置窗口中单击“新建连接”打开“添加连接”对话框，在“服务器名”文本框中输入“.”(表示本机，不包括双引号)，然后选择数据库名称为“ShrimpSeedManage”，单击左下角的“测试连接”按钮，如果弹出“测试连接成功”字样消息框说明数据库连接设置正确(如图 7-15 所示)，单击确定后返回到“数据源配置向导”。

单击下一步，选择数据库对象，选择 PondInfo 表，单击“完成”(如图 7-16 所示)。此时 Visual Studio 会自动创建好相关对象并在窗体设计器下方的组件面板中显示(如图 7-17 所示)。

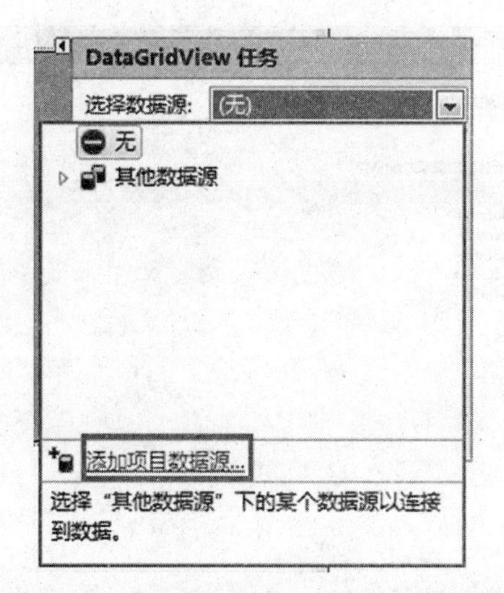

图 7-14　通过 DataGridView 面板添加数据源

图 7-15　添加数据库连接

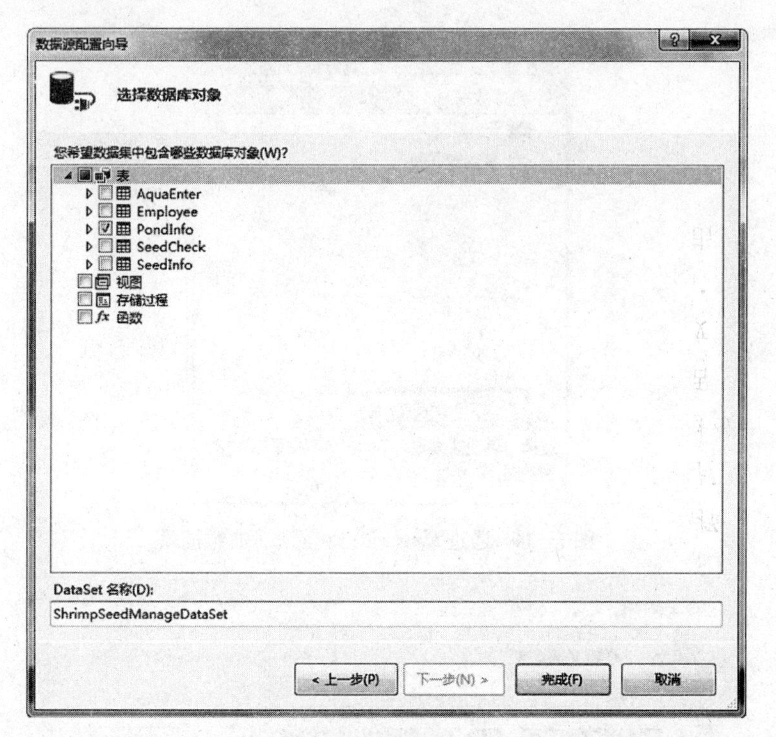

图 7-16　选择数据库对象

图 7-17　Visual Studio 自动生成的数据访问组件

② 修改默认查询。在图 7-17 所示的组件面板上右键单击"pondInfo TableAdapter",在弹出菜单中选择"在数据集设计器中编辑查询",打开数据集设计器,在其下方的"pondInfoTableAdapter"上单击右键,选择"配置"(如图 7-18 所示)打开"TableAdapter 配置向导"(如图 7-19)所示。

在中间输入如下 SQL 语句后单击"完成"按钮关闭向导。

```
SELECT    PondInfo.pond_ID, PondInfo.pond_length, PondInfo.pond_width, PondInfo.pond_high, PondInfo.pond_size, PondInfo.pond_chief, Employee.emp_name
FROM      PondInfo left JOIN Employee ON PondInfo.pond_chief = Employee.emp_ID
WHERE     PondInfo.is_del=0 and (Employee.enter_ID = @enterID)
```

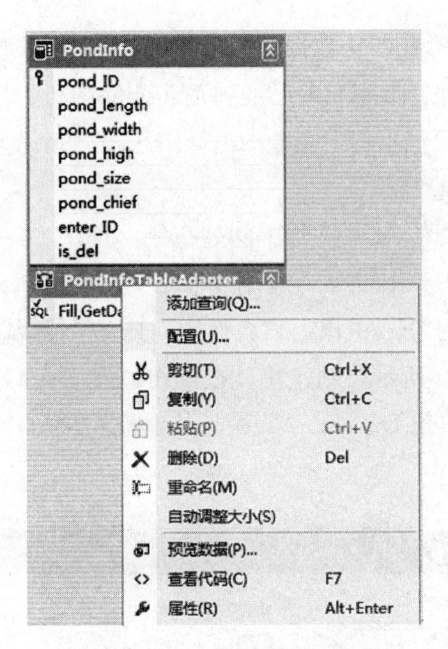

图 7－18　数据集设计器

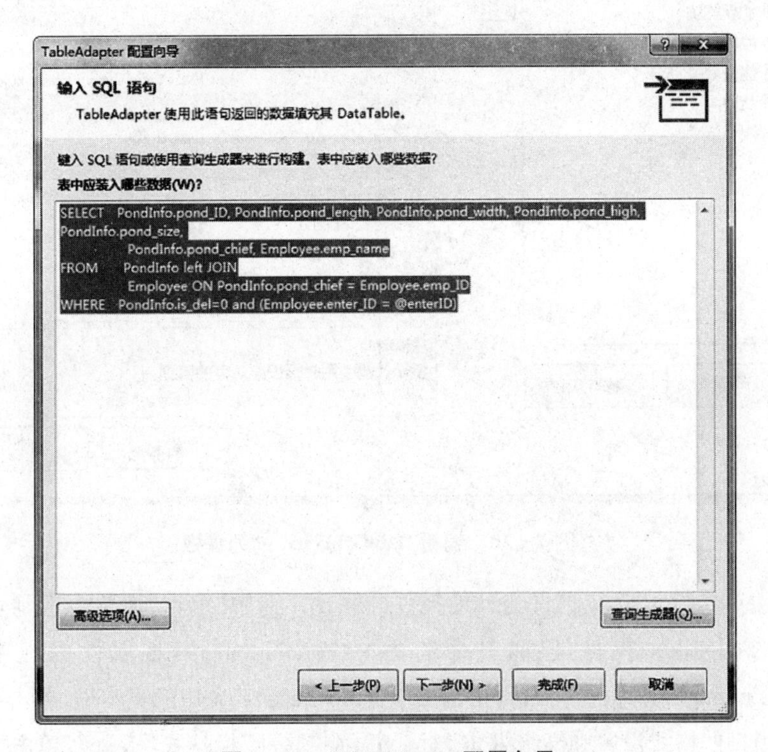

图 7－19　TableAdapter 配置向导

在上述 SQL 中，我们从数据库中取出池塘信息，并将负责人显示为其姓名而不是编号，同时过滤掉那些已经被逻辑删除的行。这里添加了一个参数“enterID”，目的是只显示特定企业的池塘信息，即某个企业的池塘管理员只能管理自己的池塘信息。

③ 设置 DataGridView 控件中的列标题。单击 DataGridView 控件右上角的下拉箭头，打开 DataGridView 任务面板，选择“编辑列”，打开“编辑列”对话框，修改每个列的“HeaderText”属性为对应的中文名字，修改好之后单击“确定”，如图 7－20 所示。到这里就已经可以在 DataGridView 中查看数据了，下一步我们将实现 DataGridView 与其他控件联动，为实现更新和删除池塘信息打下基础。

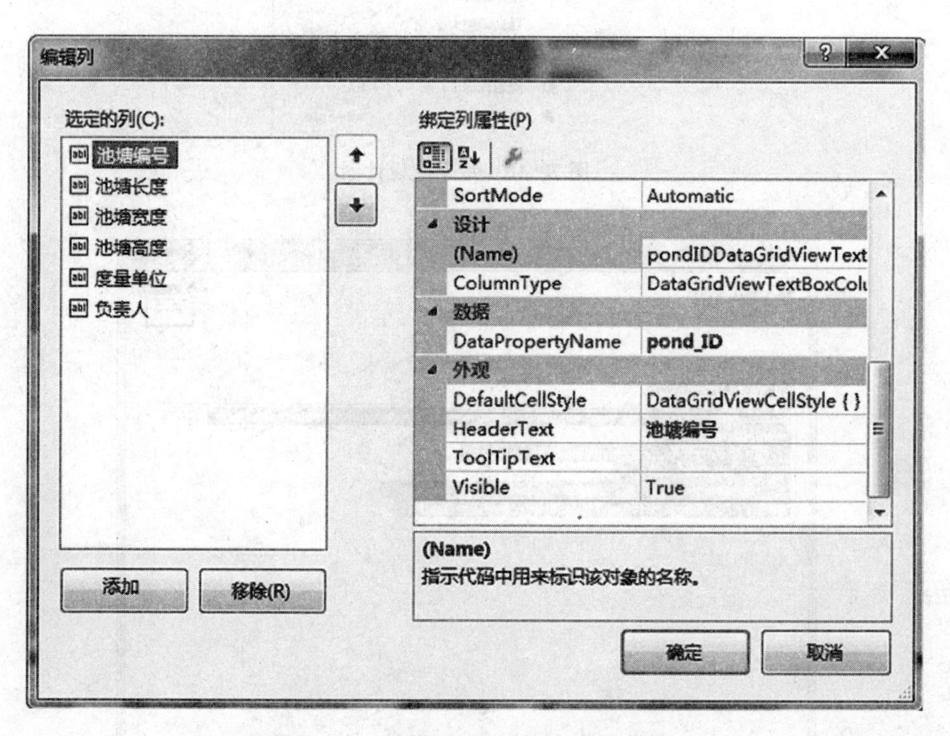

图 7－20　编辑 DataGridView 的列模板

④ DataGridView 控件与其他控件的联动。选中“编辑”面板上的池塘编号对应的 TextBox 控件(已将其命名为 txtPondNumber)，在属性面板中单击“DataBindings”旁边的“+”，再单击一下“(Advanced)”旁边的文本框，单击省略号按钮，打开“格式设置和高级绑定”对话框，在“属性”栏选择“Text”，单击“绑定”

下的列表框，从中选择 pondInfoBindingSource 的 pond_ID 字段（如图7-21所示），并将“数据源更新模式”设置为“Nerver”。对其他几个文本框和度量单位组合框做同样的设置，分别绑定其对应的字段。因为我们不允许用户修改 pond_ID 字段，所以需要将 txtPondNumber 对象的 ReadOnly 属性设置为“true”。

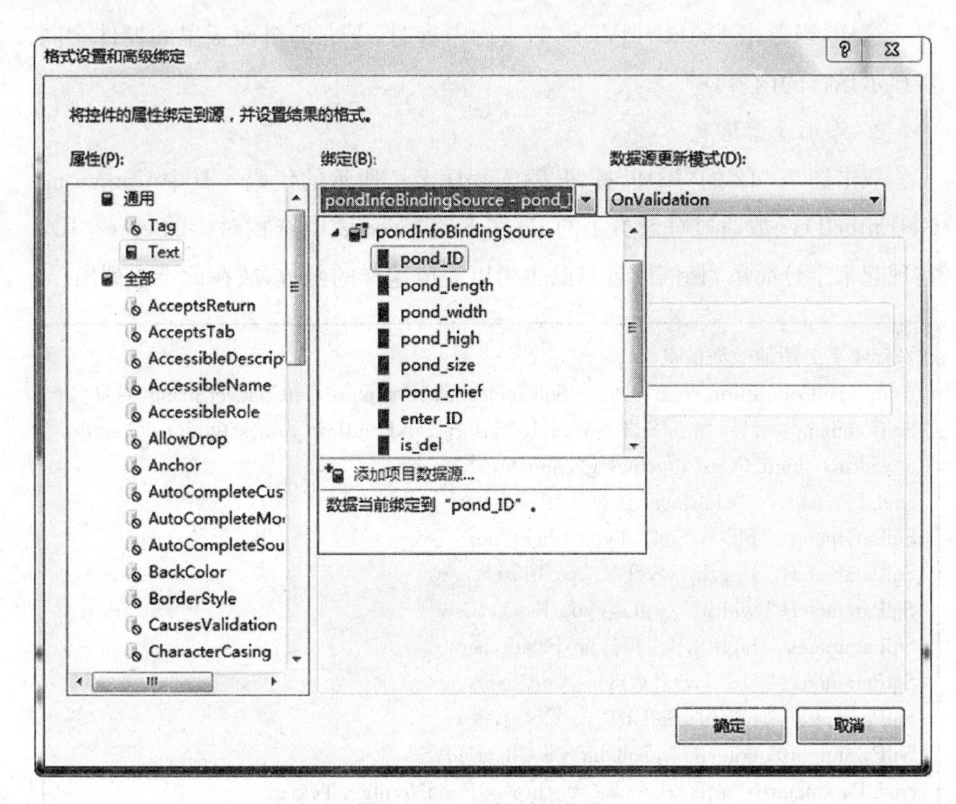

图7-21　编辑数据绑定

池塘负责人字段因为要显示负责人的姓名，所以进行数据绑定要稍显复杂一点。在设计视图里选中“cmbPondChief”组合框，单击“DataSource”属性下拉箭头，选择“添加项目数据源”打开“数据源配置向导”，在图7-16的对话框中选择“Employee”表，这将新建一个项目数据源并同时新建类似图7-17的三个组件，然后修改 cmbPondChief 的“DisPlayMember”属性为“emp_name”，“ValueMember”属性为“emp_ID”。

按 F7 键代开代码视图，添加一个 BindPondChief 函数，然后在窗体的 FormLoad 事件和 DataGridView 的 CellClick 事件中调用，代码如下：

```
private void BindPondChief(){
```

```
        DataRowView view = this. pondInfoBindingSource. Current as
        DataRowView;
    this. cmbPondChief. SelectedValue = view. Row[" pond_chief "];
}
```

这样，当单击 DataGridView 的一行内容时，下方编辑面板里的控件会同步显示该行的内容。

2. 添加池塘信息

双击图 7－12 的"添加"按钮，输入程序 7.7 所示的代码。其中 Common. GetEnterID 函数通过登录员工的 ID 在 Employee 表中查找对应的 enter_ID，实现起来十分简单，相信读者自己也可以完成这样的函数，故在此不予列出。

```
//程序 7.7 添加池塘信息
using (SqlConnection conn = new SqlConnection(Common. GetConnectString())){
SqlCommand cmd = new SqlCommand(" insert into PondInfo values(@pID,@length,
@width,@high,@size,@chief,@enterID,0)",conn);
cmd. Parameters. AddRange(new SqlParameter[]{new
SqlParameter(" pID ",SqlDbType. Char),new
SqlParameter(" length ",SqlDbType. Float),new
SqlParameter(" width ",SqlDbType. Float),new
SqlParameter(" high ",SqlDbType. Float),new
SqlParameter(" size ",SqlDbType. VarChar),new
SqlParameter(" chief ",SqlDbType. Char),new
SqlParameter(" enterID ",SqlDbType. Char) });
cmd. Parameters[" pID "]. Value = this. txtPondNumber. Text;
cmd. Parameters[" length "]. Value = this. txtPondLength. Text;
cmd. Parameters[" width "]. Value = this. txtPondWidth. Text;
cmd. Parameters[" high "]. Value = this. txtPondDepth. Text;
cmd. Parameters[" size "]. Value = this. cmbPondSize. Text;
cmd. Parameters[" chief "]. Value = this. cmbPondChief. SelectedValue;
cmd. Parameters[" enterID "]. Value = Common. GetEnterID();//通过登录员工的编
号查找对应的企业
conn. Open();
cmd. ExecuteNonQuery();
MessageBox. Show(" 添加池塘信息成功！ "," 提示 ", MessageBoxButtons. OK,
MessageBoxIcon. Information);
}
```

3. 查找池塘信息

如果 DataGridView 中的数据比较多,就需要提供一种快速过滤数据的方法,使用 BindingSource 组件可以方便地做到。这里通过池塘编号过滤,双击图 7-13 的"查找"按钮,加入如下代码即可。

```
this. pondInfoBindingSource. Filter=string. Format(" pond_ID LIKE' * {0} * '",
this. txtPondID. Text. Trim());
```

4. 更新池塘信息

在组件设计器的 pondInfoTableAdapter 对象上单击右键,选择"在数据集设计器中编辑查询"打开图 7-18 所示对话框,右键单击 pondInfoTableAdapter,选择"添加查询",选择命令类型为"使用 SQL 语句",单击下一步,选择查询类型为"Update",单击下一步,在图 7-19 所示的对话框中输入下面的查询语句,单击下一步,将查询函数命名为"UpdateRow",单击完成。

```
UPDATE   PondInfo SET              pond_length = @length, pond_
width = @width,
pond_high = @high, pond_size = @size, pond_chief = @chiefID where
pond_ID=@pID
```

双击 FrmPondAdd 窗体中的"保存"按钮,在事件处理程序中添加程序7.8 的代码调用 UpdateRow 函数实现更新。其中 ReBindData 函数的功能是重新绑定数据源并刷新显示,代码如下:

```
private void ReBindData(){
this. pondInfoTableAdapter. Fill ( this. shrimpSeedManageDataSet.
PondInfo, Common. GetEnterID());
this. pondInfoBindingSource. ResetBindings(false);
}
```

```
//程序 7.8 更新池塘信息
var r = MessageBox. Show("确定更新池塘信息? ", "提示", MessageBoxButtons.
YesNo, MessageBoxIcon. Question);
if (r == DialogResult. Yes){
try{
this. pondInfoTableAdapter. UpdateRow ( Convert. ToDouble ( this. txtPondLength.
Text),Convert. ToDouble(this. txtPondWidth. Text),
Convert. ToDouble(this. txtPondDepth. Text), this. cmbPondSize. Text,
```

```
this. cmbPondChief. SelectedValue. ToString ( ), this. txtPondNumber. Text );
ReBindData();
MessageBox. Show ( " 更 新 成 功! ", " 提 示 ", MessageBoxButtons. OK,
MessageBoxIcon. Information);
}
catch(Exception ex){
MessageBox. Show(ex. Message, "错误", MessageBoxButtons. OK,
MessageBoxIcon. Error);
```

5. 删除池塘信息

如前所述,我们对池塘信息的删除实际上是更新,即将 is_del 字段置为 1。我们在 pondInfoTableAdapter 添加一个新的 DelPond 方法实现更新,然后在删除按钮的事件处理程序中调用即可,实现过程与更新池塘信息一样,在此不再赘述。

7.5.2 B/S 应用程序的实现

1. 项目建立与设置

在 Visual Stduio 中新建一个 ASP. NET 空 Web 应用程序,命名为"ShrimpSeedManage_Web"(如图 7-22 所示),然后在项目中添加三个 Web 窗体,分别命名为"Login"、"SeedList"和"CheckSeed"。

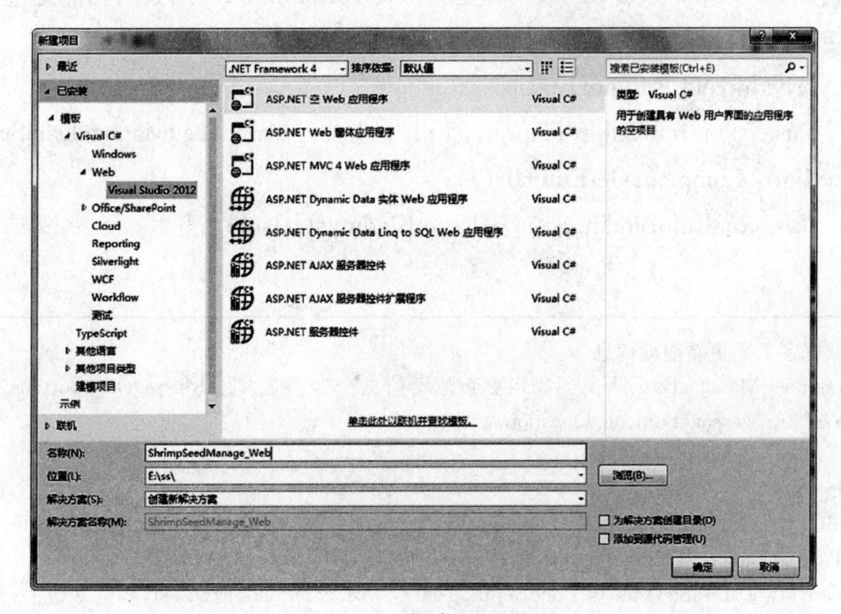

图 7-22 新建 Web 项目

双击解决方案资源管理器里的 Web. config 文件，在 system. web 配置节中加入以下内容，以开启 Forms 身份验证。

```
<authentication mode=" Forms ">
    <forms loginUrl=" ~/login. aspx " timeout=" 15 " ></forms>
</authentication>
<authorization>
<deny users="? "/>
</authorization>
```

2. 验证用户

在 Web. config 中的配置要求用户必须登录才可以访问。如果用户没有登录，则会自动跳转到 Login. aspx 这个页面去。我们需要在此验证用户的登录凭据。

(1) 添加控件。在解决方案资源管理器里双击 Login. aspx，切换到“设计”视图，添加两个 Label 控件、两个 TextBox 控件和一个 Button 控件，并将它们放在一个表格里以便定位。如图 7 - 23 所示。

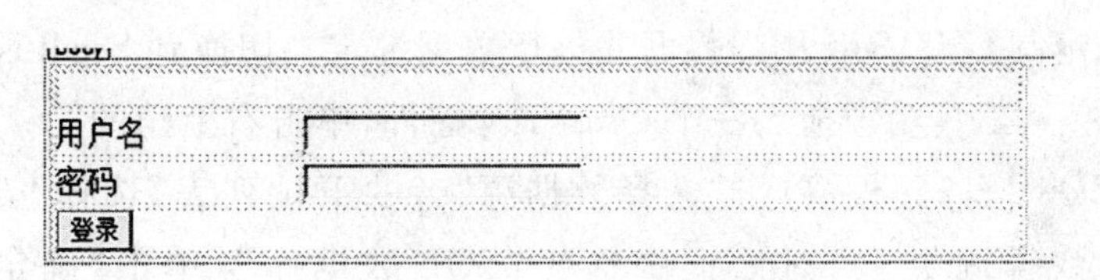

图 7 - 23　Login. aspx 页面

(2) 进行用户验证并跳转。用户的验证过程十分简单，与程序 7. 5 十分类似，只不过验证的代码要在 Web 服务器上运行，通知用户采用 JavaScript 实现。这里我们需要验证用户的 position 必须是“检验人员”。当用户验证通过后需要使用 FormsAuthentication. RedirectFromLoginPage 方法跳转到用户原来请求的页面，见程序 7. 9。

```
//程序 7. 9 验证用户权限并跳转
using (SqlConnection conn = new SqlConnection(Common. GetConnectString())){
string sql = " select count( * ) from Employee where emp_ID=@uid and emp_pwd=
@pwd and position= '检验人员 '";
```

```
SqlCommand cmd = new SqlCommand(sql, conn);
cmd.Parameters.AddRange(new SqlParameter[] { new SqlParameter(" uid ",
SqlDbType.Char), new SqlParameter(" pwd ", SqlDbType.VarChar)});
cmd.Parameters[" uid "].Value = this.txtUserName.Text;
cmd.Parameters[" pwd "].Value
Common.EncryptWithMd5(this.txtPassword.Text);
conn.Open();
var r = cmd.ExecuteScalar();
if ((int)r > 0){
FormsAuthentication.RedirectFromLoginPage(this.txtUserName.Text, false);
            }
else{
Response.Write("<script type='text/javascript'>alert('对不起,不能登入。可能
原因:您没有权限;用户名或者密码错误.请重试!');</script>");
        }
}
```

3. 查看苗种信息

(1) 定制 GridView 用户界面并进行数据绑定。切换到 SeedList 页面的设计视图,从工具箱中拖入一个 GridView 控件,单击右上角的">"按钮,打开 GridView 任务面板,单击"选择数据源"旁的下拉列表,选择"新建数据源",在"数据源类型"对话框中选择"SQL 数据库",单击"确定"(如图 7-24所示)。接下来进入到配置数据源向导(配置过程与前面的 Windows 窗体应用程序类似),在"配置 Select 语句"页面,选择"指定自定义 SQL 语句或存储过程",单击下一步,输入如下 SQL 语句后单击下一步,单击"完成"即可。

```
SELECT [batch_number], [amount], [purchas_date], [parent_shrimp], [seed_size] FROM [SeedInfo] WHERE ([is_ready] = 1) and [pond_ID] is null and [batch_number] not in(select batch_number from SeedCheck)
```

再次打开 GridView 的任务面板,选择"编辑列",编辑绑定列的"HeaderText"属性为对应列的中文名称,然后添加一个"ButtonField",将其"CommandName"属性设置为"cmdCheck",清空其"HeaderText"属性,设置其"Text"属性为"检验",如图 7-25 所示,单击"确定"关闭对话框。

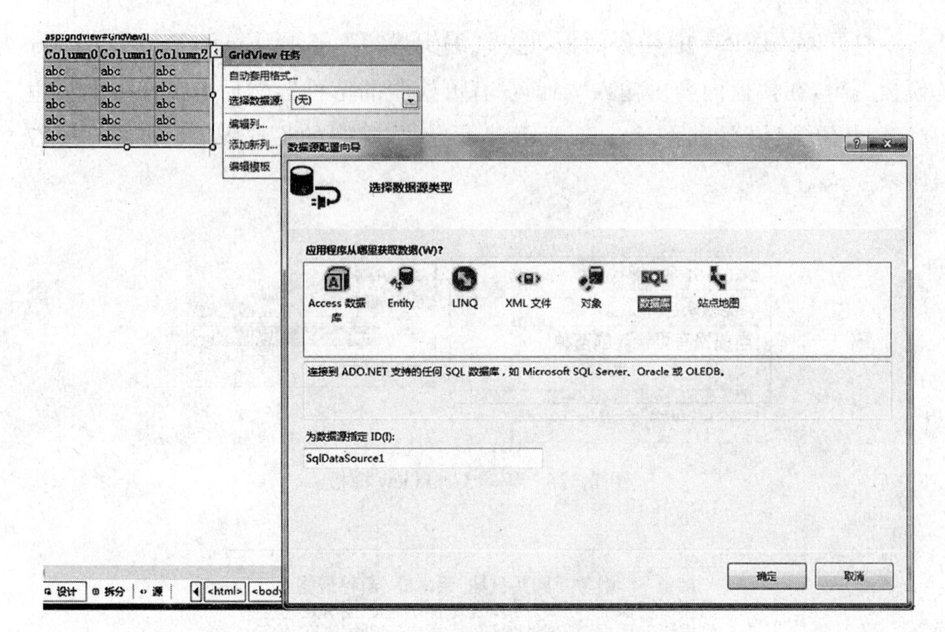

图 7－24　在 GridView 中添加数据源

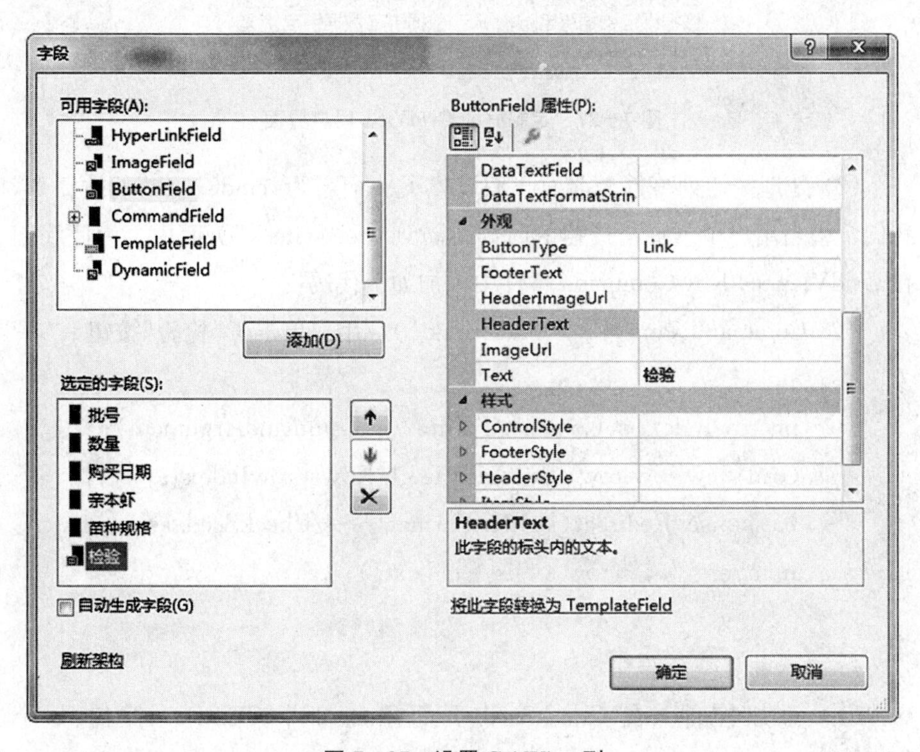

图 7－25　设置 GridView 列

打开 GridView 的任务面板，选择“编辑模板”，选择 EmptyDataTemplate 模板编辑，在模板内容里输入“当前没有可检验的苗种”，然后单击任务面板里“结束模板编辑”，如图 7－26 所示。最终设置好的 GridView 如图 7－27 所示。

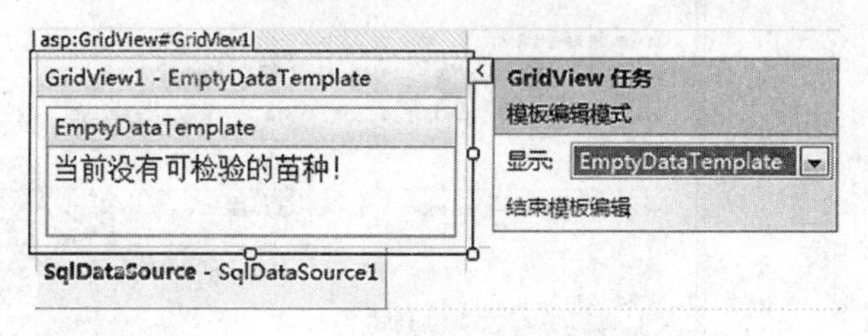

图 7－26　编辑 GridView 模板

图 7－27　定制好的 GridView 用户界面

(2) 处理按钮列事件。前面我们设置了一个名为“cmdCheck”的按钮列，我们希望当用户单击这个按钮的时候跳转到“SeedCheck”页面中。为此我们在 GridView 的 RowCommand 事件中添加如下代码：

```
if(e.CommandName==" cmdCheck ")//用户单击了"检验"按钮
{
    int rowIndex = Convert.ToInt32(e.CommandArgument);
    GridViewRow row  = GridView1.Rows[rowIndex];
    Response.Redirect(string.Format("~/CheckSeed.aspx? batch_
    number={0}",row.Cells[0].Text));
}
```

4. 录入并提交检验信息

(1) 添加控件。在 CheckSeed 页面添加 2 个 TextBox 控件、2 个 RadioButtonList 控件和 1 个 Button 控件，并将其放在一个表格中。其中 2 个

TextBox控件用于关联批号和通过率，分别命名为“txtBatchNum”和“txtPassPercent”，将txtBatchNum的ReadOnly属性设置为True；2个RadioButtonList控件分别命名为“rblstSafeIndex”和“rbstIsOk”，代表“安全指标”和“是否合格”。在页面上拖入一个RangeValidator控件，放在txtPassPercent控件的后面，设置其ControlToValidate属性为“txtPassPercent”，Display属性为“Dynamic”，ForeColor属性为“Red”，MaximumValue属性为“100”，MinimumValue属性为“0”，Text属性为“通过率的范围是0—100”。

(2) 设置RadioButtonList控件。单击rblstSafeIndex右上角的“>”按钮，打开RadioButtonList任务面板，选择“编辑项”，打开ListItem编辑器，添加两个Item项，分别将其Text属性设置为“通过”和“通过”，设置其Value属性为“True”和“False”，并将“不通过”条目的Selected属性设置为“True”，如图7-28所示。对rbstIsOk执行类似操作，最后效果如图7-29所示。

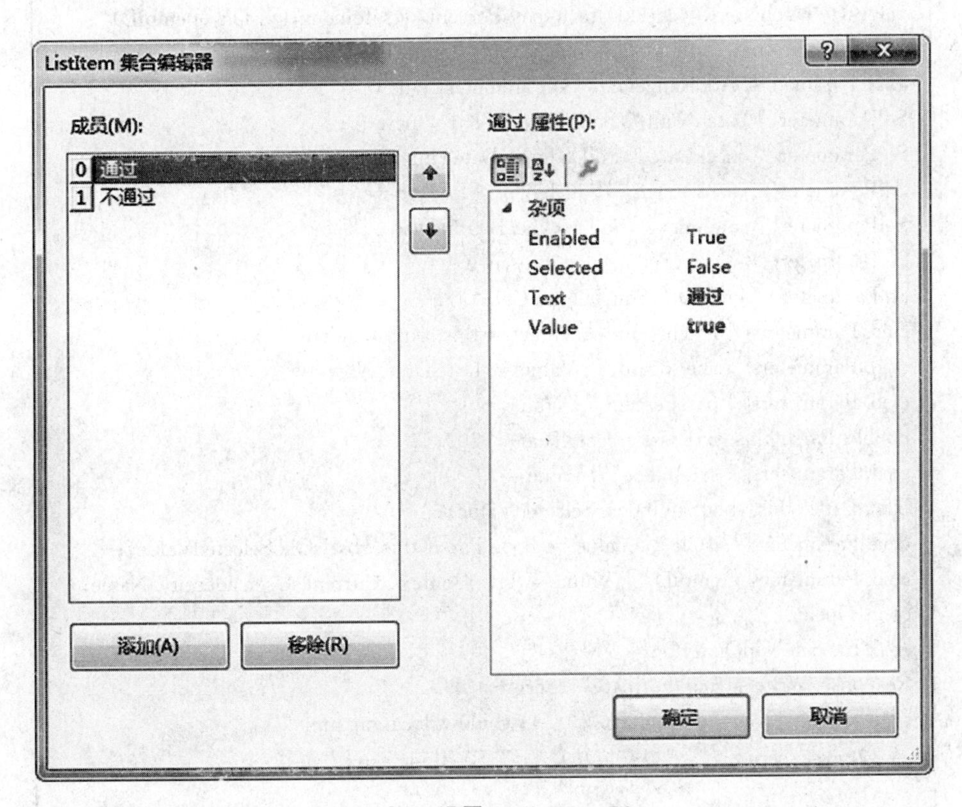

图7-28 设置RadioButtonList

批号		
通过率		%通过率的范围是0-100
安全指标	○通过	⊙不通过
是否合格	○合格	⊙不合格
	提交	

图 7-29 **CheckSeed 页面设计**

(3) 绑定批号。在 PageLoad 事件处理程序中加入如下代码,绑定批号内容:

this. txtBatchNum. Text = Request[" batch_number "];

(4) 提交检验结果。将检验结果保存到数据库,并跳转会 SeedList. aspx 页面。双击"提交"按钮,加入程序 7. 10 的代码。

```
//程序 7.10 将检验结果保存到数据库并跳转
using (SqlConnection conn = new SqlConnection(Common.GetConnectString())){
string sql = " insert into SeedCheck
values(@batchNum,@checkDate,@passPercent,@safeIndex,@isOk,@empID) ";
SqlCommand cmd = new SqlCommand(sql, conn);
cmd.Parameters.AddRange(new SqlParameter[]{new
SqlParameter(" batchNum ",SqlDbType.Char), new
SqlParameter(" checkDate ",SqlDbType.DateTime),new
SqlParameter(" passPercent ",SqlDbType.Float),new
SqlParameter(" safeIndex ",SqlDbType.Bit),new
SqlParameter(" isOk ",SqlDbType.Bit),new
SqlParameter (" empID ",SqlDbType.Char)});
cmd.Parameters[" batchNum "].Value = this.txtBatchNum.Text;
cmd.Parameters[" checkDate "].Value = DateTime.Now;
cmd.Parameters[" passPercent "].Value =
double.Parse(this.txtPassPercent.Text) / 100;
cmd.Parameters[" safeIndex "].Value =
bool.Parse(this.rblstSafeIndex.SelectedValue);
cmd.Parameters[" isOk "].Value = bool.Parse(this.rbstIsOk.SelectedValue);
cmd.Parameters[" empID "].Value = HttpContext.Current.User.Identity.Name;
conn.Open();
cmd.ExecuteNonQuery();
Response.Write(string.Format("<script
type='text/javascript'>alert('{0}');window.location.href
='{1}';</script>", "提交成功! ", "/SeedList.aspx "));
}
```

5. B/S部分实现说明

本节介绍了本案例B/S实现的主要部分，但是，显然这并不全面。细心的读者会发现，我们的用户界面十分粗糙，根本没有经过任何美化。之所以这样做的原因有两个：一是希望读者将精力集中在功能的实现上；二是限于本书的篇幅不能进一步展开。本案例的B/S实现部分没有提到的知识包括母板页、样式表、JavaScript、主题、状态管理、安全性等等，希望进一步学习的读者可以参考其他资料。

在Visual Studio .Net 2013中，只要单击“调试”按钮或者按F5键就可以运行程序，但实际的Web项目需要部署到Web服务器(如IIS)才可以，请读者知悉。

本章小结

本章主要介绍了一个实际的数据库项目《基于WebGIS的物流协同溯源系统——虾苗苗种投放管理系统》的设计与实现过程。目的是使读者对数据库应用程序的开发流程和知识有一个基本的了解。数据库应用程序的开发涉及到许多方面的知识，在本章这短短几十页里既要介绍数据库应用程序开发的基本知识，又要介绍具体组件的使用；既要介绍C/S应用程序的开发，又要兼顾B/S；既要照顾初学数据库编程的读者，又要兼顾有一定基础的读者。这对笔者来说是一个巨大的挑战。因此，本章在内容上尽量精简，只保留最必要的部分，某些部分只给出了具体的实现，而没有做进一步解释，但对于重点内容和关键步骤都进行了详细的介绍和说明；对于前面介绍过的类似知识，后续部分一般都简略叙述，并且指出读者可以参考前面的内容；在行文上，笔者尽量做到严谨、前后连贯和一致；在案例中灵活运用了多种数据库访问技术，便于读者熟悉各种数据库访问技术及其应用场景；在案例的实现上，笔者尽量使用行业标准的方法处理具体问题，比如使用参数的方式进行查询、对密码进行加密验证和存储、验证用户的输入、对用户的操作进行提示和确认等等，这些既是良好的习惯，更能提高程序的健壮性并有效的保护数据库的安全，请读者留意。

对于初次接触数据库应用程序开发的读者，建议通读本章，尤其是前面的理论部分，这样才能不但“知其然”，更能“知其所以然”，然后对照7.5节的内容,结合光盘源程序一步步动手完成本项目;对于有一定数据库项目开发经验的读者,则可以有选择性地阅读本章内容。

本章习题

一、思考题

1. 简述《基于物联网的水产品溯源系统——虾苗苗种投放管理系统》的开发过程。
2. 如何使用 Command 对象执行 SQL 查询? 请举例说明。
3. 如何使用 DataReader 对象?
4. 如何使用 DataSet 和 DataAdpter 对象?
5. 本章示例程序是否可以使用 OleDb Provider 或者 Odbc Provider 实现数据库访问? 如果能,试分析与使用 SqlClient Provider 的差别。
6. 本章 7.5 节使用的表现层综合数据访问组件(如 DataGridView)为什么可以使用很少的代码访问数据库? 它的底层实现原理是怎样的?

二、实践题

1. 试仿照书上示例完成"养殖企业信息管理"模块的功能。
2. 使用本章的方法为某单位设计一个简单的工资管理系统或者教务管理系统。

章节习题参考答案

第1章习题

一、选择题

1. D 2. C 3. B 4. D 5. B 6. A 7. B

二、填空题

1. 人工管理　文件系统　数据库系统
2. 逻辑独立　物理独立
3. 关系模型　关系数据库系统

三、名词解释

略

四、思考题

略

第2章习题

一、选择题

1. D 2. A 3. D 4. A 5. B 6. D

二、填空题

1. 关系　二维表　关系数据结构　关系操作　关系完整性约束
2. 实体完整性　参照完整性　用户自定义完整性

三、名词解释

略

四、简答题

略

五、综合题

略

第3章习题

一、选择题

(1) C (2) D (3) C (4) B (5) C (6) C (7) C (8) D (9) C (10) B

二、填空题

(1) 控制 (2) 基本表 (3) INSERT INTO (4) 内查询 (5) 具有相同值 (6) 能从包括多条数据记录的结果集中每次提取一条记录。结果集和结果集中指向特定记录的游标位置。 (7) 它可以定位到结果集中的某一行,并可以对该行数据执行特定操作 (8) 整个,打开状态 (9) SQL代码,SQL语句集 (10) 指定存储过程的名字并给出参数(如果该存储过程带有参数) (11) 存储过程,事件进行触发,存储过程名字

三、应用题

1. (1) select * from student where birthday<1990

(2)
```
select cnum,avg(score)
from sc
group by cnum
```

(3)
```
select sname,cname
from student,sc,course
where student. snum= sc. snum and sc. cnum= course. cnum and
sex='female'
order by sname desc
```

(4) update course set ctime=ctime*(1+0.1) where ctime<32

(5) delete from course where credit =0

2. 创建一个不带参数的存储过程,查询NORTHWIND数据库中员工表Employees中,职位Title为销售代表Sales Representative的员工。

```
CREATE PROC test
AS
SELECT * FROM Employees
```

```
WHERE Title='Sales Representative'

EXEC test
```

结果 消息

	EmployeeID	LastName	FirstName	Title	TitleOfCourtesy	BirthDate
1	1	Davolio	Nancy	Sales Representative	Ms.	1948-12-08 00:00:00.000
2	3	Leverling	Janet	Sales Representative	Ms.	1963-08-30 00:00:00.000
3	4	Peacock	Margaret	Sales Representative	Mrs.	1937-09-19 00:00:00.000
4	6	Suyama	Michael	Sales Representative	Mr.	1963-07-02 00:00:00.000
5	7	King	Robert	Sales Representative	Mr.	1960-05-29 00:00:00.000
6	9	Dodsworth	Anne	Sales Representative	Ms.	1966-01-27 00:00:00.000

查询已成功执行。 | PC0605G-PC\SQLEXPRESS (10.5... | PC0

3. 创建一个带参数的存储过程，查询 NORTHWIND 数据库中员工表 Employees 中，指定员工号 EmployeeID 的员工信息。

```
CREATE PROC test2
@EmployeeNo int
AS
SELECT * FROM Employees
WHERE EmployeeID=@EmployeeNo
```

执行语句如下：

```
EXEC test2 1
```

结果 消息

	EmployeeID	LastName	FirstName	Title	TitleOfCourtesy	BirthDate	HireDate
1	1	Davolio	Nancy	Sales Representative	Ms.	1948-12-08 00:00:00.000	1992-05-01 00:00:00.00

第4章习题

一、选择题

1. A 2. A 3. AB 4. B 5. A

二、填空题

1. 自然连接
2. 部分依赖　传递依赖　冗余

三、名词解释

略

四、思考题

略

第5章习题

一、选择题

(1) D (2) B (3) B (4) C (5) C

二、填空题

(1) 数据库的结构设计和数据库的行为设计

(2) 两端实体关键字的组合

(3) 二维表

(4) 物理

(5) 建立实际数据库结构、装入数据、编制与调试应用程序、数据库试运行、整理文档

三、简答题

(1) 需求分析、概念结构设计、逻辑结构设计、物理设计、数据库实施和运行维护

(2) 数据库设计是指根据用户需求研制数据库结构的过程。具体地说，是指对于一个给定的应用环境，构造最优的数据库模式，建立数据库及其应用系统，使之能有效地存储数据，满足用户的信息要求和处理要求。也就是根据各种应用处理的要求，把现实世界中的数据加以合理地组织，满足硬件和操作系统的特性，利用已有的 DBMS 来建立能够实现系统目标的数据库。

(3) 数据库设计的核心包括数据库的结构设计和数据库的行为设计两方面。数据库的结构设计是指根据给定的应用环境，进行数据库的模式或子模式的设计。它包括数据库的概念设计、逻辑设计和物理设计。数据库的行为设计是指确定数据库用户的行为和动作。而在数据库系统中，用户的行为和动作指用户对数据库的操作，这些要通过应用程序来实现，所以数据库的行为设计就是应用程序的设计。

(4) 五个原则：

① 一个实体转换为一个关系模式,实体的属性就是关系的属性,实体的键就是关系的键。

② 两个实体间联系转换成关系模式:

1) 一个1∶1联系可以转换为一个独立的关系模式,也可以与任意一端对应的关系模式合并。一般情况下,减少系统中的关系个数可以降低数据库设计的复杂度,所以更倾向于后者。与某一端对应的关系模式合并时,合并后关系的码不变,需加入对应联系中另一端实体的码和联系本身的属性。

2) 一个1∶n联系可以转换为一个独立的关系模式,也可以与n端对应的关系模式合并。为了降低数据库设计的复杂度,一般采取后者转换原则。与n端对应的关系模式合并时,n端关系的码不变,并在n端关系中加入1端关系的码和联系本身的属性。

3) 一个m∶n联系转换为一个关系模式。关系的码为两端实体码的组合,关系的属性为与该联系相连的两端实体的码以及联系本身的属性。

③ 三个或三个以上实体间的一个多元联系转换为一个关系模式。与该多元联系相连的各实体的键以及联系本身的属性均转换为关系的属性。而关系的键为各实体键的组合。

④ 同一实体集的实体间的联系,即自联系,也可按上述原则2中1∶1、1∶n和m∶n三种情况分别处理。

⑤ 具有相同码的关系模式可合并。为了减少系统中的关系个数,如果两个关系模式具有相同的主码,可以考虑将他们合并为一个关系模式。合并方法是将其中一个关系模式 的全部属性加入到另一个关系模式中,然后去掉其中的同义属性(可能同名也可能不同名),并适当调整属性的次序。

(5) ① 关系模式的评价

模式评价的目的是检查所设计的数据库模式是否满足用户的功能要求、效率,确定加以改进的部分。模式评价包括功能评价和性能评价。

1) 功能评价

功能评价指对照需求分析的结果,检查规范化后的关系模式集合是否支持用户所有的应用要求。关系模式必须包括用户可能访问的所有属性。在涉及多个关系模式的应用中，应确保连接后不丢失信息。如果发现有的应用不被支持，或不完全被支持，则应该改进关系模式。发生这种问题的原因可能在逻辑设计阶段，也可能是在需求分析或概念结构设计阶段。是哪个阶段的问题就返回到哪个阶段去，因此有可能对前面两个阶段再进行评审，以解决存在的问题。

在功能评价的过程中，可能会发现冗余的关系模式或属性，这时应对它们加以区分，搞清楚它们是为未来发展预留的，还是某种错误造成的，比如名字混淆。如果属于错误处置，进行改正即可，而如果这种冗余来源于前两个设计阶段，则也要返回重新进行评审。

2）性能评价

对于目前得到的数据库模式，由于缺乏物理设计所提供的数量测量标准和相应的评价手段，所以性能评价是比较困难的，只能对实际性能进行估计，包括逻辑记录的存取数、传送量以及物理设计算法的模型等。

② 关系模式的改进

根据模式评价的结果，对已生成的模式进行改进。如果因为系统需求分析，概念结构设计的疏忽导致某些应用不能支持，则应该增加新的关系模式或属性。如果因为性能考虑而要求改进，则可以使用合并或分解的方法。

1）合并

如果若干个关系模式具有相同的主键，且对这些关系模式的处理主要是查询操作，而且经常是多关系的查询，那么可对这些关系模式按照组合频率进行合并。这样便可以减少连接操作而提高查询效率。

2）分解

为了提高数据操作的效率和存储空间的利用率，通常对关系模式进行水平分解或垂直分解。

四、设计题

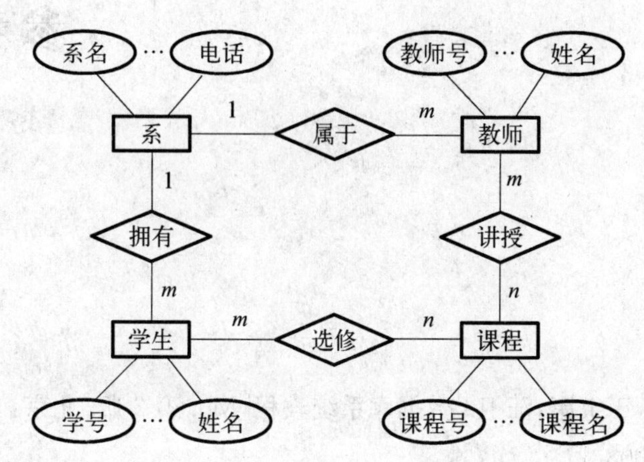

第6章习题

一、简答题

略

二、思考题

略

第7题习题

一、思考题

略

二、实践题

略

参考文献

[1] 施伯乐，丁宝康，汪卫. 数据库系统教程[M]. 第3版. 北京：高等教育出版社，2008.

[2] 王春玲等. 数据库原理及应用[M]. 北京：中国铁道出版社，2012.

[3] 周屹，李艳娟. 数据库原理及开发应用[M]. 第2版. 北京：清华大学出版社，2013.

[4] 陆慧娟，高波涌，何灵敏. 数据库系统原理[M]. 第2版. 北京：中国电力出版社，2011.

[5] 钱雪忠. 数据库原理及应用[M]. 第2版. 北京：北京邮电大学出版社，2007.

[6] 黄川林，鲁艳霞，邵欣欣. 数据库原理与应用教程[M]. 北京：清华大学出版社，2012.

[7] 动态语言运行时概述[EB/OL]. https://msdn.microsoft.com/zh-cn/library/dd233052.aspx

[8] 数据访问技术路线[EB/OL]. https://msdn.microsoft.com/zh-cn/library/ms810810.aspx

[9] Linux Unix下ODBC的安装、配置与编程[EB/OL]. http://www.ibm.com/developerworks/cn/linux/database/odbc/

[10] Evolution of the SQL Server Programming Model from ADO to ADO.NET 2.0[EB/OL]. https://msdn.microsoft.com/zh-cn/library/aa902659

[11] ADO Fundamentals[EB/OL]. https://technet.microsoft.com/zh-cn/ms680928(v=vs.85)

[12] ADO.NET 结构[EB/OL]. https://msdn.microsoft.com/zh-cn/library/27y4ybxw.aspx